Combinatorics

조합론

| 송용진 · 김석진 · 오병권 · 서인석 |

KM 경문사

머리말

본 교재는 대한수학회에서 집필하는 한국수학올림피아드(KMO) 교재 시리즈 중 첫 번째로 출간되는 교재이다. 본 교재는 비단 수학올림피아드를 준비하는 독자들만을 대상으로 집필한 것이 아니라 수학을 전공하는 대학생들, 심화수학을 공부하고자 하는 과학고, 과학영재고 학생 등 다양한 독자들을 위한 표준적인 조합론 교재로 개발되었다. 본 교재는 많은 사전 지식이 없이도 조합론 분야를 공부하고자 하는 독자들이 가능한 한 쉽게 접근할 수 있도록 초보적인 내용부터 시작하고 있고, 경우의 수, 생성함수, 수과 알고리즘, 그래프 이론 등 조합론을 이루는 핵심적이고 기초적인 내용들만을 주로 담고 있다. 본 교재의 가장 큰 특징은 상대적으로 많은 예제와 다양한 수준의 연습문제들을 담고 있는 것이라 할 수 있다.

조합론(combinatorics)이라는 명칭은 경우의 수를 구하는 기본적인 수학적 도구인 순열과 조합(combination)으로부터 유래되었고, 주로 어떤 경우의 수 또는 어떤 구조의 크기 등을 구하거나, 어떠한 사건이나 구조가 일정한 조건(criteria)을 만족하는 때가 언제인지를 알아내거나, 그러한 상황에서의 최댓값, 최솟값을 구하는 문제 등을 다루어 왔다. 초창기에는 현실 세계에서 제기되는 잡다한 문제들 또는 정수론, 대수학, 기하, 이론적 컴퓨터과학 등에서 등장하는 조합적 문제들에 대하여, 문제에 따라 별도의 해법을 고안해 내어 해결하는 데 그치다가, 점차 문제들을 해결하는 데 사용되는 고급의 이론들이 개발되고 축적되어 20여 년 전부터는 현대수학의 핵심적 분야로 자리매김하고 있다. 그래프 이론(graph theory)은 조합론에서 특별히 고전적이고 활용도가 높은 분야이다.

조합론은 좀 더 넓은 의미로 이산수학(discrete mathematics)이라고도 불린다. Discrete mathematics라는 명칭은 이 분야에서 다루는 것이 연속적인 수(continuous number)인 실수(나 복소수)가 아니라 주로 정수(나 유리수)와 같은 이산적인 수(discrete number)라는 것으로부터 유래되었다. 조합론은 이산수학의 한 분야로 볼 수도 있지만, 실제로는 (적어도 대학교 학부 수준까지는) 두 명칭을 별 구별 없이 사용하고 있다. 우리나라에서는 고등학교 선택과목에 이산수학이라는 명칭이 채택되었기 때문에 (그것은 아마도 조합'론'이라는 명칭이 대학 수준 이상의 고급 수학의 이미지가 있기 때문이었을 것이다) 독자들에게는 이산수학이라는 명칭이 조합론이라는 명칭보다는 친근하게 다가올 수도 있겠다. 본 교재의 제목을 '조합론'이라고 한 것은, 대다수 대학의 수학 전공과정에서 오래 전부터 조합론이라는 이름을 채택하고 있고 이 교재가 그러한 과목의 교재 또는 부교재로 채택될 수 있다는 점과 국제수학올림피아드(IMO)에서 'combinatorics'라는 명칭을 쓰고 있다는 점을 고려했기 때문이다.

본 교재의 내용을 이해하는 데에는 사전 지식이 그다지 많이 필요하지 않다. 중학생, 고등학생들도 충분히 혼자서 공부할 수 있도록 그 내용을 구성하였다. 약간의 정수론의 지식, 약간의 부등식 공식 등이 필요한 부분이 있기는 하지만 그러한 부분은 일단 건너뛴 후 추후에 지식을 습득한 후에 공부해도 되고, 전체적으로는 기본적인 논리적, 수리적인 능력만 있으면 충분하도록 교재의 내용을 구성하였다. 조합론은 원래 많은 수학적 지식보다는 깊은 수학적, 논리적 사고력이 더 요구되는 분야이다.

본 교재의 집필과 출간에는 7년이라는 긴 시간이 소요되었다. 내용을 집필하고 문제들의 풀이를 구하는 것보다는 문제들을 정리하고 분류하는 데에, 그리고 전체적인 책의 구성을 정리하고 마무리하는 데에 시간이 많이 소비되었다. 책의 집필은 필자와 서울대 오병권 교수, 건국대 김석진 교수, 이렇게 세 명이 진행하다가 마무리 단계에서 서인석 군이 참여하여 책을 완성하는 데 큰 역할을 해 주었다. 문제들의 정리와 풀이에는 과거 수학올림피아드 출신의 조교들이 많은 수고를 해 주었다. 바쁜 학업 중에도 많은 수고를 해 준 김동권, 김용균, 남율희, 이민용, 장우진, 전원호, 정준혁, 최경수, 최인환 군들에게 깊은 감사를 드리는 바이다. 본 교재에 수준 높은 문제들을 수록할 수 있었던 것은 수학적 능력이 탁월한 그러한 조교들의 헌신적인 도움이 있었기 때문에 가능하였다.

본 교재의 집필에 필요한 행정적, 재정적 지원은 모두 대한수학회가 해 주었다. 본 교재를 필두로 대한수학회의 교재 시리즈는 앞으로 조합론 II (또는 고급조합론), 정수론, 평면기하학 등으로 이어질 예정이다. 수학올림피아드를 준비하는 학생들을 위한 좋은 교재를 집필한다는 본연의 목적 외에도 대한수학회에 재정적인 도움을 줄 수 있다는 부수적인 효과도 있다 하겠다. 추후에 출간될 조합론Ⅱ에는 내용적인 면에서는 조합론의 활용, 고급 그래프이론, 비둘기집 원리의 활용, 정수론과 조합론 등을 다룰 예정이고 일종의 부록으로 본 교재의 연습문제들의 풀이를 첨부할 예정이다. 대한수학회에서는 이러한 교재 시리즈 외에도 한국수학올림피아드 문제집 시리즈를 출간할 예정이며, 또한 그동안 공개에 대한 요청이 많았던 통신강좌 교재를 정리하여 책으로 출간할 계획을 갖고 있다. 통신강좌 교재들은 그동안 수학올림피아드 출신 조교들이 집필해 왔던 것으로, 최근 몇 년 간 그 내용들과 다루는 문제들이 점점 좋아지고 있어, 매우 좋은 교재로 묶여져 나올 수 있을 것으로 기대한다.

우리나라는 국제수학올림피아드에서 점점 좋은 성적을 내고 있다. 2012년에는 처음으로 막강 중국을 제치고 1위를 하였고, 2013년에는 우리나라 한 학생의 뜻밖의 부진에도 불구하고 중국에 근소한 차로 뒤져 2위를 한 바 있다. 중국을 제외한 강국들 중, 미국, 러시아, 타이완, 일본, 캐나다, 싱가포르, 태국, 홍콩 등이 참가하는 아시아태평양수학올림피아드(APMO)에서는 해마다 압도적인 성적으로 1위를 하고 있다. 국제수학올림피아드에서 중국, 러시아, 미국에 늘 뒤지던 시절에는 3번 또는 6번 문제로 나오는 어려운 조합문제는 우리나라 학생들은 전혀 풀지 못 했으나, 최근에는 우리 학생들이 조합에 부쩍 강해져서 종종 그 문제들을 풀고 있다. 우리나라 학생들도 깊은 수학적 사고를 요구하는 초고난이도 조합 문제를 풀 수 있게 된 것은 한국수학올림피아드 출제위원들이 지난 여러 해 동안 어려운 조합문제들을 꾸준히 한국수학올림피아드에 출제해 와서 학생들이 그에 대한 훈련도 되고 준비도 해 왔기 때문이라고 생각한다. 물론 최근에 학생들의 기본적인 수학적 소양이 크게 향상된 것도 한 이유로 꼽을 수 있겠다.

1단원에서는 경우의 수의 기초적인 내용인 순열, 조합 그리고 그의 다양한 응용에 대해 알아보고, 1.2절에서는 경우의 수의 보다 심화된 내용인 전단사함수의 활용(bijective counting)과 이중세기(couble counting) 그리고 그것들의 응용에 대하여 공부하고, 끝 부분에는 참고자료로서 비둘기집의 원리에 대하여 소개한다. 비둘기집의 원리는 그 활용의 범위가 워낙 광범위하므로, 여기서는 간단한 소개도 마치고 보다 심화적인 내용은 추후에 발간될 조합론Ⅱ 교재에서 다룰 예정이다.

2단원의 2.1절에서는 점화식과 생성함수(generating function)에 대하여 공부한다. 유명한 피보나치수열은 점화식으로 나타내어지고 이 수열은 다양한 경우의 수 문제에 등장한다. 이 절에서는 점화식으로 주어진 수열의 해법과 활용에 대하여 공부한다. 생성함수는 경우의 수 문제의 해법에 있어서 놀라울 정도로 자주 등장하는 중요한 조합론적 방법론이다. 2.2절에서는 조합론이 기초적인 정수론에 어떻게 활용되는 지에 대하여 공부한다. 오랜 세월동안 조합론적인 방법론은 정수론에서 핵심적인 역할을 해 왔다.

3단원에서는 기초적인 그래프 이론과 그 활용을 소개한다. 그래프 이론의 기본 개념, 연결그래프와 수형도, 이분그래프와 길이가 홀수인 회로, Extremal Graph Theory의 기초 등에 대하여 공부한다.

4단원에서는 그래프 이론의 다양한 활용에 대하여 공부한다. 우선, 램지 이론과 그 활용에 대하여 공부하고, 그래프 이론의 출발점이 되었던 오일러회로와 아직도 미해결 문제인 해밀턴회로에 대하여 공부한다. 그리고 평면 그래프와 채색 문제에 대하여 공부하고, 마지막으로 유향그래프 이론과 그 활용에 대하여 공부한다.

본 교재의 집필에 처음부터 큰 관심을 갖고 도와주신 김도한 전 대한수학회 회장님과 출판에 많은 일을 해주신 경문사 임직원분들께 깊은 감사를 드린다.

2015년 2월 3일

송 용 진
인하대학교 수학과 교수
대한수학회 한국수학올림피아드(KMO) 위원장

차 례

1단원

조합적 사고의 기초

이 단원에서는 그래프 이론과 같은 여러 조합론의 이론과 문제들을 학습하기에 앞서 필요한 여러 가지 조합적 사고와 방법론을 학습한다. 조합적 사고의 시작은 경우의 수를 세는 것에서 시작한다. 단순한 상황에서는 경우의 수를 직접 나열하여 셀 수 있지만, 좀 더 복잡하고 일반적인 상황에서 원하는 개체의 개수를 구하는 것은 여러 가지 수학적, 논리적 아이디어가 필요하다. 여기에 어떤 아이디어와 방법론들이 있는지 살펴보고 이를 바탕으로 여러 심화주제를 학습해보도록 하자.

1.1 경우의 수의 기초이론

조합론의 가장 고전적인 영역이자, 그 시작점이라고 할 수 있는 것은 경우의 수(Counting, Enumerative combinatorics)이다. 예를 들어 다음 두 경우의 수를 생각해 보자.

① 음식점 X에는 3가지의 닭 요리와 4가지의 야채요리가 있을 때, 이 음식점에서 하나의 요리를 주문하는 경우의 수

② 주사위와 동전을 동시에 던졌을 때 나올 수 있는 결과의 경우의 수

이 문제들은 어렵지 않게 해결할 수 있지만, 더 깊은 논의를 위해서는 경우의 수의 개념을 명확히 할 필요가 있다. 경우의 수를 구하는 것은 기본적으로 어떤 집합의 원소의 개수를 세는 것으로 생각할 수 있다. 이를테면 ①은 집합

$$U=\{x\,|\,x\text{는 음식점 X의 요리}\}$$

의 원소의 개수를 세는 것으로 생각할 수 있고 ②는 집합

$$V=\{(x,\ y)\,|\,x\text{는 1 이상 6 이하의 자연수, }y\text{는 앞면 또는 뒷면}\}$$

의 원소의 개수를 세는 것으로 생각할 수 있다.

집합 A의 원소는 $n(A)$ 또는 $|A|$로 나타내는데 이 책에서는 $|A|$로 나타내기

로 한다. 이때, 잘 알려진 경우의 수의 합의 법칙은 두 집합 A와 B가 서로소($A \cap B = \phi$)일 때, $|A \cup B| = |A| + |B|$에 기인한다. 이를테면 위의 집합 U의 경우 서로소인 다음과 같은 두 집합

$$U_1 = \{x \mid x\text{는 음식점 X의 닭 요리}\}$$
$$U_2 = \{x \mid x\text{는 음식점 X의 야채 요리}\}$$

의 합집합으로 나타낼 수 있는데, $|U_1| = 3$, $|U_2| = 4$이므로 $|U| = |U_1| + |U_2| = 7$이 된다. 이는 간단한 경우의 수의 합의 법칙을 집합의 언어로 나타낸 것이다.

다음으로 ②는 경우의 수의 곱의 법칙을 적용하여 문제를 해결할 수 있다. 경우의 수의 곱의 법칙은 두 집합 A, B에 대해 곱집합 $A \times B$를

$$A \times B = \{(a,\ b) \mid a \in A,\ b \in B\}$$

와 같이 순서쌍들의 집합으로 정의할 때, $|A \times B| = |A| \cdot |B|$임에서 기인한다. 위의 집합 V의 원소의 개수는 V_1과 V_2를 각각

$$V_1 = \{1,\ 2,\ 3,\ 4,\ 5,\ 6\}$$
$$V_2 = \{\text{앞면, 뒷면}\}$$

로 정의했을 때, $V = V_1 \times V_2$가 되므로, $|V| = |V_1| \cdot |V_2| = 12$가 된다. 이는 역시 우리가 잘 알고 있는 경우의 수의 곱의 법칙을 집합으로 나타낸 것이다.

간단한 경우의 수를 구하는 문제를 모두 집합의 원소의 개수를 세는 문제로 이해하여 해결할 필요는 없다. 앞의 두 예와 같이, 어떤 경우에는 이런 추상화가 오히려 문제 해결을 어렵게 하기도 한다. 따라서 이번 단원에서는 이와 같은 추상화가 굳이 필요하지 않은 수준에서 다양한 경우의 수의 기본 이론을 학습할 예정이다. 경우의 수의 곱의 법칙을 이용하여 순열과 조합을 이해하는 것에서 시작하여 다양한 경우의 수를 구하는 원리를 차례대로 알아보려고 한다.

다음 단원 '1.2 경우의 수의 심화이론'에서는 전단사함수의 활용이나 이중세기와 같이 경우의 수를 세는 심화원리를 알아보는데 이들을 잘 이해하기 위해서는 위와 같이 경우의 수를 집합의 원소의 개수를 세는 것으로 이해하고 인식하는 것이 필요하다.

(1) 순열과 조합

경우의 수를 구하는 데에 사용되는 가장 기초적인 개념은 ${}_n\mathrm{P}_r$로 나타내는 **순열**, ${}_n\mathrm{C}_r$로 나타내는 **조합** 등이 있다. 이들의 공식은 간단한 경우의 수의 곱의 법칙으로 구할 수 있는데, 여기서는 그 방법을 알아보고 각각의 개념이 활용되는 간단한 경우의 수의 문제의 예들을 살펴보자. 먼저 순열과 조합의 정의를 살펴보자.

정의 1.1.1 순열과 조합

(1) 서로 다른 n개 중 r개를 선택하여 일렬로 나열하는 경우의 수를 **순열**(permutation)이라고 하며 ${}_n\mathrm{P}_r$로 나타낸다.

(2) 서로 다른 n개 중 r개를 선택하는 경우의 수를 **조합**(combination)이라고 하며 ${}_n\mathrm{C}_r$ 또는 $\binom{n}{r}$로 나타낸다.[1)]

먼저 서로 다른 n개를 일렬로 나열하는 경우의 수를 생각해 보자. 왼쪽부터 차례대로 배열한다고 생각하면 첫 번째 자리에 n가지가 가능하고, 두 번째 자리에는 첫 번째 자리에 놓은 것을 제외한 $n-1$개, 세 번째 자리에는 $n-2$개와 같은 식이 되므로 경우의 수의 곱의 법칙에 의해 $n\times(n-1)\times\cdots\times 1$가지 방법이 있다. 이를 $n!$이라 나타내고, 'n factorial(팩토리얼)'이라 읽는다. 특히 $0!=1$로 정의한다. 순열과 조합은 다음과 같이 구해진다.

정리 1.1.2

자연수 n과 $0\le r\le n$인 정수 r에 대해, 다음이 성립한다.

(1) ${}_n\mathrm{P}_r = n(n-1)\cdots(n-r+1) = \dfrac{n!}{(n-r)!}$

(2) $\binom{n}{r} = \dfrac{n!}{r!(n-r)!}$

증명 (1) 위의 $n!$과 마찬가지로 첫 번째 자리에 n개, 두 번째 자리에 $n-1$개,

1) 이 책에서는 $\binom{n}{r}$을 사용한다.

$\cdots$, r번째 자리에 $n-(r-1)$개가 가능하므로 ${}_n\mathrm{P}_r = n(n-1)\cdots(n-r+1)$이 성립한다. 이 식은 $\dfrac{n!}{(n-r)!}$로 나타낼 수 있음은 쉽게 확인할 수 있다.

(2) $\dbinom{n}{r}$을 구하기 위해 순열 ${}_n\mathrm{P}_r$을 다른 방법으로 생각해 보자. n개 중 r개를 선택하여 나열하는 경우의 수는 경우의 수의 곱의 법칙에 의해 (n개 중 r개를 선택하는 경우의 수)×(선택된 r개를 나열하는 경우의 수)로 구할 수 있다. 따라서 ${}_n\mathrm{P}_r = \dbinom{n}{r} \times r!$이 되고 이로부터 $\dbinom{n}{r} = \dfrac{n!}{(n-r)!} \times \dfrac{1}{r!} = \dfrac{n!}{(n-r)!r!}$로 구해진다. ■

참고 순열과 조합의 정의에서 $r > n$인 경우에는 경우의 수가 0임을 알 수 있다. 따라서 이 경우에는 ${}_n\mathrm{P}_r$이나 $\dbinom{n}{r}$ 모두 0으로 정의한다.

참고 r이 작은 수인 경우에는 $\dbinom{n}{r}$에서 $n!$과 $(n-r)!$을 약분하는 것이 간편하다. 예를 들어 $\dbinom{n}{1} = n$, $\dbinom{n}{2} = \dfrac{n(n-1)}{2!}$, $\dbinom{n}{3} = \dfrac{n(n-1)(n-2)}{3!}$ 등과 같이 된다.

먼저 순열과 조합의 간단한 성질을 알아보자.

예제 1.1.1

다음 등식이 성립함을 보여라.

$$ {}_n\mathrm{P}_r = {}_{n-1}\mathrm{P}_r + r \cdot {}_{n-1}\mathrm{P}_{r-1} $$
$$ \binom{n}{r} = \binom{n-1}{r} + \binom{n-1}{r-1} $$

풀이 앞서 정리 1.1.2에서 얻은 공식들을 이용하면, 이 등식들이 성립하는 것을 쉽게 확인할 수 있다. 하지만 다른 한편으로 이 식들은 조합적 사고를 통해서도 증명할 수 있다.

먼저 첫 번째 등식의 좌변의 ${}_n\mathrm{P}_r$은 순열의 정의에 의해 n개에서 r개를 선택하는 경우의 수이다. 이때, n개중 하나를 A라 하면 n개 중 r개를 선택할 때 A를 선택하지 않는 경우와 선택하는 경우로 나누어 이 경우의 수를 다시 세어보자.

① A를 선택하지 않는 경우
나머지 $n-1$개 중 r개를 선택하여 나열해야 하므로 ${}_{n-1}\mathrm{P}_r$가지 경우의 수가 있다.

② A를 선택하는 경우
먼저 나머지 $n-1$개 중 $r-1$개를 먼저 골라서 나열하는 경우의 수가 ${}_{n-1}\mathrm{P}_{r-1}$가지이다. 이때, A를 추가한다고 생각하면 A의 위치가 r가지가 가능하므로 $r \cdot {}_{n-1}\mathrm{P}_{r-1}$가지 경우의 수가 있다.

따라서 경우의 수의 합의 법칙에 의해 ${}_n\mathrm{P}_r = {}_{n-1}\mathrm{P}_r + r \cdot {}_{n-1}\mathrm{P}_{r-1}$이 성립한다. 조합을 이용한 두 번째 등식 역시 같은 방법으로 해결되므로 여기서는 생략한다. ■

참고 앞선 예제의 두 번째 등식은 **파스칼의 공식**이라고 한다.

경우의 수에 순열이 활용되는 경우를 살펴보자.

예제 1.1.2

어느 나라에는 7개의 통신회사가 있다. 이때, 어떤 5명 각각이 하나의 통신회사를 사용하려고 하는데 5명이 모두 다른 통신회사를 사용하는 경우의 수를 구하여라.

풀이 7개의 통신회사 중 5개를 골라 일렬로 나열하는 경우의 수와 같으므로 ${}_7\mathrm{P}_5$가지이다. ■

예제 1.1.3

5명의 남자와 3명의 여자를 일렬로 배열하되, 여자들은 서로 이웃하지 않게 배열하는 경우의 수를 구하여라.

풀이 먼저, 5명의 남자를 배열하자. 이와 같은 방법의 수는 5!이다. 이때, 다음과 같이 5명의 남자 사이 또는 양 끝에 6자리가 생긴다.

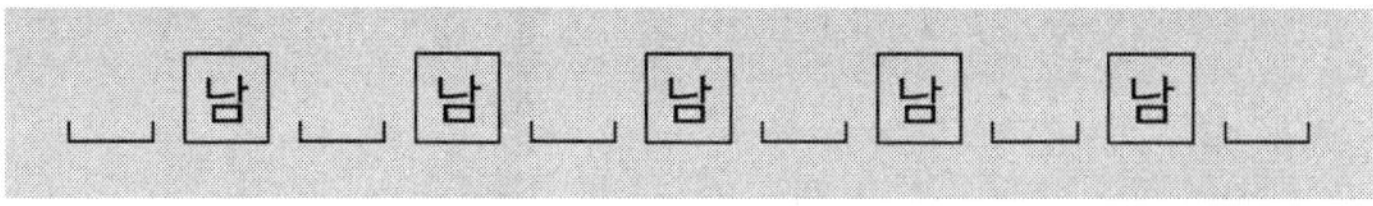

이때, 이 빈 자리 중 3자리를 선택하여 3명의 여자들을 배열하여야 한다. 따라서 여자를 배열하는 경우의 수는 ${}_6P_3$가지이다. 이로부터 구하는 답은 $5! \times {}_6P_3 = 120 \times 120 = 14400$가지이다. ■

예제 1.1.4

다음 물음에 답하여라.

(1) problematic의 모든 문자를 사용하여 만든 단어 중에서 양 끝에 모두 모음이 오는 것은 모두 몇 가지인가?

(2) factorial의 모든 문자를 사용하여 만든 단어 중에서 양 끝에 모두 모음이 오는 것은 모두 몇 가지인가?

풀이 (1) 먼저 자음은 p, r, b, l, m, t, c의 7개가 있고 모음은 o, e, a, i로 4개가 있다. 따라서 모음 2개를 뽑아 양 끝에 놓는 방법의 수가 ${}_4P_2$이고, 나머지 9개의 알파벳을 가운데에 나열하는 경우의 수는 9!이다. 따라서 구하는 경우의 수는 ${}_4P_2 \times 9! = 4354560$가지이다.

(2) 이 경우는 자음이 5개, 모음이 4개 있으나 a가 두 개 있다는 점이 다르다. 먼저 두 a를 각각 a_1과 a_2이라 하여 다르게 생각하면 (1)과 같이 ${}_4P_2 \times 7! = 60480$가지가 얻어진다. 하지만 $fa_1ctoria_2l$과 $fa_2ctoria_1l$과 같이 a_1과 a_2의 위치만 바뀐 2개씩은 사실 같은 단어이므로 구하는 답은 $60480 \div 2 = 30240$가지이다. ■

다음으로 경우의 수에 조합이 사용되는 예들을 살펴보자.

예제 1.1.5

원주 위에 n개의 점이 주어져 있고, 이 중 두 점을 잇는 현들이 모두 그어져 있다. 어느 세 현도 원의 내부의 한 점에서 만나지 않을 때, 다음 물음에 답하여라.

(1) 모두 몇 개의 현이 그려졌는지 구하여라.

(2) 현들이 만나서 생기는 교점들은 모두 몇 개인지 구하여라.

풀이 (1) n개의 점 중 2개를 선택하면 현이 그려지므로 모두 $\binom{n}{2}$개다.

(2) n개의 점 중 네 점을 선택하여 시계방향으로 A, B, C, D라 하자. 이때, AC와 BD의 교점이 현의 교점이 된다. 즉 임의의 네 점을 선택할 때마다 교점이 하나씩 생기므로 모두 $\binom{n}{4}$개다. ■

앞선 예제와 비슷한 원리로 n각형의 대각선과 변의 수, n명의 사람들이 서로 악수나 시합을 할 때, 그 총 횟수 등은 자명하게 $\binom{n}{2}$가 됨을 알 수 있다. 또한, 어느 세 점도 일직선 위에 있지 않은 n개의 점으로 만들 수 있는 삼각형의 개수는 $\binom{n}{3}$이 됨을 알 수 있다. n개의 점 중 3개를 선택하면 삼각형이 되기 때문이다.

조합 $\binom{n}{r}$은 n개 중 r개를 선택하는 경우의 수로 정의되었지만, 이것은 다른 여러 가지 관점에서 살펴볼 수 있다. 이제 다양한 관점들을 알아보고 이를 일반화하는 방법을 생각해보려고 한다. 먼저 조합은 두 가지 종류의 물건이 여러 개씩 있을 때, 이를 배열하는 경우의 수로도 생각할 수 있다. 다음 예제를 살펴보자.

예제 1.1.6

10개의 A와 5개의 B를 늘어놓아 만들 수 있는 단어의 개수를 구하여라.

풀이 A와 B가 배치될 15개의 자리를 먼저 고정시키자. 이때, 이 중 A를 놓을 10자리를 선택하면 되므로 $\binom{15}{10}$가지가 있다. ■

앞선 예제처럼 조합 $\binom{n}{r}$은 서로 다른 두 가지의 물건이 각각 r개와 $n-r$개씩 있을 때 이를 배열하는 경우의 수로도 생각할 수 있다. 이러한 관점에서 다음과 같은 최단 경로의 수를 구할 수 있다.

예제 1.1.7

아래 그림과 같은 도로망에서, A지점에서 B지점으로 가는 최단 경로의 수를 구하여라.

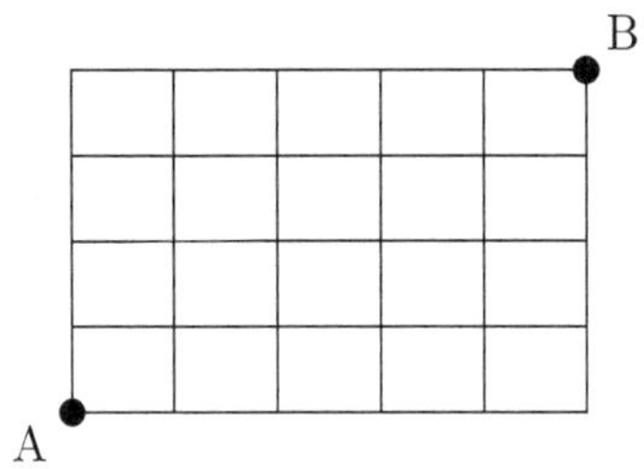

풀이 각 점에서 오른쪽으로 가는 것과 위로 가는 것을 →, ↑ 로 나타내자. 이때, 최단경로는 → 5개, ↑ 4개를 배열하는 것과 같으므로 앞의 예제의 원리에 의해 $\binom{9}{5} = 126$가지가 있다. ■

다음과 같이 제약조건이 있는 경우도 문제 해결의 아이디어를 잘 변형하여 해결할 수 있다.

예제 1.1.8

10개의 A와 5개의 B를 일렬로 늘어놓되, B들은 서로 이웃하지 않게 늘어놓는 방법의 개수를 구하여라.

풀이 먼저 10개의 A를 늘어놓자. 이때, 다음과 같이 A 사이의 빈칸들과 양 끝의 빈칸을 생각하자.

_ A _ A _ A _ A _ A _ A _ A _ A _ A _ A _

이때 모두 11개의 빈칸이 있는데, B는 이들 중 5칸을 선택하여 하나씩 배열시키면 된다. 따라서 $\binom{11}{5}$가지 경우의 수가 있다. ■

앞에서 보았듯이 n개 중 A가 r개, B가 s개$(r+s=n)$인 경우에 이를 배열하는 경우의 수는 $\binom{n}{r}$로 구해졌다. 하지만 만약 세 가지의 문자 A가 r개, B가 s개, C가 t개$(r+s+t=n)$가 있다면 이를 배열하는 경우의 수는 어떻게 구해질까? 먼저 n개의 자리 중 A가 배치될 r개의 자리를 선택하는 경우의 수가 $\binom{n}{r}$이다. 나머지 $n-r$자리 중 B가 배치될 s자리를 선택하는 경우의 수는 $\binom{n-r}{s}$이다. 이때, 남은 t자리에는 자연스럽게 C가 배치된다. 이로부터 경우의 수는

$$\binom{n}{r}\binom{n-r}{s}=\frac{n!}{r!(n-r)!}\frac{(n-r)!}{(n-r-s)!s!}=\frac{n!}{r!s!t!}$$

이 된다. 같은 원리로 n개 중 A_1이 r_1개, A_2가 r_2개, $\cdots$, A_k가 r_k개$(r_1+r_2+\cdots+r_k=n)$가 있다면 이를 배열하는 경우의 수는 $\frac{n!}{r_1!r_2!\cdots r_k!}$임을 쉽게 증명할 수 있다. 이를 간단히 $\binom{n}{r_1,\ r_2,\ \cdots,\ r_k}$로 나타낸다.

예제 1.1.9

9자리의 자연수 중 자릿값으로 1, 2, 3을 각각 3개씩 가지는 수의 개수를 구하여라.

풀이 9개의 수 1, 1, 1, 2, 2, 2, 3, 3, 3을 배열하는 경우의 수와 같으므로 $\binom{9}{3,\ 3,\ 3}=\frac{9!}{3!3!3!}=1680$개가 있다. ■

특히 이 개념은 특히 다항식의 전개에서 유용하게 활용된다.

정리 1.1.3

$(x_1+x_2+\cdots+x_k)^n$을 전개했을 때, $x_1^{r_1}x_2^{r_2}\cdots x_k^{r_k}$의 계수는 $\binom{n}{r_1,\ r_2,\ \cdots,\ r_k}$이다. (단, $r_1+r_2+\cdots+r_k=n$)

증명 $(x_1+x_2+\cdots+x_k)^n$을 $\underbrace{(x_1+x_2+\cdots+x_k)(x_1+x_2+\cdots+x_k)\cdots(x_1+x_2+\cdots+x_k)}_{n\text{개}}$로 나타내자. 이를 전개할 때, 첫 번째부터 n번째 $(x_1+x_2+\cdots+x_k)$에서 각각

$x_{i_1}, x_{i_2}, \cdots, x_{i_n}$를 선택하여 곱하면 $x_{i_1}x_{i_2}\cdots x_{i_n}$이 된다. 이 항이 $x_1^{r_1}x_2^{r_2}\cdots x_k^{r_k}$이 되려면, $x_{i_1}, x_{i_2}, \cdots, x_{i_n}$은 x_1이 r_1개, x_2가 r_2개, $\cdots$, x_k가 r_k가 있어야 됨을 알 수 있다. 즉, 이러한 $(x_{i_1}, x_{i_2}, \cdots, x_{i_n})$의 개수는 r_1개의 x_1, r_1개의 x_2, $\cdots$, r_k개의 x_k를 배열하는 경우의 수와 같다. 이는 $\binom{n}{r_1,\ r_2,\ \cdots,\ r_k}$이다. ■

이와 같이 다항식의 전개에서 계수가 조합의 형태가 나타나므로 조합의 여러 성질을 역으로 다항식의 전개를 통해 얻을 수 있다. 특히 $(x+y)^n$을 전개하였을 때, x^ay^b의 계수는 $\binom{n}{a}$가 되는데, (단, $a+b=n$) 이를 이용하여 조합의 성질을 얻는 과정은 다음 절에서 자세히 알아보도록 한다. 다른 한편으로 $(x+y+z)^n$을 전개했을 때, $x^ay^bz^c$의 계수는 $\binom{n}{a,\ b,\ c}$가 되는 것은 3변수 부등식과 관련된 전개 과정에서 도움이 된다.

예제 1.1.10

$(x+y+z)^6$를 전개하였을 때, x^3y^2z의 계수를 구하여라.

풀이 $\binom{6}{3,\ 2,\ 1} = \frac{6!}{3!2!1!} = 60$이다. ■

다음으로 조합은 서로 다른 n개의 물건을 분배하거나 분할하는 경우의 수로도 생각할 수 있다. 먼저 분배하는 경우의 수와의 관계를 살펴보자.

예제 1.1.11

12개의 서로 다른 물건을 태민이와 종현이에게 각각 4개와 8개씩 나누어주는 경우의 수를 구하여라.

풀이 먼저 12개 중 태민이에게 줄 4개를 선택하는 경우의 수는 $\binom{12}{4}$이다. 이때, 나머지 8개를 종현이에게 주면 되므로 경우의 수는 $\binom{12}{4}$로 구해진다. ■

즉, 조합 $\binom{n}{r}$은 주어진 $n=r+s$개의 서로 다른 물건을 상자1과 상자2에 각각 r개와 s개씩 분배하는 경우의 수로 생각할 수 있다. 이를 일반화하여 서로 다른 $n=r_1+r_2+\cdots+r_k$개의 물건을 k개의 상자에 분배하는데, i번째 상자에는 r_i개를 넣는 경우의 수를 생각할 수 있다. 첫 번째 상자에 분배할 물건부터 차례로 선택한다고 하면 $\binom{n}{r_1}\binom{n-r_1}{r_2}\cdots\binom{n-(r_1+r_2+\cdots+r_{k-1})}{r_k}$가지가 됨을 알 수 있는데 이는 앞서 구한 $\binom{n}{r_1, r_2, \cdots, r_k}$임을 쉽게 확인할 수 있다.

예제 1.1.12

12개의 서로 다른 물건을 6명이 2개씩 나누어 가지는 경우의 수를 구하여라.

풀이 $\binom{12}{2,\ 2,\ 2,\ 2,\ 2,\ 2}=\dfrac{12!}{(2!)^6}=7484400$가지이다. ■

이처럼 서로 다른 n개를 분배하는 경우의 수는 조합과 그 일반화를 이용하면 간단하게 구해진다. n개를 여러 묶음으로 분할하는 문제 역시 분배문제와 비슷하지만 주의해야 할 점이 있다. 다음 예제를 살펴보자.

예제 1.1.13

다음 물음에 답하여라.

(1) 12개의 서로 다른 물건을 4개와 8개씩 두 묶음으로 나누는 경우의 수를 구하여라.

(2) 12개의 서로 다른 물건을 6개씩 두 묶음으로 나누는 경우의 수를 구하여라.

풀이 (1) 먼저 12개의 물건 중 4개로 묶을 4개를 선택하는 경우의 수는 $\binom{12}{4}$개다. 이때, 나머지 8개를 묶으면 되므로 경우의 수는 단순히 $\binom{12}{4}$이다.

(2) 먼저 12개의 물건 중 6개로 묶을 6개를 선택하는 경우의 수는 $\binom{12}{6}$이며 각 경우에 나머지 6개를 묶으면 두 묶음으로 나뉜다. 그런데 이때는 12개의 물건을 A, B, C, D, E, F, G, H, I, J, K, L라 할 때 처음 6개

를 A, B, C, D, E, F를 선택하는 경우와 G, H, I, J, K, L을 선택하는 경우는 사실 같은 분할방법을 의미한다. 즉, 앞에서 센 $\binom{12}{6}$가지는 같은 분할을 2번씩 세었으므로 구하는 답은 $\frac{1}{2}\binom{12}{6}$이 된다.

이를 다른 방법으로도 생각할 수 있는데, 12개의 물건 중 하나를 먼저 정하여 A라 하자. 그러면 A와 같은 묶음으로 묶일 5개를 선택할 경우의 수는 $\binom{11}{5}$가지이다. 이때, 나머지 6개는 한 묶음으로 묶으면 되므로 경우의 수는 $\binom{11}{5}$가 되는데, 앞에서 구한 답과 같음을 알 수 있다. ■

즉, 서로 다른 n개를 r개와 s개로 두 묶음으로 분할할 때, 만약 $r \neq s$라면 앞의 분배의 경우와 마찬가지로 $\binom{n}{r}$가지 방법이 있다. 하지만 $r = s$라면 두 묶음이 순서가 바뀌어 세어지는 경우를 고려해야 하여 $\frac{1}{2}\binom{n}{r}$이 된다. 마찬가지로 서로 다른 n개를 p개, q개, r개($p+q+r=n$)의 세 묶음으로 나누는 (분할하는) 방법의 수는 다음과 같이 구해짐을 쉽게 확인할 수 있다.

① $p,\ q,\ r$이 모두 다른 수일 때 : $\binom{n}{p,\ q,\ r}$

② $p,\ q,\ r$ 중 어느 두 개가 같은 수일 때 : $\frac{1}{2}\binom{n}{p,\ q,\ r}$

③ $p,\ q,\ r$이 모두 같은 수일 때 : $\frac{1}{3!}\binom{n}{p,\ q,\ r}$

예제 1.1.14

위의 결과를 증명하여라.

풀이 앞의 예제 1.1.13의 (2)와 같이 중복을 고려하여주면 되므로 생략한다. ■

비슷한 방법으로 n개를 r_1개, r_2개, $\cdots$, r_k개($r_1+r_2+\cdots+r_k=n$)로 분할하는 경우의 수를 구할 수 있는데 r_i들 중에 같은 것이 있으면 이를 잘 고려해야 한다. 자세한 결과는 여기서는 생략하지만, 실제 문제에서는 위의 $k=3$인 경우처럼 어렵지 않게 각 경우의 경우의 수를 구할 수 있다.

이제 분배와 분할과 관련된 예제들을 살펴보자. 실제로 여러 경우의 수를 구하는 상황에서는 앞서 구한 공식들이 직접 적용되는 것보다는 공식들을 구할 때 사용되었던 아이디어가 유사하게 적용되는 점이 더 중요하기 때문에 그 아이디어들을 잘 살펴보아야 한다.

예제 1.1.15

수학여행에서 학생 8명을 세 개의 방에 2명, 3명, 3명으로 나누어 재우려고 한다. 이때, 8명 중 주어진 2명을 같은 방에 배정하는 방법의 수를 구하여라.

풀이 주어진 2명을 A와 B라 하자. 이때, 두 가지 경우로 나누어 생각하자.

① A, B를 한 방에 재우고 나머지 6명을 3명씩 재우는 경우

먼저 A와 B가 잘 방을 고르고($\binom{3}{1}$가지), 남은 6명을 남은 두 방에 분배($\binom{6}{3}$가지)하면 된다. 따라서 $\binom{3}{1}\times\binom{6}{3}=60$가지의 경우가 있다.

② A, B가 다른 1명과 함께 자게끔 배정하는 경우

먼저 A, B와 함께 잘 학생을 한 명 고르고($\binom{6}{1}$가지), 이들이 잘 방을 정하자(3가지). 이제 나머지 5명을 2명과 3명으로 분할을 하고($\binom{5}{2}$가지), 이를 두 방에 배치(2!)하면 된다. 따라서 구하는 경우의 수는 $\binom{6}{1}\times\binom{3}{1}\times\binom{5}{2}\times 2!=360$가지이다.

따라서 답은 $60+360=420$가지이다. ■

예제 1.1.16

6명의 사람들이 탄 버스가 네 개의 정류장 A, B, C, D를 차례로 경유한다. 승객들이 네 정류장에서 모두 내리는데, 한 정류장에서는 아무도 내리지 않지만 나머지 세 정류장에서는 적어도 한 명씩 내리는 경우의 수를 구하여라. (단, 승객은 더 이상 중간에 타지 않는다.)

풀이 먼저 4개의 정류장 중 3개를 선택하는 방법이 $\binom{4}{3}=4$가지이다. 그 다음 선

택한 3개의 정류장에서 내린 사람의 수는 {1, 1, 4}, {1, 2, 3}, {2, 2, 2}로 나뉘어야 함을 알 수 있다. 각 경우의 수를 세어보자.

① {1, 1, 4}로 나누어 내리는 경우

먼저 4명이 내릴 정류장을 정하는 방법은 3가지이다. 이때, 각 경우마다 $\binom{6}{1,\ 1,\ 4}$가지 경우가 있으므로 $3\times\binom{6}{1,\ 1,\ 4}=90$가지이다.

② {1, 2, 3}로 나누어 내리는 경우

마찬가지로 1, 2, 3명이 내릴 정류장을 정하는 방법은 $3!=6$가지이고 각 경우마다 $\binom{6}{1,\ 2,\ 3}$가지 경우가 있으므로 $6\times\binom{6}{1,\ 2,\ 3}=360$가지이다.

③ {2, 2, 2}로 나누어 내리는 경우

이 경우는 6명을 2명씩 분배하는 경우의 수이므로 $\binom{6}{2,\ 2,\ 2}=90$가지이다.

따라서 답은 $(90+360+90)\times 4=2160$가지이다. ■

예제 1.1.17

컴퓨터를 새로 구입한 7명의 사람이 5개의 통신회사 중 하나만을 선택하여 인터넷 연결을 하고자 한다. 모든 통신회사가 이들 중 적어도 한 명의 고객을 갖게 되는 경우의 수를 구하여라.

풀이 먼저 흔히 볼 수 있는 잘못된 풀이를 소개한다. 모든 통신회사가 이들 중 적어도 한 명의 가입자를 가져야하므로 7명 중 먼저 5명을 뽑아 각각 다른 통신회사에 한 명씩 가입하게 하는 경우가 ${}_7P_5=2520$이고, 나머지 2명이 5개의 통신회사에 임의로 가입하는 경우가 5×5이므로 $2520\times 25=63000$가지이다. 하지만 이 방법은 1단계로 5명을 배치하고 나서 2단계 2명을 배치하는 배치 순서를 준 것이 문제이다. 예를 들어 통신회사 A사에 '갑'과 '을' 두 사람이 가입하였는데, 1단계에서 갑이 A사에 가입하고 2단계에서 '을'이 A사에 가입한 경우와 그 순서가 바뀐 경우를 위의 경우의 수에서는 다른 것으로 간주한 것이다.

올바른 답을 구해 보자. 7명이 5개의 통신회사에 가입하면서 문제의 조건을 만족하려면 $\{1, 1, 1, 1, 3\}$으로 나누어 가입하거나 $\{1, 1, 1, 2, 2\}$로 나누어 가입해야 한다. 이때, 각 경우의 수를 세어보자.

① $\{1, 1, 1, 1, 3\}$**으로 나누어 가입하는 경우**

3명이 가입하는 회사를 정하는 경우의 수가 5가지이고 각 경우에 $\binom{7}{1, 1, 1, 1, 3}$가지가 있으므로 모두 $5\times\binom{7}{1, 1, 1, 1, 3}=4200$가지이다.

② $\{1, 1, 1, 2, 2\}$**으로 나누어 가입하는 경우**

2명이 가입할 2개의 회사를 정하는 경우의 수가 $\binom{5}{2}$가지이고, 각 경우에 $\binom{7}{1, 1, 1, 2, 2}$가지가 있으므로 $\binom{5}{2}\times\binom{7}{1, 1, 1, 2, 2}=12600$가지이다.

따라서 $4200+12600=16800$가지가 있다. ■

마지막으로 원순열에 대해 알아보자. n개의 물건을 일렬로 나열하는 방법은 $n!$가지였다. 하지만 이 n개의 물건을 원 위에 같은 간격으로 배열하는데, 서로 회전시켰을 때 일치시킬 수 있는 두 배열은 같은 방법으로 생각하면 모두 몇 개의 경우의 수가 있는지 생각해 보자. 이때, n개의 물건 중 하나를 선택하여 A라 하자. 그리고 A의 위치를 다음과 같이 원 위에 고정시키자.

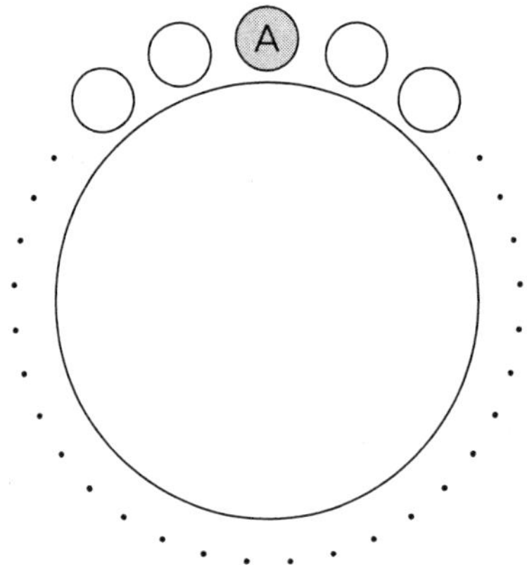

그러면 나머지 $n-1$개의 자리에 나머지 $n-1$개를 적절히 배열하면 된다. 또한 A의 위치가 고정되어 있으므로 이 배열들은 모두 서로 다른 배열들이다. 따라서 경 경우의 수는 $(n-1)!$이 된다. 같은 원리로 서로 다른 n개에서 r개를 선택하여 이 r개를 원 위에 같은 간격으로 배열하는 경우의 수는 $\frac{{}_nP_r}{r}$로 구해진다.

예제 1.1.18

다음과 같이 정오각형 모양의 탁자에 10명이 둘러앉는 경우의 수를 구하여라. 단, 적당히 회전시켜서 일치시킬 수 있는 두 배열은 같은 배열로 생각한다.

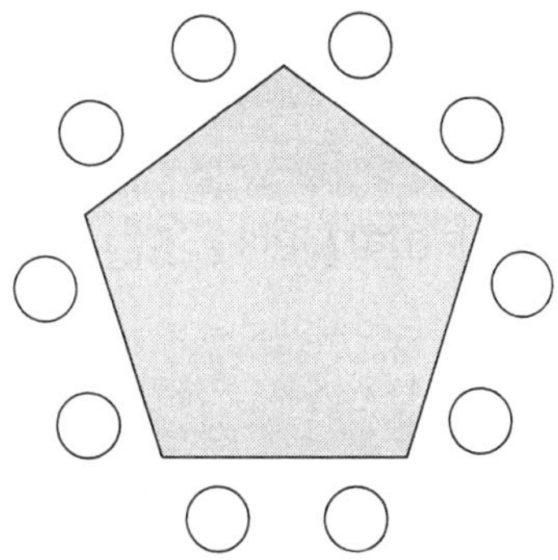

풀이 먼저 10명을 원형으로 배열하는 방법의 수는 $(10-1)!=9!$이다. 그리고 이 9!가지의 각 방법에 대하여 정오각형 모양의 탁자에 배열하는 방법은 다음과 같이 2가지 다른 배열이 가능하다.

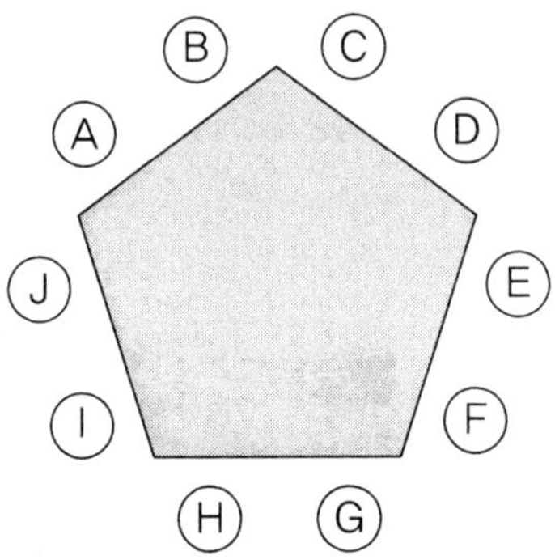

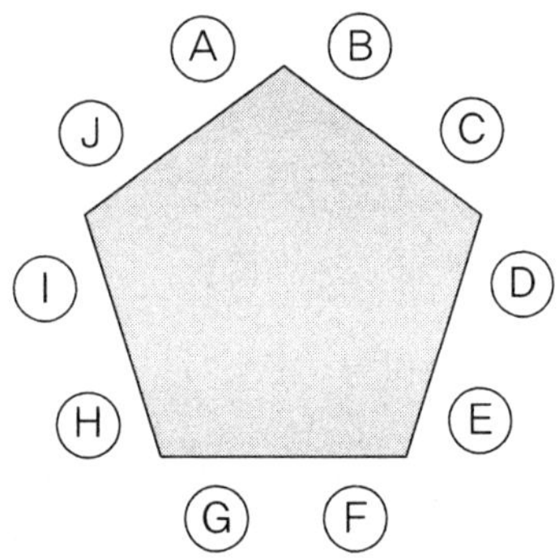

따라서 답은 $9!\times 2$이다. ■

예제 1.1.19

정육면체의 각 면에 1부터 6까지의 수를 써넣어 만들 수 있는 주사위의 개수를 구하여라. 단, 적당히 회전시켜서 일치시킬 수 있는 두 주사위는 같은 주사위로 생각한다.

풀이 정육면체가 바닥에 놓여있다고 하자. 이때, 1이 써질 면을 바닥면으로 고정시키자. 그러면 1이 써진 맞은 편 면에 쓰일 숫자를 선택하는 방법이 5가지가 있다. 이제 나머지 4개를 남은 4칸에 원형으로 배열해야 하므로 $(4-1)!=3!$가지 경우의 수가 있다. 따라서 구하는 답은 $5\times 3!=30$가지이다. ■

(2) 이항정리와 조합등식

이번 단원에서는 조합 $\binom{n}{r}$이 가지는 여러 관계식들을 알아보려 한다. 다음은 간단한 예이다.

예제 1.1.20

예제 1.1.1의 파스칼의 공식을 이용하여 자연수 n에 대해 다음 식이 성립함을 증명하여라.

$$\sum_{k=1}^{n}\binom{k}{k-1}=\binom{n+1}{n-1}$$

풀이 좌변은 $\binom{1}{0}+\binom{2}{1}+\cdots+\binom{n}{n-1}$이고 왼쪽부터 차례로 예제 1.1.1의 등식을 적용하여 보면, $\binom{1}{0}+\binom{2}{1}=\binom{2}{0}+\binom{2}{1}=\binom{3}{1}$이고, 다시 $\binom{3}{1}+\binom{3}{2}=\binom{4}{2}$와 같이 정리가 되다 마지막 항에 이르러서는 $\binom{n}{n-2}+\binom{n}{n-1}$만이 남게 된다. 이것은 다시 예제 1.1.1에 의해 $\binom{n+1}{n-1}$이 된다.

이 증명을 논리적으로 엄밀하게 하려면 수학적 귀납법을 쓰는 게 좋다. 즉, $\sum_{k=1}^{n}\binom{k}{k-1}=a_n$이라 놓고, $a_n=\binom{n+1}{n-1}$임을 보이는데, 먼저 $n=1$일 때 성립하는 것은 자명하므로 $a_{n-1}=\binom{n}{n-2}$가 성립한다고 가정하면,

$$a_n = a_{n-1} + \binom{n}{n-1} = \binom{n}{n-2} + \binom{n}{n-1} = \binom{n+1}{n-1}$$

이 되므로 증명이 끝난다. ■

참고 $\binom{k}{k-1} = k$임을 활용하여도 쉽게 증명할 수 있다.

앞의 예제의 $\sum_{k=1}^{n}\binom{k}{k-1} = \binom{n+1}{n-1}$과 같이 조합들 사이에 성립하는 관계식을 흔히 **조합등식**이라고 부른다. 이러한 조합등식을 탐구하는 여러 방법 중 가장 대표적인 것은 이항정리이다. 앞서 정리 1.1.3에 의해 $(a+b)^n$을 전개하면 다음과 같이 됨을 알 수 있다.

$$(a+b)^n = \binom{n}{0}a^n + \binom{n}{1}a^{n-1}b + \cdots + \binom{n}{r}a^{n-r}b^r + \cdots + \binom{n}{n-1}ab^{n-1} + \binom{n}{n}b^n$$

이 식을 $(a+b)^n$에 대한 **이항정리**라 하고 전개식의 각 항의 계수 $\binom{n}{0}$, $\binom{n}{1}$, $\cdots$, $\binom{n}{n}$을 **이항계수**라 한다. 특히, $(1+x)^n = \binom{n}{0} + \binom{n}{1}x + \binom{n}{2}x^2 + \cdots + \binom{n}{n}x^n$이다. 이를 이용하면 다음을 증명할 수 있는데, 여기서는 이항정리를 이용한 풀이와 조합적 사고를 이용한 풀이를 함께 제시한다. 많은 조합등식 문제들이 실제로 이렇게 두 가지 방법으로 해결할 수 있다.

정리 1.1.4

임의의 자연수 n에 대해 다음이 성립한다.

(1) $\binom{n}{0} + \binom{n}{1} + \binom{n}{2} + \cdots + \binom{n}{n} = 2^n$

(2) $\binom{n}{0} - \binom{n}{1} + \binom{n}{2} - \cdots + (-1)^n\binom{n}{n} = 0$

풀이 1 (이항정리를 이용한 풀이)

$(1+x)^n = \binom{n}{0} + \binom{n}{1}x + \binom{n}{2}x^2 + \cdots + \binom{n}{n}x^n$에 $x=1$을 대입하면 (1)을 증명할 수 있고, $x=-1$을 대입하면 (2)를 증명할 수 있다. ■

풀이 2 (조합적 사고를 이용한 풀이)

(1) 원소가 n개 있는 집합 S의 모든 부분집합들의 개수는 2^n개임은 쉽게 알 수 있다. 부분집합을 택할 때, n개의 원소 각각에 대해 선택할지, 선택하지 않을지 두 가지의 가능성이 있기 때문이다. 다른 한편으로는 $\binom{n}{r}$은 S의 부분집합 중 원소가 r개인 것의 개수이므로, $\binom{n}{0}+\binom{n}{1}+\binom{n}{2}+\cdots+\binom{n}{n}$ 역시 S의 부분집합의 원소의 개수로 생각할 수 있기 때문에 2^n이다.

(2) (1)에서와 같이 원소가 n개인 집합 S를 생각하자. 주어진 등식을 변형하면 $\binom{n}{0}+\binom{n}{2}+\binom{n}{4}+\cdots=\binom{n}{1}+\binom{n}{3}+\binom{n}{5}+\cdots$을 증명하는 것이 되는데 이는 S의 부분집합 중 원소가 짝수개인 것과 홀수개인 것의 개수가 같음을 보이면 된다.

S의 부분집합 중 원소의 개수가 짝수개인 것을 세어보자. S의 원소 중 하나를 택하여 a라 하자. S의 부분집합 중 원소의 개수가 짝수인 것을 선택하기 위해서는 먼저 $S-\{a\}$의 부분집합을 하나 잡고, 이 부분집합의 원소의 개수가 짝수개면 이 집합을 그대로 선택하고 만약 원소가 홀수개면 이 집합에 a를 추가하여 선택하면 된다. 즉, S의 부분집합 중 원소의 개수가 짝수인 것은 $S-\{a\}$의 임의의 부분집합과 하나씩 대응되므로 그 개수가 같다. 즉 2^{n-1}개다. 마찬가지 원리로 S의 부분집합 중 원소의 개수가 홀수인 것 역시 2^{n-1}개로 개수가 같음을 확인할 수 있다. ■

참고 (1)에서는 'S의 부분집합의 개수'를 두 가지 다른 방법으로 세어 등식을 증명하였다. 이처럼 하나의 개체를 두 가지 방법으로 세어 원하는 등식이나 부등식을 증명하는 것을 **이중세기**라고 한다. (2)에서는 S의 부분집합 중 원소가 짝수개인 것을 $S-\{a\}$의 부분집합과 일대일로 대응을 시켜 개수를 세었다. 이 두 가지 방법에 대해서는 '1.2 경우의 수의 심화이론'에서 자세히 다룰 것이다.

다음으로 몇 가지 조합등식을 증명해 보자.

예제 1.1.21

자연수 $n > m$에 대하여 다음 등식을 증명하여라.

$$\binom{m}{m}+\binom{m+1}{m}+\binom{m+2}{m}+\cdots+\binom{n}{m}=\binom{n+1}{m+1}$$

풀이 $\binom{m+r}{m}$은 $(1+x)^{m+r}$의 전개식에서 x^m의 계수이다. 따라서 준식의 좌변은 다항식

$$(1+x)^m+(1+x)^{m+1}+\cdots+(1+x)^n=\frac{(1+x)^{n+1}-(1+x)^m}{(1+x)-1}$$

의 전개식에서 x^m의 계수이다. 따라서 $(1+x)^{n+1}-(1+x)^m$의 x^{m+1}의 계수인데, $(1+x)^m$은 x^{m+1}항과 무관하므로 $\binom{n+1}{m+1}$이다. ■

다른 풀이 1, 2, 3, $\cdots$, $n+1$중 $m+1$개를 선택하는 경우의 수는 $\binom{n+1}{m+1}$이다. 이를 다른 방법으로 세어보자.

선택한 가장 큰 숫자가 k인 경우의 수를 살펴보자. 이때, 나머지 m개는 1, 2, $\cdots$, $k-1$에서 선택해야 하므로 $\binom{k-1}{m}$가지가 있다. $m+1 \le k \le n+1$여야 하므로 $m+1$개를 선택하는 경우의 수는

$$\binom{(m+1)-1}{m}+\binom{(m+2)-1}{m}+\cdots+\binom{(n+1)-1}{m}$$

이 되어 증명이 끝난다. ■

참고 n에 대한 수학적 귀납법으로도 증명할 수 있다.

예제 1.1.22

자연수 n에 대해 $\displaystyle\sum_{k=0}^{n}\binom{n}{k}^2=\binom{2n}{n}$임을 증명하여라.

풀이 $\binom{2n}{n}$은 $(1+x)^{2n}$의 x^n의 계수이다. 이는 $(1+x)^n(1+x)^n$의 x^n의 계수인데 이를 구하기 위해서는 $0 \le k \le n$에 대해 앞의 $(1+x)^n$의 x^k항과 뒤의

$(1+x)^n$의 x^{n-k}항을 곱하여 얻을 수 있다. 각각의 계수가 $\binom{n}{k}$와 $\binom{n}{n-k}$이므로 $\binom{2n}{n}=\sum_{k=0}^{n}\binom{n}{k}\binom{n}{n-k}$인데 $\binom{n}{k}=\binom{n}{n-k}$이므로 등식이 성립한다. ■

다른 풀이 1, 2, ⋯, $2n$ 중 n개를 선택하는 경우의 수는 $\binom{2n}{n}$이다. 이 중 1, 2 ⋯, n 중 k개를 선택하고 $n+1$, $n+2$, ⋯, $2n$ 중 $n-k$개를 선택하는 경우의 수는 $\binom{n}{k}\binom{n}{n-k}=\binom{n}{k}^2$이므로 $\sum_{k=0}^{n}\binom{n}{k}^2=\binom{2n}{n}$이 된다. ■

예제 1.1.23

자연수 n에 대해 $\sum_{k=0}^{n}2^{2k}\binom{2n}{2k}\binom{2n-2k}{n-k}=\binom{4n}{2n}$을 증명하여라.

풀이 $\binom{4n}{2n}$은 $(1+x)^{4n}$의 x^{2n}의 계수이다. 다른 한편으로는

$$(1+x)^{4n}=(2x+(x^2+1))^{2n}=\sum_{r=0}^{2n}\binom{2n}{r}(2x)^r(x^2+1)^{2n-r}$$

이 되는데, $\binom{2n}{r}(2x)^r(x^2+1)^{2n-r}$에서 x^{2n}의 계수는 r이 홀수이면 0임은 쉽게 알 수 있고, r이 짝수이면 $r=2k$라 할 때, $\binom{2n}{2k}2^{2k}x^{2k}(x^2+1)^{2n-2k}$이므로 $(x^2+1)^{2n-2k}$에서 x^{2n-2k}의 계수를 구하여 $2^{2k}\binom{2n}{2k}$에 곱하면 된다. 이는 $y=x^2$이라고 생각하면 $(y+1)^{2n-2k}$에서 y^{n-k}의 계수를 구하는 것과 같은데 이것은 $\binom{2n-2k}{n-k}$이므로 x^{2n}의 계수는 $2^{2k}\binom{2n}{2k}\binom{2n-2k}{n-k}$가 된다. k는 0부터 n까지 가능하므로 증명이 끝난다. ■

(3) 포함배제의 원리

서론에서 언급한 바와 같이 경우의 수의 합의 법칙은 두 집합 A, B가 $A\cap B=\phi$일 때, $|A\cup B|=|A|+|B|$임을 의미한다. 하지만 우리는 더 일반적으로 $A\cap B$가 공집합이 아닌 경우에는 $|A\cup B|=|A|+|B|-|A\cap B|$가 성립함을 쉽게

알 수 있는데, 이를 이용하면 경우의 수의 합의 법칙을 더 폭넓게 적용할 수 있다. 다음 예제를 살펴보자.

예제 1.1.24

1000 이하의 자연수 중 3 또는 7의 배수인 것은 모두 몇 개인지 구하여라.

풀이 1000 이하의 3의 배수의 집합을 A, 7의 배수의 집합을 B라 하자. 이때, $|A \cup B|$를 구하면 된다. 이때, $|A| = \left[\dfrac{1000}{3}\right] = 333$, $|B| = \left[\dfrac{1000}{7}\right] = 142$이다.[2] 또한, $A \cap B$는 21의 배수의 집합이므로 $|A \cap B| = \left[\dfrac{1000}{21}\right] = 47$이 된다. 따라서

$$|A \cup B| = |A| + |B| - |A \cap B| = 333 + 142 - 47 = 428$$

이 된다. ■

이와 비슷한 원리로 세 집합 A, B, C에 대하여

$$|A \cup B \cup C| = |A| + |B| + |C| - |A \cap B| - |B \cap C| - |C \cap A| + |A \cap B \cap C|$$

가 성립함을 밴다이어그램을 통해 쉽게 알 수 있는데, 이를 일반화하여 임의의 n개의 집합에 대해서도 다음과 같은 성질이 성립한다. 이를 **포함배제의 원리**라고 한다.

정리 1.1.5 포함배제의 원리

임의의 유한 집합 A_1, A_2, $\cdots$, A_n에 대해, 다음이 성립한다.

$$\begin{aligned} |A_1 \cup A_2 \cup \cdots \cup A_n| &= \sum_{i=1}^{n} |A_i| - \sum_{1 \le i < j \le n} |A_i \cap A_j| \\ &\quad + \sum_{1 \le i < j < k \le n} |A_i \cap A_j \cap A_k| \\ &\quad - \cdots + (-1)^{n-1} |A_1 \cap A_2 \cap \cdots \cap A_n| \\ &= \sum_{k=1}^{n} \sum_{1 \le i_1 < i_2 < \cdots < i_k \le n} (-1)^{k-1} |A_{i_1} \cap A_{i_2} \cap \cdots \cap A_{i_k}| \end{aligned}$$

2) $[x]$는 x 이하의 정수 중 최대인 정수를 뜻한다.

증명 임의의 $x \in A_1 \cup A_2 \cup \cdots \cup A_n$에 대해 x가 준 식의 우변에서 몇 번 세어지는지 살펴보자. $A_1, A_2, \cdots, A_n$ 중 x를 포함하는 것의 개수가 d개 $(1 \le d \le n)$라 하자. 이때, $\sum_{i=1}^{n} |A_i|$에서는 x가 포함된 d개의 집합에 대해 x가 한 번씩 세어지므로 모두 d번 세어진다. 다음으로 $\sum_{1 \le i < j \le n} |A_i \cap A_j|$에서는 $x \in A_i$, $x \in A_j$인 경우에 $|A_i \cap A_j|$에서 x가 세어지므로 모두 $\binom{d}{2}$번 세어진다. 같은 원리로 $\sum_{1 \le i_1 < i_2 < \cdots < i_k \le n} |A_{i_1} \cap A_{i_2} \cap \cdots \cap A_{i_k}|$에서는 x가 $\binom{d}{k}$번 세어진다. 이를 종합하면 우변에서 x는 $\sum_{k=1}^{n} (-1)^k \binom{d}{k}$번 세어지는데, $d \le n$이므로 이는 $\sum_{k=1}^{d} (-1)^k \binom{d}{k}$와 같고 정리 1.1.4에 의해 이 값이 1임을 알 수 있다. 즉 임의의 $x \in A_1 \cup A_2 \cup \cdots \cup A_n$이 우변에서 정확히 한 번 세어지므로 주어진 등식이 성립한다. ■

경우의 수를 세기 위해서 많이 사용되는 방법이 경우를 경우 1, 경우 2, 경우 3 등으로 나누어 각각의 경우의 수를 세어 더하는 것이다. 이는 경우의 수의 합의 법칙에 기인하는 것으로 분류한 경우들이 서로 겹치지 않아야 한다. 하지만 문제의 구조가 이와 같이 겹치지 않는 경우들로 분류하기 힘들 때에 주로 포함배제의 원리가 사용된다. 다음 두 예제는 그러한 예이다.

예제 1.1.25

동전을 6번 던졌을 때, 앞면이 연속하여 3번 나오는 경우의 수를 구하여라.

풀이 집합 A, B, C, D를 다음과 같이 정의하자.

$$A = \{1,\ 2,\ 3\text{번째가 앞면인 경우}\}$$
$$B = \{2,\ 3,\ 4\text{번째가 앞면인 경우}\}$$
$$C = \{3,\ 4,\ 5\text{번째가 앞면인 경우}\}$$
$$D = \{4,\ 5,\ 6\text{번째가 앞면인 경우}\}$$

이때, A의 원소의 개수를 세면 4, 5, 6번째에는 2가지 경우씩 가능하므로 $|A| = 2^3 = 8$이 됨을 알 수 있고 마찬가지로 $|B| = |C| = |D| = 8$이다. $A \cap B$는 1, 2, 3, 4번째가 모두 앞면인 것들의 집합이므로 5, 6번째 각각

2가지씩 가능하여 $|A \cap B| = 2^2 = 4$가 된다. 비슷한 원리로,

$$|A \cap C| = 2,\ |A \cap D| = 1,\ |B \cap C| = 4,\ |B \cap D| = 2,\ |C \cap D| = 4$$

이다. 다음으로

$$|A \cap B \cap C| = 2,\ |A \cap B \cap D| = 1,\ |A \cap C \cap D| = 1,\ |B \cap C \cap D| = 2$$

이고 $|A \cap B \cap C \cap D| = 1$이므로, 포함배제의 원리에 의해

$$\begin{aligned} |A \cup B \cup C \cup D| &= 8+8+8+8-(4+2+1+4+2+4) \\ &\quad +(2+1+1+2)-1 \\ &= 20 \end{aligned}$$

이 된다. ■

예제 1.1.26

한국 사람 4명, 미국 사람 3명, 일본 사람 2명, 모두 9명을 일렬로 앉히려 한다. 같은 나라 사람 전원이 나란히 붙어 앉지는 않도록 앉히는 방법의 수를 구하여라.

풀이 한국 사람 4명이 붙어 앉는 배열의 집합을 A라 하고 마찬가지로 미국 사람과 일본 사람이 붙어 앉는 배열의 집합을 각각 B, C라 하자. 이때, 우리가 구해야 하는 경우의 수는 $(A \cup B \cup C)^c$에 해당하며 배열하는 모든 경우의 수가 $9!$이므로 $9! - |A \cup B \cup C|$를 구하면 된다. 이제 $|A \cup B \cup C|$를 포함배제의 원리로 구해 보자.

한국 사람 4명이 붙어 앉는 경우는 먼저 9자리 중 한국 사람이 붙어앉은 연이은 4자리를 정하고 (6가지), 한국 사람 4명을 배열한 뒤($4!$가지) 나머지 5자리에 미국 사람과 일본 사람을 배열하면 되므로($5!$가지) 모두 $6 \times 4! \times 5!$가지이다. 따라서 $|A| = 6 \times 4! \times 5!$가 된다. 마찬가지 원리로 $|B| = 7 \times 3! \times 6!$, $|C| = 8 \times 2! \times 7!$이다.

다음으로 $|A \cap B|$는 한국 사람 4명과 미국 사람 3명이 모두 연이어 앉는 경우를 세어보아야 한다. 이런 7자리를 찾는 방법은 12가지임은 쉽게 확인할 수 있고 각각의 경우 한국 사람을 배열하는 $4!$가지, 미국 사람을 배열

하는 $3!$가지, 일본 사람은 남은 두자리에 배열하는 $2!$가지가 있으므로 모두 $12\times 4!\times 3!\times 2!$가지의 경우가 있다. 따라서 $|A\cap B| = 12\times 4!\times 3!\times 2!$이다. 비슷한 원리로 $|A\cap C| = 20\times 4!\times 3!\times 2!$, $|B\cap C| = 30\times 4!\times 3!\times 2!$이다.

마지막으로 $|A\cap B\cap C|$는 한국, 미국, 일본 사람들이 각각 연이어 앉는 경우이므로 이렇게 세 블록으로 나누는 방법은 6가지가 있고 각각에 대해 역시 $4!\times 3!\times 2!$가지 방법이 있으므로 $|A\cap B\cap C| = 6\times 4!\times 3!\times 2!$이다. 종합하면, 포함배제의 원리에 의해

$$\begin{aligned}|A\cup B\cup C| &= (6\times 4!\times 5! + 7\times 3!\times 6! + 8\times 2!\times 7!)\\ &\quad - (12+20+30)\times 4!\times 3!\times 2!\\ &\quad + 6\times 4!\times 3!\times 2!\\ &= 112032\end{aligned}$$

이다. 따라서 구하는 답은 $9! - 112032 = 250848$이다. ■

다음으로 포함배제의 원리를 사용하는 유명한 예제를 하나 살펴보자.

예제 1.1.27

n명의 사람이 각자 서로 다른 모자를 쓰고 있다. 이때, 모자를 전부 벗어서 모은 뒤 다시 임의로 나누어 썼을 때, 모두가 자신의 모자를 쓰지 않는 경우의 수를 구하여라.

풀이 모자를 임의로 나누어 쓰는 경우의 수는 $n!$이다. 따라서 이 중 적어도 한 명이 자신의 모자를 쓰는 경우의 수를 구하여 $n!$에서 그 수를 빼주면 구하는 답이 된다. n명의 사람을 편의상 $p_1, p_2, \cdots, p_n$이라 하고 p_i가 자신의 모자를 쓰는 경우의 집합을 A_i라 하자. 이때, $|A_1\cup A_2\cup \cdots \cup A_n|$을 구하면 된다. 먼저 $|A_i|$의 경우 p_i가 자기 자신의 모자를 썼으므로 남은 $n-1$명이 모자를 적당히 나누어 쓰면 되어 $(n-1)!$가지 경우가 있다. 즉, $|A_i| = (n-1)!$이 된다. 비슷한 원리로 $|A_i\cap A_j| = (n-2)!$이고 일반적으로 $|A_{i_1}\cap A_{i_2}\cap \cdots \cap A_{i_k}| = (n-k)!$임을 알 수 있다. 따라서 포함배제의 원리에 의해,

$$
\begin{aligned}
&|A_1 \cup A_2 \cup \cdots \cup A_n| \\
&= \sum_{k=1}^{n} \sum_{1 \le i_1 < i_2 < \cdots < i_k \le n} (-1)^{k-1} \left|A_{i_1} \cap A_{i_2} \cap \cdots \cap A_{i_k}\right| \\
&= \sum_{k=1}^{n} \binom{n}{k} (-1)^{k-1} (n-k)! \\
&= n! \sum_{k=1}^{n} \frac{(-1)^{k-1}}{k!}
\end{aligned}
$$

이 된다. 따라서, 구하는 경우의 수는 $n! - n! \sum_{k=1}^{n} \frac{(-1)^{k-1}}{k!}$ 이므로, 다음과 같이 나타낼 수 있다.

$$
n!\left(1 - \frac{1}{1!} + \frac{1}{2!} - \frac{1}{3!} + \cdots + (-1)^n \frac{1}{n!}\right)
$$

■

위의 예제에서 구한 경우의 수는 $(1, 2, \cdots, n)$의 순열 $(a_1, a_2, \cdots, a_n)$에서 $a_i = i$인 경우가 없는 경우의 수를 구한 것과 마찬가지이다.

연습문제

1. 1부터 6까지의 숫자가 한 번씩 쓰여 있는 주사위를 n번 던졌다고 한다. 이때, 다음 물음에 답하여라.

   (1) 나온 수의 합이 짝수인 경우의 수를 구하여라.

   (2) 나온 수의 합이 3의 배수인 경우의 수를 구하여라.

   (3) 나온 수의 합이 6의 배수인 경우의 수를 구하여라.

2. 1부터 1000까지의 수 중 서로 다른 4개를 선택하였을 때, 다음 물음에 답하여라.

   (1) 4개의 수가 모두 완전제곱수인 경우의 수를 구하여라.

   (2) 4개의 수가 등차수열을 이루는 경우의 수를 구하여라.

   (3) 4개의 수가 공비가 자연수인 등비수열을 이루는 경우의 수를 구하여라.

3. 정육면체의 8개의 꼭짓점 중 두 개를 지나는 직선을 '좋은 직선'이라 하자. 이때, 다음 물음에 답하여라.

   (1) 좋은 직선 두 개가 같은 평면 위에 있는 쌍의 개수를 구하여라.

   (2) 좋은 직선 두 개가 서로 직교하지 않는 쌍의 개수를 구하여라.

4. A, B, C가 쓰여진 카드가 각각 5개씩 모두 15장이 있다. 이때, 다음 물음에 답하여라.

(1) A 또는 B가 쓰여진 카드 중 8장을 선택하여 늘어놓을 수 있는 방법의 수를 구하여라.

(2) 15장의 카드 중 12장을 선택하여 늘어놓을 수 있는 방법의 수를 구하여라.

5. 정팔면체의 각 면에 1부터 8까지의 수를 한 번씩 써넣으려고 한다. 가능한 경우의 수를 구하여라. (단, 공간상에서 회전하여 일치시킬 수 있는 두 경우는 같은 경우로 생각한다.)

6. 원주 위에 같은 간격으로 8개의 칸이 있다. 이 칸에 빨간구슬 4개와 파란구슬 4개를 적당히 배열하려고 하는데, 서로 회전시켜서 일치시킬 수 있는 배열은 같은 배열으로 생각한다. 가능한 배열의 개수를 구하여라.

7. (KMO 최종시험, 2004) 원주 위에 서로 다른 번호가 매겨진 n개의 점이 있다. 이 점 중 k개의 점을 택하는 방법 중에서, 택하여진 임의의 점으로부터 시계방향으로 가장 가까운 택하여진 점 사이에는 반드시 3개 이상의 점이 놓이도록 택하는 방법의 수를 구하여라. 단 n과 k는 2 이상의 정수이다.

8. $\{1,\ 2,\ \cdots,\ 100\}$의 순열 $(a_1,\ a_2,\ \cdots,\ a_{100})$이 좋은 순열이라 함은 임의의 $1 \le i \le 100$에 대해 $S_i = \sum_{k=1}^{i} a_k$가 3의 배수가 아님을 뜻한다. 좋은 순열의 개수를 구하여라.

9. 정육면체의 6개의 면 각각을 주어진 6가지 색 중 하나로 칠하려고 한다. 이때, 변이 맞닿은 임의의 두 면은 다르게 색칠해야 한다고 할 때, 가능한 방법의 수를 구하여라. (단, 한 색을 여러 번 사용할 수 있으며, 정육면체를 적당히 회전시켜서 서로 같게 할 수 있는 두 색칠 방법은 같은 것으로 간주한다.)

10. 다음 조합등식을 증명하여라.

(1) $\sum_{i=0}^{k}(-1)^i\binom{n}{i}=(-1)^k\binom{n-1}{k}$

(2) $\sum_{k=1}^{n}\binom{n}{k}\binom{n}{n+1-k}=\binom{2n}{n+1}$

(3) $\sum_{k=0}^{[n/2]}2^{n-2i}\binom{n}{2i}\binom{2i}{i}=\binom{2n}{n}$

11. $\{1, 2, 3, 4, 5\}$의 순열 $(a_1, a_2, a_3, a_4, a_5)$가 좋은 순열이라 함은 모든 $1 \le i \le 4$에 대해 $(a_1, a_2, \cdots, a_i)$가 $(1, 2, \cdots, i)$의 순열이 되지 않음을 뜻한다. 이때, 좋은 순열의 개수를 구하여라.

12. n 이하의 자연수 중 3, 5의 배수이지만 7의 배수는 아닌 것의 개수를 a_n이라 할 때, 다음 물음에 답하여라.

(1) a_{1000}을 구하여라.

(2) $a_n=1000$인 최소의 n을 구하여라.

※ (13~15) 함수 $f:A\to B$가 임의의 A의 서로 다른 두 원소 a_1, a_2에 대해 $f(a_1)$과 $f(a_2)$가 다르면 f를 **단사함수**라고 하며, f의 치역과 공역이 같으면 즉, 임의의 $b\in B$에 대해 $f(a)=b$인 $a\in A$가 존재하면 f를 **전사함수**라고 한다. f가 전사이면서 단사이면 **전단사함수**라고 한다.

13. 두 집합 A, B가 $|A|=m$, $|B|=n$을 만족한다. 이때, 다음 물음에 답하여라.

(1) $f: A \to B$인 함수 f는 모두 n^m개가 있음을 증명하여라.

(2) $f: A \to B$인 단사함수의 개수를 구하여라.

14. $m<n$인 자연수 m, n에 대해 다음 조합등식을 두 가지 방법으로 증명하려고 한다.

$$\sum_{k=0}^{n}(-1)^k k^m \binom{n}{k}=0$$

다음 물음에 답하여라.

(1) r차 다항식 $P_r(x)=x(x-1)(x-2)\cdots(x-r+1)$을 생각하자. $P_0(x)=1$이라 할 때, 임의의 t차 다항식 $P(x)$는 적당한 실수 a_1, a_2, $\cdots$, a_t에 대해

$$P(x)=a_tP_t(x)+a_{t-1}P_{t-1}(x)+\cdots+a_1P_1(x)+a_0P_0(x)$$

의 꼴로 나타내어짐을 증명하여라. 특히, 이와 같이 나타내는 방법은 유일함을 증명하여라.

(2) $k \le t < n$일 때, $P_t(k)\binom{n}{k}=P_t(n)\binom{n-t}{k-t}$가 성립함을 보이고 이를 이용하여 $t<n$이면 $\sum_{k=0}^{n}(-1)^k P_t(k)\binom{n}{k}=0$이 성립함을 증명하여라. 이는 $\sum_{k=0}^{n}(-1)^k k^m\binom{n}{k}=0$가 $m<n$에 대해 성립함을 의미함을 (1)을 이용하여 설명하여라.

(3) 포함배제의 원리를 이용하여 다른 방법으로 증명해 보자. $|A|=a$, $|B|=b$인 두 집합 A, B에 대해 $f: A \to B$인 전사함수의 개수를 세어보자. 전체 함수가 b^a개가 있으므로, 여기에서 전사함수가 아닌 함수의 개수를 빼면 된다. $B=\{x_1, x_2, \cdots, x_b\}$라 하고, x_i가 함수 f의 치역에 속하지 않는

함수 f의 집합을 X_i라 하자. 이때, 포함배제의 원리를 이용하여 전사함수의 개수는 $\sum_{k=0}^{b}(-1)^{b-k}k^a\binom{b}{k}$임을 증명하여라.

(4) 앞서 (3)의 결과를 이용하여 $m < n$이면 $\sum_{k=0}^{n}(-1)^k k^m\binom{n}{k}=0$임을 설명하여라. 또한 $\sum_{k=0}^{n}(-1)^k k^n\binom{n}{k}$의 값이 무엇인지 설명해보고 이를 (1), (2)의 방법으로는 어떻게 증명할 수 있는지 생각해 보아라.

15. $f:\{1, 2, \cdots, n\}\to\{1, 2, \cdots, n\}$에 대해 $f(x)=x$인 x를 f의 고정점이라고 한다.

(1) 전단사함수 f에 대해 f의 고정점의 개수가 0개인 함수의 개수를 구하여라.

(2) 전단사함수 f에 대해 f의 고정점의 개수가 1개인 함수의 개수를 구하여라.

(3) 전단사함수 f중 고정점이 정확히 k개인 함수의 개수를 a_k라 하자. 이때, $\sum_{k=1}^{n}ka_k$의 값을 구하여라.

16. 1번부터 27번까지 번호를 부여받은 27명의 학생을, 3명씩 9모둠으로 나눌 때, 다음 조건을 만족하도록 나누는 방법은 모두 몇 가지인가?

(1) 각 모둠에 속하는 학생들의 번호의 합을 3으로 나눈 나머지는 1이다.

(2) 어느 모둠에도 번호의 차가 3인 두 학생은 존재하지 않는다.

1.2 경우의 수의 심화이론

앞선 단원에서는 경우의 수를 세는 기본이론에 대하여 학습하였다. 이번 단원에서는 경우의 수와 관련된 두 가지 심화이론 **전단사를 이용한 증명**(bijective proof)과 **이중세기**(double counting)를 학습한다.

먼저 전단사를 이용한 증명에서 전단사는 간단히 말하면 일대일 대응을 의미한다. 경우의 수를 세는 것을 앞서 언급한 바와 같이 집합의 원소를 세는 것으로 이해할 때, 집합 X의 원소를 세는 것이 어렵다면, X 대신에 경우의 수를 세기 쉬운 집합 Y를 찾아 그 경우의 수를 대신 세는 것을 생각할 수 있다. 이때, 만약 $f: X \to Y$인 일대일 대응 함수(전단사 함수, bijective function)가 존재하면, X와 Y의 원소가 같다는 원리를 이용하면 X의 원소의 개수를 Y의 원소의 개수로부터 알 수 있게 된다. 이와 같은 내용을 '(1) 전단사를 이용한 증명'에서 학습한다.

다음으로 이중세기는 주어진 조합적 상황에서 어떤 집합을 잘 선택하여 이 집합의 원소의 개수를 두 가지 방법으로 셈으로서 그 결과를 비교하는 방법을 뜻한다. 예를 들어, 주어진 상황에서 $a_1 \le a_2$를 증명해야 할 때, 집합 X의 원소의 개수를 한 방법으로 세었더니 a_1개이고, 다른 방법으로 세었더니 a_2개 이하가 됨을 밝힘으로서 증명할 수 있다. 이처럼 조합적 상황에서 원하는 관계식을 이중세기를 이용하여 증명을 하는 원리를 '(2) 이중세기의 기본 원리'에서 살펴본다.

따라서 이중세기에서의 핵심이자 가장 어려운 부분은 두 가지 방법으로 셀 집합이 주어진 것이 아니라, 상황 속에서 직접 찾아내거나 창조해내야 한다는 점이다. 이 집합을 찾는데 정형화된 방법은 없다는 점이 이중세기를 어렵게 한다. '(3) 이중세기의 활용'에서는 문제의 상황이 표, 그래프, 집합 등과 같이 전형적인 조합론의 상황일 때에 그 집합을 찾는 여러 방법의 예들을 살펴본다.

(1) 전단사를 이용한 증명

다음과 같이 그림으로 나타낸 세 함수 f, g, h를 살펴보자.

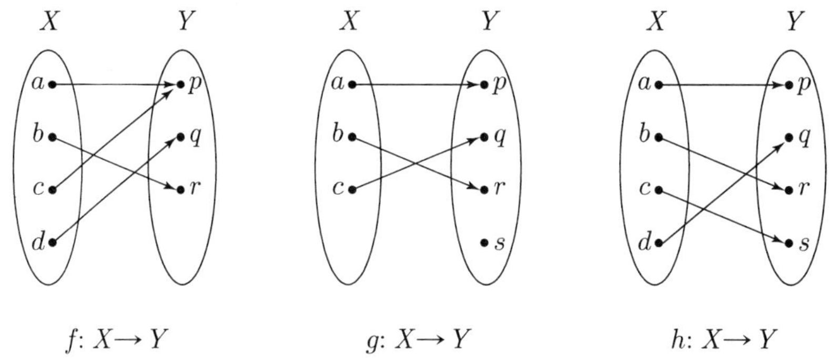

[그림 1.1] 전사함수 f, 단사함수 g, 전단사함수 h

위에서 함수 f는 임의의 $y \in Y$에 대해 $f(x)=y$인 x가 존재함을 알 수 있다. 즉, f의 치역과 공역이 같은데 이런 함수를 **전사함수**(surjective function 또는 surjection)라고 한다. 함수 g는 임의의 X의 서로 다른 두 원소 $x_1 \neq x_2$에 대해 $g(x_1) \neq g(x_2)$가 되는데, 이처럼 X의 모든 원소들의 함숫값이 모두 다른 함수를 **단사함수**(injective function 또는 injection)라고 한다. 마지막으로 h는 위와 같은 두 성질을 모두 가지고 있어 전사함수이면서 단사함수인데 이러한 함수를 **전단사함수**(bijective function 또는 bijection)라고 한다.

어떤 함수 $F: X \to Y$가 전단사함수라 함은, 쉽게 생각하면 X의 원소와 Y의 원소가 정확히 하나씩 짝을 지음을 의미한다. 이때, 위의 함수 h의 상황처럼 $|X|=|Y|$가 되어야 함을 쉽게 알 수 있다. 이는 경우의 수를 세는 가장 기본적인 원리 중 하나이다. 즉, 복잡한 구조를 가진 집합 X의 원소의 개수를 세는 대신 $F: X \to Y$인 전단사함수 F가 존재하면서 보다 단순한 구조를 가진 집합 Y를 찾아 Y의 원소의 개수를 세는 것이 그 원리이다. 다음 예제를 살펴보자.

예제 1.2.1

10 이하의 자연수 a, b, c, d에 대하여 $a \leq b \leq c \leq d$를 만족하는 순서쌍 (a, b, c, d)의 개수를 구하여라.

풀이 집합 X를

$$X = \{(a,\ b,\ c,\ d) \mid 1 \le a \le b \le c \le d \le 10,\ a,\ b,\ c,\ d \in \mathbb{N}\}$$

으로 정의하자. 즉, X는 문제의 조건을 만족하는 순서쌍들로 이루어진 집합이다. 이 집합의 원소의 개수를 쉽게 셀 수 없는데 그 이유는 $a \le b \le c \le d$라는 조건에 등호가 들어가기 때문에 같은 수를 여러 번 뽑을 수 있기 때문이다.[3] 이를 극복하기 위해, $a < b+1 < c+2 < d+3$이 됨에 착안하여 $F(a,\ b,\ c,\ d) = (a,\ b+1,\ c+2,\ d+3)$[4]이라 하자. 그러면 집합 Y를

$$Y = \{(x,\ y,\ z,\ w) \mid 1 \le x < y < z < w \le 13\}$$

로 정의할 때, $F: X \to Y$가 된다. 이때, 집합 Y의 순서쌍은 13까지의 자연수 중 4개를 선택하여 만들어지므로 $\binom{13}{4}$개다. 만약 F가 전단사함수라면, $|X| = |Y| = \binom{13}{4}$가 되어 원하는 쌍의 개수를 구할 수 있다. 이제 F가 전단사함수임을 증명해 보자.

먼저 단사함수임을 보이려면 $F(a_1,\ b_1,\ c_1,\ d_1) = F(a_2,\ b_2,\ c_2,\ d_2)$라면 $a_1 = a_2,\ b_1 = b_2,\ c_1 = c_2,\ d_1 = d_2$임을 보여야 되는데 이는 F의 정의로부터 자명하다.

다음으로 전사함수임을 보이려면 임의의 $(x,\ y,\ z,\ w) \in Y$가 F의 치역에 놓임을 증명해야 되는데 이는 $F(x,\ y-1,\ z-2,\ w-3) = (x,\ y,\ z,\ w)$인데, $x \le y-1 \le z-2 \le w-3 \le 10$이므로 $(x,\ y-1,\ z-2,\ w-3) \in X$이고 따라서 F는 전사함수이다. ■

하지만 이 예제에서처럼 어떤 함수 F가 전단사임을 증명하기 위해서 이 함수가 전사이면서 단사인 것을 따로 증명하는 것도 좋은 방법이지만, 다음과 같이 역함수를 활용하는 것도 가능하다.

---

3) 만약 조건이 $a < b < c < d$였다면 10 이하의 자연수 중 4개를 선택하는 것으로 생각할 수 있어 $\binom{10}{4}$가지의 쌍이 있음을 쉽게 알 수 있다.

4) 여기서 $F(a,\ b,\ c,\ d)$는 정확히는 $F((a,\ b,\ c,\ d))$를 의미하는데 간단히 나타내기로 하자.

정리 1.2.1

두 집합 X, Y[5]에 대해 함수 $F: X \to Y$가 주어져 있다. 만약 F의 역함수 $G: Y \to X$가 존재하면 F는 전단사함수이다.

참고 여기서 G가 F의 역함수라 함은 $G(F(x)) = x$, $F(G(y)) = y$가 모든 $x \in X$, $y \in Y$에 대해서 성립함을 의미한다.

증명 임의의 $y \in Y$에 대해 $G(y) \in X$가 $F(G(y)) = y$를 만족하므로, F는 전사이다. 또한, $F(x_1) = F(x_2)$이면 $G(F(x_1)) = G(F(x_2))$에서 $x_1 = x_2$이므로 F는 단사이다. ■

이제 이 정리를 활용하여 예제 1.2.1에서 F가 전단사함수임을 다시 증명해 보자.

예제 1.2.1의 다른 풀이 $G: Y \to X$를 $G(x, y, z, w) = (x, y-1, z-2, w-3)$로 정의하자. $1 \le x < y < z < w \le 13$이면

$$1 \le x \le y-1 \le z-2 \le w-3 \le 10$$

이므로 이 함수는 Y에서 X로 대응되는 함수이다. 또한, $F(G(x, y, z, w)) = (x, y, z, w)$ 및 $G(F(a, b, c, d)) = (a, b, c, d)$가 성립하므로 G는 F의 역함수이고 F는 전단사함수이다. ■

위의 예제를 해결하는 과정에서는 전단사를 이용하는 방법을 정확히 이해할 수 있도록 집합과 함수를 매우 구체적으로 잡았지만, 익숙해지면 위와 같이 엄밀하게 따져주지 않아도 된다. 먼저 간단한 예제들부터 살펴보자.

예제 1.2.2

원 위에 모두 n개의 점이 있다. 이들 중 임의의 두 점 사이를 현으로 연결하였는데, 이때 임의의 세 현이 원 내부의 한 점에서 만나지는 않았다고 한다. 이때,

5) 이 단원에서 나타나는 모든 집합은 유한집합이라고 하자.

현들 사이의 교점은 모두 몇 개인지 구하여라.

풀이 오른쪽 그림과 같이 원 위의 n개의 점 중 4개를 선택하여 시계방향으로 네 점을 A, B, C, D라 하면 두 현 AC와 BD의 교점 P가 생긴다. 이때, 함수 F를

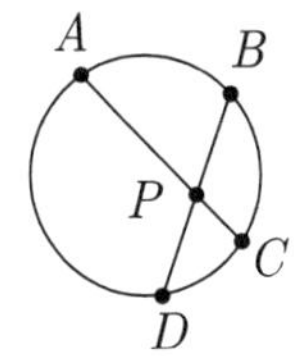

$$f(\{A, B, C, D\}) = P$$

로 정의하자. 이 함수의 역함수는 쉽게 생각할 수 있다. 어떤, 두 현의 교점 Q가 있다면, Q를 지나는 두 현의 양 끝점들을 X, Y, Z, W라 할 때,

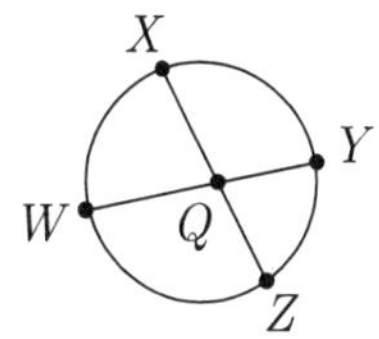

$$g(Q) = \{X, Y, Z, W\}$$

라 정의하면 g는 f의 역함수임을 쉽게 알 수 있다. 따라서 f는 전단사함수이다. 즉, n개의 점 중 4개를 선택한 것들의 집합과 현들 사이의 교점들의 집합이 일대일 대응관계에 있으므로, 두 집합의 원소의 개수가 같다. 따라서, 현들 사이의 교점의 개수는 $\binom{n}{4}$개다. ■

예제 1.2.3

10×10모양의 표가 있다. 이때, 오른쪽 [그림 1.2]와 같이 표의 칸들로 만들 수 있는 직사각형은 모두 몇 개인지 구하여라.

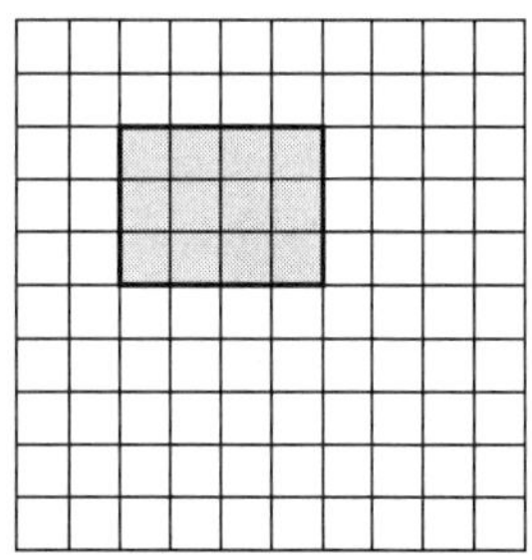

[그림 1.2]

풀이 [그림 1.3]과 같이 10개의 가로줄 중 2개를 선택하여 X, Y라 하고 10개의 세로줄 중 2개를 선택하여 Z, W라 하자. 그러면 자연스럽게 이 네 줄로 둘러싸인 직사각형 $ABCD$가 있게 되는데 이들을 대응시키자.

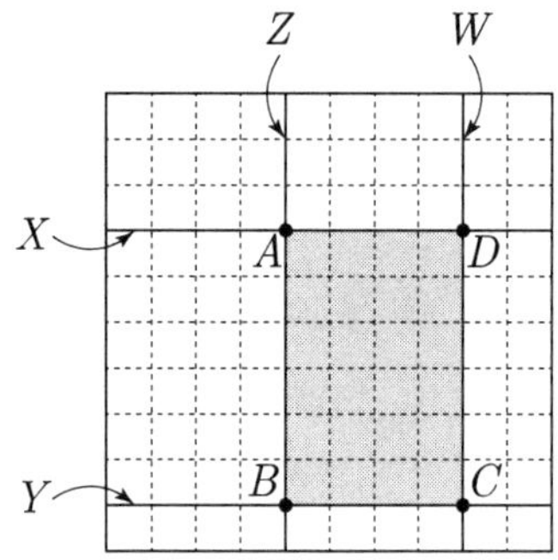

[그림 1.3]

즉, $F(X,\ Y,\ Z,\ W) = ABCD$로 대응시키자. 이 함수의 역함수는 물론 임의의 직사각형에 대해 직사각형의 양 끝 세로줄과 양 끝 가로줄을 선택하는 것이다. 따라서 F는 전단사함수가 되고 직사각형의 개수는 10개의 가로줄과 세로줄 중 각각 2개씩 선택하는 경우의 수와 같으므로 $\binom{10}{2}\times\binom{10}{2} = 2025$이다. ■

다음으로 부정방정식의 해의 개수를 전단사를 이용하여 세는 방법을 알아보고 이를 이용하여 중복조합이라는 개념을 정의해 보자. 먼저 다음 예제를 살펴보자. 전단사의 활용이 익숙해지면, 아래와 같이 구체적인 함수 F를 명시하지 않고 원소들을 대응시키는 것으로만 생각해도 충분하다.

예제 1.2.4

자연수 m에 대해 다음 물음에 답하여라.

(1) $a+b+c=m$을 만족하는 자연수의 순서쌍 $(a,\ b,\ c)$의 개수는 $\binom{m-1}{2}$개임을 증명하여라.

(2) $a+b+c=m$을 만족하는 음이 아닌 자연수의 순서쌍 $(a,\ b,\ c)$의 개수는 $\binom{m+2}{2}$개임을 증명하여라.

풀이 (1) [그림 1.4]와 같이 m개의 공이 일렬로 놓여 있고 인접한 공들 사이에 칸막이를 꽂을 수 있는 칸이 $m-1$개가 있다고 하자.

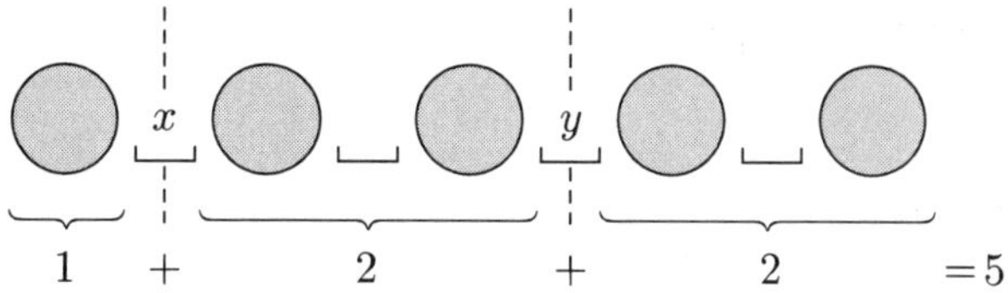

[그림 1.4]

이때, $m-1$개 칸 중 2개의 칸 x, y를 선택하여 칸막이를 꽂으면 공이 세 묶음으로 나뉜다. 나누어진 공의 개수가 위와 같이 a개, b개, c개라면 $(x,\ y)$와 $(a,\ b,\ c)$를 대응시키자. 즉, $m-1$개의 칸막이 중 2개를 선택하는 방법이 부정방정식 $a+b+c=m$의 해와 대응된다. 이 대응이 전단사임은 쉽게 확인할 수 있으므로[6], 부정방정식의 해의 개수는 $\binom{m-1}{2}$개다.

(2) $a+b+c=m$인 음이 아닌 정수의 순서쌍 $(a,\ b,\ c)$와 $(a+1,\ b+1,\ c+1)$을 대응시키자. 이때, $(a+1)+(b+1)+(c+1)=m+3$이며 $a+1,\ b+1,\ c+1$은 자연수이므로 이 대응은 $a+b+c=m$을 만족하는 음이 아닌 정수해의 집합과 $x+y+z=m+3$를 만족하는 자연수해 사이의 대응이다. 이 대응이 전단사임은 쉽게 알 수 있으므로 (1)의 결과에 의해 부정방정식의 해의 개수는 $\binom{(m+3)-1}{2}=\binom{m+2}{2}$개다. ■

위의 방법은 다음과 같이 일반화할 수 있다. 증명은 위의 예제와 같으므로 연습 문제로 남긴다.

정리 1.2.2

자연수 m, n에 대해 다음이 성립한다.

(1) $m \le n$일 때, $x_1+x_2+\cdots+x_m=n$인 자연수의 순서쌍 $(x_1,\ x_2,\ \cdots,\ x_m)$는 모두 $\binom{n-1}{m-1}$개다.

(2) $x_1+x_2+\cdots+x_m=n$을 만족하는 음이 아닌 정수의 순서쌍 $(x_1,\ x_2,\ \cdots,\ x_m)$는 모두 $\binom{m+n-1}{m-1}$개다.

6) 역함수를 쉽게 찾을 수 있으며, 직접 전사이면서 단사임을 보여도 된다.

여기에서 중복조합에 대해 알아보자.

정의 1.2.3 중복조합

서로 다른 n개 중 중복을 허용하여 r개를 선택하는 경우의 수를 **중복조합**이라고 하며 ${}_n\mathrm{H}_r$로 나타낸다.

즉, 중복조합 ${}_n\mathrm{H}_r$은 n개 중 r개를 선택하는데, 매번 선택할 때마다 이전에 선택했던 것들도 포함한 n개 중에서 하나를 선택하는 것이다. 따라서 같은 것이 여러 번 나올 수 있다. 예를 들어 A, B, C 중 중복을 허용하여 4개를 선택한다면 A, B, A, C가 나올 수도 있고 A, A, B, C가 나올 수도 있다. 만약 이 두 쌍과 같이 선택하는 순서까지 고려한 것은 **중복순열**이라고 하는데 중복순열의 경우 매 선택마다 n개의 가능성이 있으므로 자명하게 n^r가지 선택방법이 있게 된다.[7] 하지만 중복조합에서는 A, B, A, C와 A, A, B, C는 선택된 조합이 같으므로 같은 것으로 보아야 하기 때문에 그 경우의 수를 세는 것이 쉽지는 않다. 하지만 앞서 정리 1.2.2를 이용하면 중복조합을 구할 수 있다.

정리 1.2.4

자연수 n과 음이 아닌 정수 r에 대해[8] ${}_n\mathrm{H}_r=\binom{n+r-1}{r-1}$이다.

증명 1, 2, 3, $\cdots$, n 중 중복을 허용하여 r개를 선택하였다고 하자. 이때, i가 모두 x_i개가 나왔다면 r개를 선택한 것을 순서쌍 $(x_1, x_2, \cdots, x_r)$에 대응시키자. 그러면 $x_1+x_2+\cdots+x_n=r$이므로 $(x_1, x_2, \cdots, x_r)$은 이 부정방정식의 음이 아닌 정수해의 순서쌍이다. 이 대응은 자명히 전단사이므로 ${}_n\mathrm{H}_r$은 $x_1+x_2+\cdots+x_n=r$의 음이 아닌 정수해의 개수와 같다. 따라서 정리 1.2.2에 의해 $\binom{n+r-1}{r-1}$이 된다. ■

7) n개 중 r개를 중복하여 선택하는 중복순열의 개수는 ${}_n\Pi_r$로 나타낸다. 즉, ${}_n\Pi_r=n^r$이 성립한다.

8) 중복을 허용하였기 때문에 $r>n$인 경우에도 중복순열과 중복조합은 정의된다.

위의 정리 1.2.2를 다시 살펴보면, 자연수 n을 m개의 자연수의 합으로 나타내는 경우의 수는 $\binom{n-1}{m-1}$이었다. 같은 원리로 자연수 n을 여러 개의 자연수의 합으로 나타내는 경우의 수는 2^{n-1}이다. 예를 들어 4를 자연수의 합으로 나타내는 방법은

$$4=2+2=3+1=1+3=2+1+1=1+2+1=1+1+2=1+1+1+1$$

과 같이 8가지가 있다. 이처럼 자연수 n을 여러 자연수의 합으로 나타내는 경우의 수를 찾는 것은 정리 1.2.2의 증명에서 $n-1$개의 칸 각각에 칸막이를 설치할지 여부를 결정하면 되기 때문에 2^{n-1}가지로 생각할 수 있다. 다른 한편으로는 m개의 합으로 나타내는 방법이 $\binom{n-1}{m-1}$가지이므로 모두 $\sum_{m=1}^{n}\binom{n-1}{m-1}$가지 방법이 있어서 정리 1.1.4에 의해 2^{n-1}가지로 생각할 수 있다.

이와 같이 단순히 분할하는 경우의 수는 구하기 쉽지만 분할을 이루는 수들의 조합이 같으면 같은 것으로 간주하는 경우는 다소 복잡하다. 즉, 위와 같이 4를 자연수의 합으로 나타낼 때, $3+1$과 $1+3$이나 $1+1+2$와 $1+2+1$과 같이 수들의 조합은 같지만 그 순서만 다른 것은 같은 것으로 생각한다면

$$4=2+2=3+1=2+1+1=1+1+1+1$$

의 5가지 방법밖에 없음을 알 수 있다. 이와 같이 자연수 n을

$$n=x_1+x_2+\cdots+x_r,\ (x_1 \ge x_2 \ge \cdots \ge x_r)$$

로 나타내는 것을 n을 분할하였다고 하고, 하며 이러한 분할 방법의 개수를 자연수 n의 **분할수**라고 하여 $p(n)$으로 나타낸다. 예를 들어 $p(4)=5$이며, n이 작을 때 $p(n)$의 값은 다음과 같다.

n	1	2	3	4	5	6	7	8	9	10	11	12
$p(n)$	1	2	3	5	7	11	15	22	30	42	56	77

$p(n)$의 값에 대해서는 비교적 잘 알려져 있지만, 간단하게 나타내는 공식은 알려져 있지 않다. 여러 복잡한 개념과 함수가 들어간 형태로만 나타낼 수 있다. 또한 $p(n)$의 값과 관련한 정수론 문제 등은 매우 어려운 편에 속한다.[9] 여기서는 이런

9) 아주 간단해 보이는, n의 일의 자리 수가 4 또는 9일 때, $p(n)$이 5의 배수임을 증명하는 문제 같은 것도 유명한 인도의 수학자 라마누잔(Ramanujan)에 의해 여러 복잡한 개념을 이용하여 증명되었다.

수와 분할과 관련되어 전단사를 어떻게 이용할 수 있는지 간단한 예들을 살펴보자.

예제 1.2.5

자연수 n을 분할하는 방법 중 가장 큰 수가 k인 것의 개수와 자연수 n을 k개의 자연수로 분할하는 경우의 수[10)]가 같음을 증명하여라.

풀이 먼저 n을 분할하는 방법 중 가장 큰 수가 k인 경우 중 하나를

$$n = a_1 + a_2 + \cdots + a_r \ \ (k = a_1 \ge a_2 \ge \cdots \ge a_r)$$

이라 할 때, 아래 그림의 왼쪽과 같이 a_1개, a_2개, $\cdots$, a_r개의 정사각형을 쌓자. 이를 오른쪽처럼 가로로 읽으면 k개의 자연수로 분할하는 방법이 얻어진다.

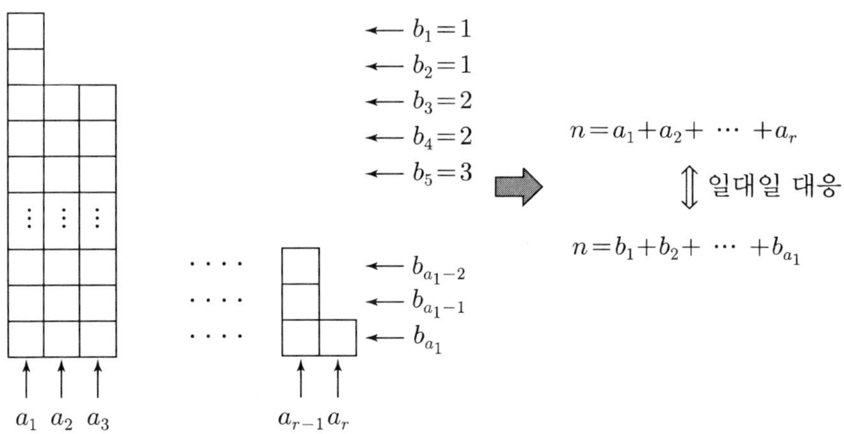

[그림 1.5]

이 두 방법 사이의 대응이 일대일 대응임은 위의 그림으로부터 쉽게 알 수 있으므로 두 경우의 수가 같음이 증명이 된다. ■

예제 1.2.6

$2n$을 n개의 자연수로 분할하는 경우의 수는 $p(n)$임을 증명하여라.

---

10) 순서만 다른 것은 다르게 생각하였기 때문에 $\binom{n-1}{k-1}$이 아님에 유의한다.

풀이 $2n = a_1 + a_2 + \cdots + a_n (a_1 \ge a_2 \ge \cdots \ge a_n)$으로 분할하였을 때,

$$n = (a_1 - 1) + (a_2 - 1) + \cdots + (a_n - 1)$$

이 된다. 이때, $a_i = 1$이었으면 $a_i - 1 = 0$이 되므로 이러한 0들을 빼고 생각하면 이는 n을 자연수의 합으로 분할하는 방법이 된다. 이 대응이 일대일 대응임은 쉽게 확인할 수 있다. 반대로 $n = x_1 + x_2 + \cdots + x_r$로 분할이 되었다면 $r \le n$이므로 이를

$$2n = (x_1 + 1) + (x_2 + 1) + \cdots + (x_r + 1) + \underbrace{1 + 1 + \cdots + 1}_{n-r\text{개}}$$

에 대응시키는 것이 역함수가 되기 때문이다. 따라서, $2n$을 n개의 자연수로 분할하는 경우의 수는 $p(n)$이다. ■

예제 1.2.7

주어진 자연수 n에 대하여 n을 $n = a_1 + a_2 + \cdots + a_r$, $a_1 \ge a_2 \ge \cdots \ge a_r$과 같이 자연수의 합으로 분할하였을 때, 이 분할의 점수를 $\binom{a_1}{a_2}\binom{a_2}{a_3}\cdots\binom{a_{r-1}}{a_r}$이라 하자. 모든 분할의 점수의 합을 구하여라.

풀이 $n = a_1 + a_2 + \cdots + a_r$, $a_1 \ge a_2 \ge \cdots \ge a_r$로 분할하였을 때, 다음과 같이 1층에 a_1개의 정사각형을 배치한 뒤, 2층에는 a_2개, 3층에는 a_3개, $\cdots$, r층에는 a_r개를 쌓는 것을 생각하자.

예 $a_1 = 5$, $a_2 = 4$, $a_3 = 2$, $a_4 = 1$, $n = 12$

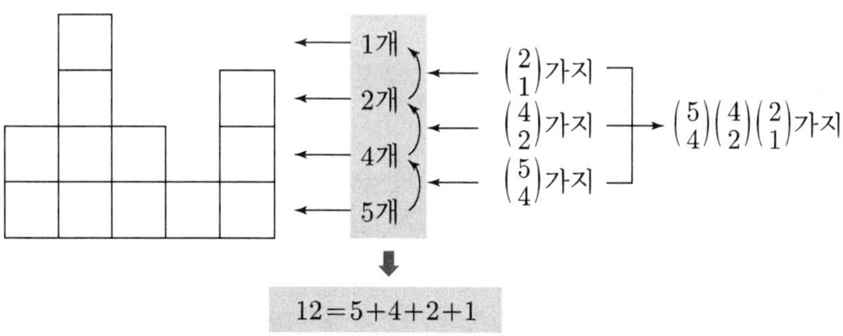

이때, 1층에 a_1개를 늘어놓고 생각하면 2층을 쌓는 방법의 수는 $\binom{a_1}{a_2}$, 3층을 쌓는 방법의 수는 $\binom{a_2}{a_3}$, $\cdots$, r층을 쌓는 방법의 수는 $\binom{a_{r-1}}{a_r}$이다. 예를 들어 3층을 쌓을 때는 2층의 정사각형 a_2개가 있는 부분에서 a_3개의 위치를 골라야 하기 때문이다. 따라서 쌓는 방법은 $\binom{a_1}{a_2}\binom{a_2}{a_3}\cdots\binom{a_{r-1}}{a_r}$가지이다. 반대로 이와 같이 쌓은 것을 위의 예의 오른쪽처럼 세로로 읽으면 이는 $n = x_1 + x_2 + \cdots + x_r$과 같이 n을 자연수의 합으로 (순서가 다른 것은 다른 것으로 생각하여) 나타낸 것으로 이해할 수 있다.

반대로 $n = x_1 + x_2 + \cdots + x_r$의 꼴로 나타내어졌다면, 왼쪽부터 x_1개, x_2개, $\cdots$, x_r개의 정사각형을 쌓으면 위의 그림과 같이 1층, 2층, $\cdots$으로 쌓아올라간 모양이 나오는데 이 대응이 역함수가 된다.

따라서, 점수의 합은 $n = x_1 + x_2 + \cdots + x_r$과 같이 순서가 다른 것은 다른 것으로 생각하여 나타내는 경우의 수이므로 앞에서 알아본 바와 같이 2^{n-1}이 된다. ■

다음으로 제약이 있는 최단경로의 문제를 하나 생각해 보자.

예제 1.2.8

좌표평면 위에서 $(0,\ 0)$에서 시작하여 $(n,\ n)$으로 격자[11]를 따라 최단경로로 이동할 때, 직선 $y = x$의 위로 넘어가지 않으면서 이동하는 최단경로의 수는 얼마인지 구하여라.

풀이 먼저 직선 $y = x$ 이하로만 이동해야 한다는 조건을 제외하자. 이 경우 전체 경우의 수는 $\binom{2n}{n}$임은 앞에서 살펴본 바와 같다. 이 중 $y = x$ 위로 넘어가는 경우의 수를 세어 빼면 된다.

최단경로가 $y = x$의 위로 가는 경우, 어떤 $0 \le k \le n-1$에 대해 점이 $(k,\ k+1)$을 지나야 할 것이다. 이때, $(0,\ 0)$에서 $(k,\ k+1)$까지 이동한 부

11) 정수 m, n에 대해 $(m,\ n)$과 $(m+1,\ n)$ 또는 $(m,\ n+1)$을 연결하는 선분을 격자라고 한다.

분을 아래 [그림 1.6]과 같이 직선 $y=x+1$를 대칭축으로 하여 선대칭시키면 $(-1,\ 1)$에서 $(k,\ k+1)$까지 이동하는 경로가 나온다. 이 경로를 앞의 경로와 합하면 $(-1,\ 1)$에서 $(n,\ n)$까지 가는 경로가 된다.

$(0,\ 0)$에서 $(n,\ n)$까지의 최단 경로 중 $y=x$ 위로 넘어가는 최단경로의 집합을 A라 하고 $(-1,\ 1)$에서 $(n,\ n)$까지의 최단경로의 집합을 B라 하면 A에서 B로 가는 함수가 만들어진 것이다. 이 함수의 역함수가 존재함을 알아 보자. $(-1,\ 1)$에서 $(n,\ n)$까지 가는 경로는 반드시 직선 $y=x+1$과 만나게 되므로, 처음 만나는 점을 $(k,\ k+1)$이라 하면 이 점 이후부분을 직선 $y=x+1$을 대칭축으로 하여 선대칭시킨 것이 역함수가 될 것이다.

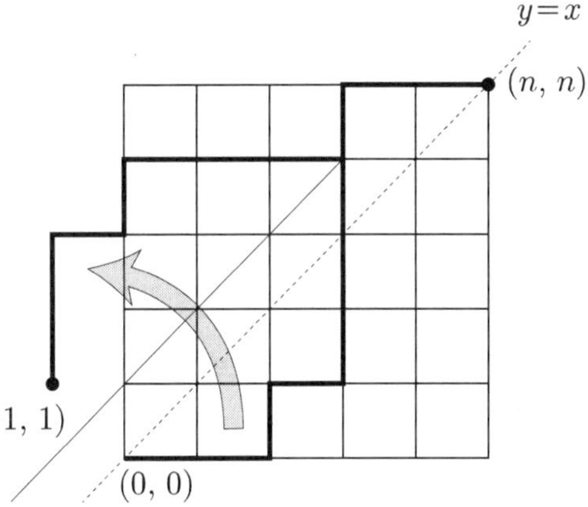

[그림 1.6]

따라서 두 집합 사이에 전단사함수가 존재하므로 두 집합의 원소의 개수는 같다. 따라서 $y=x$의 위로 넘어가는 경우의 수는 $(-1,\ 1)$에서 $(n,\ n)$까지의 최단경로의 수와 같아 $\binom{2n}{n-1}$이며, 우리가 구하고자 하는 경우의 수는 $\binom{2n}{n}-\binom{2n}{n-1}=\frac{1}{n+1}\binom{2n}{n}$이다. ■

위의 경우의 수에서 나타난 $\frac{1}{n+1}\binom{2n}{n}$은 n번째 **카탈란 수**(Catalan's number)라 부른다. 카탈란 수는 위와 같이 최단경로 뿐만 아니라 여러 가지 상황에서 나타나는데 다음은 그 대표적인 예이다.

예제 1.2.9

n개의 -1과 n개의 1을 배열한 것을 $a_1, a_2, \cdots, a_{2n}$라 할 때, 임의의 $1 \leq i \leq 2n$에 대해 $a_1 + a_2 + \cdots + a_i \geq 0$이 배열을 좋은 배열이라 하자. 좋은 배열의 개수를 구하여라.

풀이 배열에서 1은 $\rightarrow$, -1은 $\uparrow$로 바꾸자. 이때, 좋은 배열 $a_1, a_2, \cdots, a_{2n}$을 화살표로 바꾼 뒤, 원점에서 시작하여 이 배열에 나타나는 화살표대로 움직인다고 하자. 그러면 $(0, 0)$에서 시작하여 (n, n)에 이르는 최단경로가 얻어지는데, $a_1 + a_2 + \cdots + a_i \geq 0$는 임의의 시점에 $\uparrow$가 $\rightarrow$보다 많지 않음을 의미한다. 이는 최단경로가 직선 $y = x$의 위쪽으로 가지 않음을 의미한다. 따라서 좋은 배열은 $(0, 0)$에서 (n, n)까지의 직선 $y = x$의 위쪽으로 가지 않는 최단 경로의 개수에 대응된다.

역으로 이러한 최단경로에 대해 경로가 오른쪽으로 움직이는 것을 1, 위로 움직이는 것을 -1로 대응시키면 좋은 배열이 얻어짐은 쉽게 확인할 수 있는데 이것이 역함수가 된다. 따라서 전단사함수가 존재하므로 원하는 경우의 수는 n번째 카탈란 수 $\frac{1}{n+1}\binom{2n}{n}$이 된다. ■

이제, 전단사를 이용한 증명이 활용되는 다소 어려운 문제들을 살펴보자.

예제 1.2.10

한 변의 길이가 n인 정삼각형을 다음 [그림 1.7]과 같이 한 변의 길이가 1인 정삼각형 n^2개로 분할하였다. 이때, 가장 위에 있는 정삼각형에서 출발하여 한 변을 맞대고 있는 정삼각형들을 거쳐 가장 아랫줄의 가운데에 있는 칸까지 이동하려고 한다. 이동하는 방법의 수를 구하여라. (단, 위쪽의 삼각형으로는 이동할 수 없다.)

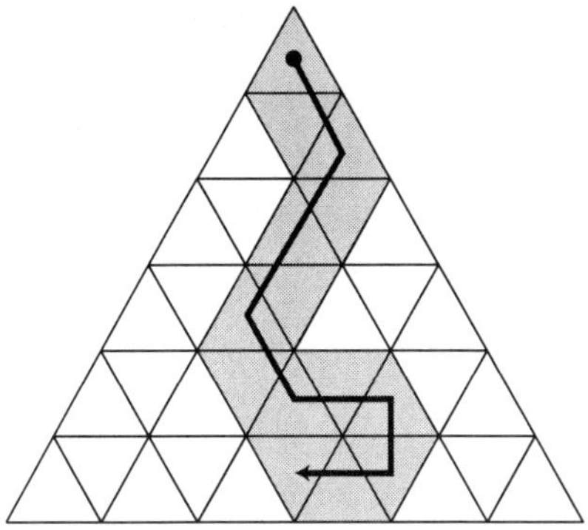

(n=6인 경우)

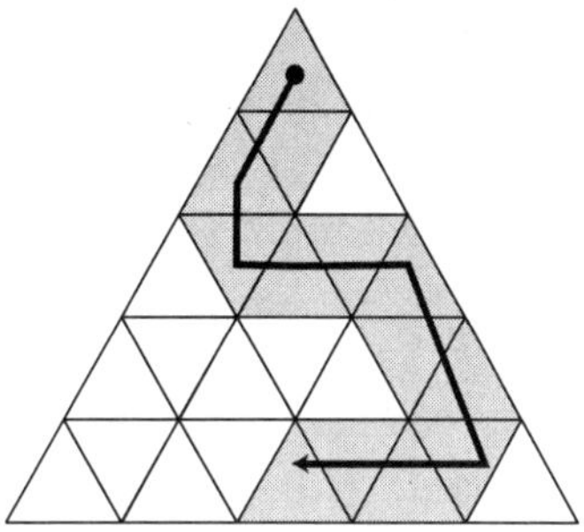

(n=5인 경우)

[그림 1.7]

풀이 분할된 정삼각형에서 $n-1$개의 가로줄을 생각하자. 이때, 이동하는 경로 P에 대해, P가 i번째 가로줄의 왼쪽에서 a_i번째 칸을 통과했다면 $f(P)=(a_1,\ a_2,\ \cdots,\ a_{n-1})$이라 하자. 이때, f는 경로의 집합에서

$$X=\{(a_1,\ a_2,\ \cdots,\ a_{n-1})\mid a_i\text{들은 모두 자연수이며 } a_i \le i\text{가 모든 } i\text{에 대해 성립}\}$$

로 대응되는 함수이다. 역으로 어떤 $(a_1,\ a_2,\ \cdots,\ a_{n-1})\in X$가 주어지면 i번째 가로줄을 a_i번째 칸에서 통과하는 경로 P가 유일하게 결정되므로 이 경로를 $g(a_1,\ a_2,\ \cdots,\ a_{n-1})$이라 하면 g가 f의 역함수가 된다. 따라서 f는 전단사함수이고 구하는 경로의 수는 $|X|$와 같다. 따라서 $(n-1)!$이 구하는 답이다. ■

만약 $f:A\to B$가 단사함수이면 $|A|\le|B|$임은 자명하다. f의 치역을 C라 할 때, C는 B의 부분집합이며, $f:A\to C$는 전단사함수이므로 $|A|=|C|\le|B|$가 되기 때문이다. 다음 문제는 이러한 관찰을 활용하는 문제이다.

예제 1.2.11

$S=\{1,\ 2,\ \cdots,\ n\}$의 서로 다른 부분집합 $A_1,\ A_2,\ \cdots,\ A_m$이 주어져 있다. 각 A_i들은 3개의 원소를 가졌으며 임의의 두 A_i와 A_j는 많아야 1개의 원소만 공

통으로 가진다. 이때, $[\sqrt{2n}]$개의 원소를 가지는 S의 부분집합 A가 존재하여 A는 A_i들 중 어느 하나도 포함하지 않음을 증명하여라. (단, $[x]$는 x 이하의 최대의 정수를 의미한다.)

풀이 모든 A_i들을 그 어느 하나도 포함하지 않는 집합이 존재함은 자명하므로[12)]이들 중 원소의 개수가 최대인 집합 M을 잡자. 이제 이 M의 원소의 개수가 $[\sqrt{2n}]$개 이상임을 보이면 된다. 이제 M의 원소의 개수를 k라 하자.

M의 최대성에 의해 M에 속하지 않는 임의의 원소 u를 잡으면 $M \cup \{u\}$는 적어도 한 A_i를 포함한다. 이 중 하나를 선택하여 A_k라 하자. 이때, $A_k - \{u\}$는 원소가 2개인 M의 부분집합인데 이를 T_u라 하자. 이때, $f(u) = T_u$라 하자. 그러면 f는 $S-M$에서 M의 원소가 2개인 부분집합들의 집합으로 대응되는 함수이다.

어떤 $u \neq v$(단, u, $v \in S-M$)에 대해 $T_u = T_v$라면, $u \cup T_u$와 $v \cup T_v$는 모두 A_i꼴이며 교집합이 T_u로 원소의 개수가 2개이므로 모순이다. 따라서 $n-k$개의 T_u들은 모두 다르며 f는 단사함수이다. 따라서 $S-M$의 원소의 개수는 M의 원소가 2개인 부분집합들의 집합의 원소의 개수 이하가 되므로 $n-k \leq \binom{k}{2}$여야 함을 알 수 있다. 이 이차부등식을 풀면 $k \geq [\sqrt{2n}]$임을 확인할 수 있다. ■

(2) 이중세기의 기본 원리

이중세기는 흔히 푸비니의 원리(Fubini's Principle)의 특수한 경우로도 알려져 있다. 하지만 조합론 문제에서 이중세기의 원리는 푸비니의 원리에 기반하여 수학적으로 엄밀하게 이해하는 것보다는 다양한 예제를 통해 선험적으로 학습하는 것이 더 자연스럽고 이해가 용이하므로 여기서는 그러한 방향을 따라가도록 한다. 따라서 학습할 때에는 서술된 원리를 예제를 살펴보면서 학습하기를 권장한다.

먼저 다음 간단한 예제를 살펴보자. 제시된 3가지 풀이는 각각 직접 이중세기, 순서쌍을 이용한 이중세기, 표를 이용한 이중세기로 가장 자주 사용되는 방법이다.

---

12) 원소가 1개인 집합을 잡으면 된다.

예제 1.2.12

n개의 컴퓨터 C_1, C_2, $\cdots$, C_n이 있는데, 두 컴퓨터들 사이를 케이블 선으로 연결을 하려고 한다. 케이블을 연결한 뒤 각 컴퓨터 C_i는 다른 컴퓨터 x_i개와 연결되어 있고, 사용된 케이블은 모두 m개라고 할 때, $x_1+x_2+\cdots+x_n=2m$이 성립함을 증명하여라.

풀이 1 각 컴퓨터 C_i에 대해 C_i와 연결된 케이블의 개수를 세어 모두 더하자. 이때, 이 값은 다음과 같이 두 가지 방법으로 구할 수 있다.

① 각 컴퓨터 C_i에 대해 x_i개가 세어지므로 $x_1+x_2+\cdots+x_n$이 된다.
② 컴퓨터 C_i와 C_j를 연결하는 케이블은 C_i에서 한 번, C_j에서 한 번 세어지므로 모두 두 번 세어진다. 각 케이블을 두 번씩 센 것이므로 $2m$이 된다.

따라서 $x_1+x_2+\cdots+x_n=2m$이 된다.

풀이 2 위의 방법을 조금 더 체계적으로 수행하는 방법은 순서쌍의 개수를 세는 것이다. 케이블을 L_1, L_2, $\cdots$, L_m이라 하고, 컴퓨터 C_i와 케이블 L_j가 연결된 $(C_i,\ L_j)$의 순서쌍의 개수를 세어보자.

① 앞자리를 기준으로 세어보자. 각 C_i에 대해 가능한 L_j가 모두 x_i개 있으므로 이런 순서쌍은 $x_1+x_2+\cdots+x_n$개가 있다.
② 뒷자리를 기준으로 세어보자. 각 L_j에 대해 가능한 C_i가 두 개가 있으므로 이런 순서쌍은 $2m$개가 있다.

따라서 $x_1+x_2+\cdots+x_n=2m$이 된다.

풀이 3 마지막으로 표를 이용한 풀이를 알아보자. $n\times n$모양의 표를 그려 C_i와 C_j가 케이블로 연결됐으면 $(i,\ j)$칸[13]에 ○를 표시하자. 다음은 $n=5$인 경우의 예이다.

---

13) 위에서부터 i번째 가로줄과 왼쪽에서 j번째 세로줄이 만나는 칸을 $(i,\ j)$칸이라 하자.

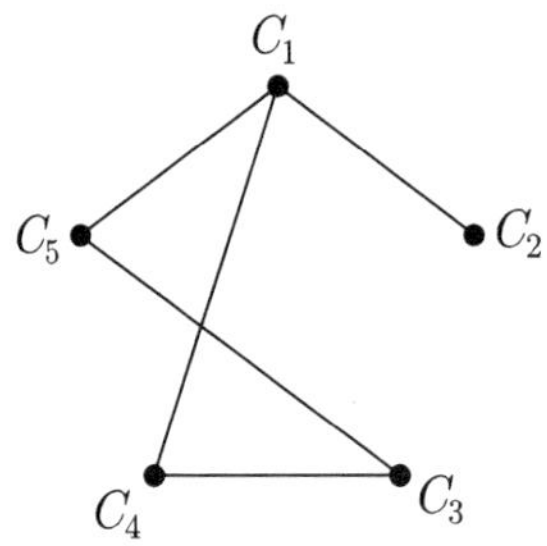

	C_1	C_2	C_3	C_4	C_5
C_1		○		○	○
C_2	○				
C_3				○	○
C_4	○		○		
C_5	○		○		

[그림 1.8]

이제, 표에 있는 ○의 개수를 두 가지 방법으로 세어보자.

① i번째 가로줄에 있는 ○의 개수는 모두 x_i개다. 따라서 ○의 개수는 모두 $x_1 + x_2 + \cdots + x_n$개다.

② 어떤 케이블이 C_i와 C_j를 연결하면 $(i,\ j)$칸과 $(j,\ i)$칸에 ○가 표시된다. 따라서 모두 $2m$개의 ○가 표시된다.

따라서 $x_1 + x_2 + \cdots + x_n = 2m$이 된다. ■

위의 예제에서 **풀이 1**에 해당하는 직접 이중세기는 문제의 상황에서 이중세기를 할 구체적인 개체를 찾아야 사용할 수 있지만 이는 문제의 상황이 복잡하면 찾기가 쉽지 않다. 따라서 **풀이 2**처럼 순서쌍을 이용하거나 **풀이 3**처럼 표를 이용하는 것이 바람직하다. 이 두 가지 방법에 대해 더 자세히 알아보자.

예제 1.2.13

어떤 모임에 m명의 남자와 n명의 여자가 참가하였다. 이때, 임의의 남자는 정확히 k명의 여자를 알고 있고, 임의의 두 여자는 정확히 l명의 남자를 공통으로 알고 있다고 한다. 이때, $\dfrac{m}{l} = \dfrac{n(n-1)}{k(k-1)}$임을 증명하여라.

참고 이 교재의 모든 상황에서 어떤 사람이 다른 사람을 안다는 것은 서로 아는 것으로 간주한다. 즉, A가 B를 안다는 것은 B도 A를 안다는 것을 의미한다.

풀이 먼저 남자를 B_1, B_2, $\cdots$, B_m 여자를 G_1, G_2, $\cdots$, G_n이라 하자. 이때, 어떤 B_i가 G_x와 G_y를 동시에 아는 순서쌍 $(B_i, \{G_x, G_y\})$의 개수를 세어보자.

① 앞자리를 기준으로 세어보자. 각 B_i에 대해 B_i가 아는 k명의 여자 중 2명을 고르는 것이므로 $\binom{k}{2}$가지 방법이 가능하다. 따라서 이런 순서쌍은 $m \times \binom{k}{2}$가지이다.

② 뒷자리를 기준으로 세어보자. 임의의 두 G_x와 G_y를 선택하였을 때, 문제의 조건에 의해 B_i가 될 수 있는 것은 l가지가 있으므로 이러한 순서쌍은 $\binom{n}{2} \times l$가지가 있게 된다.

따라서, $m \times \binom{k}{2} = \binom{n}{2} \times l$이므로 이를 정리하면 문제에 주어진 식이 성립함을 알 수 있다. ■

앞의 두 예제처럼 이중세기를 할 순서쌍을 찾을 때는 두 개체 x, y가 어떤 '특정한 관계'를 가지는 (x, y)쌍을 설정하여야 한다. 만약 x와 y가 그 특정한 관계를 만족하면 $x \sim y$라 하자. 다음으로 x로 가능한 것이 x_1, x_2, $\cdots$, x_m이 있고 y로 가능한 것이 y_1, y_2, $\cdots$, y_n이 있다고 하자. 만약 각 x_i에 대해 $x_i \sim y_k$인 k의 개수가 a_i개이고, 각 y_j에 대해 $x_k \sim y_j$인 k의 개수가 b_j라 하면 $x_i \sim y_j$인 (x_i, y_j)의 개수는 x_i들을 기준으로 세었을 때는 $a_1 + a_2 + \cdots + a_m$개이지만 y_j들을 기준으로 세었을 때는 $b_1 + b_2 + \cdots + b_n$임을 쉽게 확인할 수 있다. 따라서

$$a_1 + a_2 + \cdots + a_m = b_1 + b_2 + \cdots + b_n$$

가 성립한다.

하지만 이 방법에서 어려운 부분은 '특정한 관계를 가지는 두 개체 x, y'를 찾는 것이다. 예제 1.2.12의 **풀이 2**에서는 어떤 컴퓨터와 그 컴퓨터와 연결된 케이블의 순서쌍이었지만, 예제 1.2.13에서는 상당히 복잡한 순서쌍을 찾았다. 이처럼 문제에 주어진 조건을 잘 살펴보고 이를 활용하여 이중세기를 할 수 있는 순서쌍을 알맞게 선택해야 하는데, 일반적인 방법론이 있는 것은 아니므로 다음 절에서 많은 예제들을 통해 순서쌍을 선택하는 여러 아이디어들을 학습해 보자.

다음으로 표를 이용한 이중세기를 알아보자. 표를 이용한 이중세기 역시 많은 경우가 순서쌍을 이용한 이중세기의 특수한 예이다. 표로 문제상황을 도식화하여 이를 이용하여 순서쌍을 생각하는 것이다. 이에 대한 예제들을 살펴보자.

예제 1.2.14

n명의 학생 $S_1, S_2, \cdots, S_n$이 m개의 ○× 문제 $P_1, P_2, \cdots, P_m$으로 이루어진 시험을 보았다. 시험을 끝나고 채점을 해보니 각 학생 S_i는 모두 s_i개의 문제를 맞추었으며 각 문제 P_j를 맞춘 학생의 수는 p_j였다고 한다. 이때, 다음이 성립함을 증명하여라.

$$s_1 + s_2 + \cdots + s_n = p_1 + p_2 + \cdots + p_m$$

풀이 1 다음과 같이 $n \times m$모양의 표를 그리자. i번째 가로줄에 S_i의 시험 결과를 표시하되, S_i가 P_j를 맞추었으면 왼쪽에서 j번째 칸에 ○를 표시하는 식으로 나타내자.

	P_1	P_2	P_3	$\cdots$	P_{m-1}	P_m
S_1		○		$\cdots$		
S_2	○		○	$\cdots$		○
$\vdots$	$\vdots$	$\vdots$	$\vdots$	$\cdots$	$\vdots$	$\vdots$
S_n		○		$\cdots$	○	

[그림 1.9]

이때, 이 표에 있는 ○의 개수를 이중세기 하자.

① 먼저 i번째 가로줄에는 s_i개의 ○가 있으므로 ○는 모두 $s_1 + s_2 + \cdots + s_n$개다.

② 다음으로 j번째 세로줄에는 P_j를 맞춘 학생수 만큼 ○가 있으므로 모두 p_j개의 ○가 있다. 따라서 ○는 모두 $p_1 + p_2 + \cdots + p_m$개다.

둘을 종합하면 $s_1 + s_2 + \cdots + s_n = p_1 + p_2 + \cdots + p_m$가 된다.

풀이 2 앞선 풀이는 다음과 같이 순서쌍으로도 생각할 수 있다. 학생 S_i가 P_j를 맞춘 (S_i, P_j)의 순서쌍의 개수를 세자. 이때, S_i를 기준으로 세면 가능한 P_j가 s_i개이므로 모두 $s_1+s_2+\cdots+s_n$개의 순서쌍이 있지만. P_j를 기준으로 세면 가능한 S_i가 p_j개이므로 모두 $p_1+p_2+\cdots+p_m$개의 순서쌍이 있게 되어 $s_1+s_2+\cdots+s_n=p_1+p_2+\cdots+p_m$가 된다. ■

이와 같이 표를 그려서 순서쌍을 생각하는 것은 다음과 같은 집합문제에서 주로 사용되는 방법이다.

예제 1.2.15

$S=\{1, 2, \cdots, n\}$의 m개의 부분집합 $A_1, A_2, \cdots, A_m$이 주어져 있다. 이때, 각 $1 \le i \le n$에 대해 i를 포함하는 부분집합 A_k의 개수를 d_i라 하자. 그러면 다음 등식들이 성립함을 증명하여라.

$$|A_1|+|A_2|+\cdots+|A_m|=d_1+d_2+\cdots+d_n$$

$$\sum_{1\le i<j\le m}|A_i\cap A_j|=\binom{d_1}{2}+\binom{d_2}{2}+\cdots+\binom{d_n}{2}$$

풀이 $m\times n$모양의 표를 그려 A_i가 원소 j를 포함하면 (i, j)칸에 ○를 표시하자. 이때, i번째 가로줄에는 $|A_i|$개의 ○가 있고, j번째 세로줄에는 d_j개의 ○가 있으므로 표의 ○의 개수를 이중세기하여 첫 번째 등식을 얻을 수 있다.

두 번째 등식에서 우변의 $\binom{d_i}{2}$는 i번째 세로줄에 놓인 두 ○를 선택하는 경우의 수이다. 즉, 우변은 모든 ○ 중에 같은 세로줄에 놓인 두 ○의 순서쌍을 세는 경우의 수이다. 만약 i번째 세로줄에 놓인 두 ○가 x번째 가로줄과 y번째 가로줄에 놓여있다면 이는 $i\in A_x\cap A_y$를 의미한다. 이로부터 위와 같은 순서쌍을 세면 $\sum_{1\le i<j\le m}|A_i\cap A_j|$가 됨을 알 수 있다. 이 아이디어를 구체적으로 풀어서 설명해 보자. 세어야 하는 순서쌍은 $x\in A_i\cap A_j$인 $(x, \{A_i, A_j\})$의 개수이다.

① 첫 번째 자리를 기준으로 세면 각 x에 대해 x를 포함하는 d_x개의 A_k들 중 2개를 선택하는 것이므로 $\binom{d_x}{2}$가지가 가능하고 따라서 모두 $\binom{d_1}{2}+\binom{d_2}{2}+\cdots+\binom{d_n}{2}$가지가 가능하다.

② 두 번째 자리를 기준으로 생각하면 각 $\{A_i,\ A_j\}$에 대해 가능한 x는 물론 $|A_i \cap A_j|$개가 있으므로 모두 $\sum_{1 \le i < j \le m} |A_i \cap A_j|$가지가 된다.

따라서 $\sum_{1 \le i < j \le m} |A_i \cap A_j| = \binom{d_1}{2}+\binom{d_2}{2}+\cdots+\binom{d_n}{2}$도 성립한다. ■

참고 비슷한 방법으로 임의의 m 이하의 k에 대해

$$\sum_{1 \le i_1 < i_2 < \cdots < i_k \le m} |A_{i_1} \cap A_{i_2} \cap \cdots \cap A_{i_k}| = \binom{d_1}{k}+\binom{d_2}{k}+\cdots+\binom{d_n}{k}$$

가 성립함도 증명할 수 있다.

앞서와 달리 어떤 관계 $x_i \sim y_j$를 만족하는 $(x_i,\ y_j)$의 쌍의 개수를 x_i와 y_j를 기준으로 셀 때, 각 x_i에 대해 $x_i \sim y_k$인 y_k는 정확히 a_i개이지만 각 y_j에 대해 $x_k \sim y_j$인 x_k는 많아야 b_j개가 있다고 하자. 그러면 이러한 쌍의 개수는 $a_1+a_2+\cdots+a_m$개이지만 다른 한편으로는 $b_1+b_2+\cdots+b_n$개 이하이므로 다음과 같은 부등식을 얻는다.

$$a_1+a_2+\cdots+a_m \le b_1+b_2+\cdots+b_n$$

실제로 많은 이중세기가 이와 같이 부등식을 얻는 방식으로 진행된다. 즉 두 가지 방법 중 하나는 원하는 쌍의 개수를 정확히 세지만, 한 가지 방법은 원하는 쌍의 개수의 범위를 알려주는 것이다. 이를 통해 조합적인 부등식을 얻을 수 있게 되는데, 다음 예제가 그러한 예이다. 다양한 예제는 다음 절에서 살펴보자.

예제 1.2.16

$S=\{1, 2, \cdots, 4n+3\}$의 $4n+3$개의 서로 다른 부분집합 $A_1, A_2, \cdots, A_{4n+3}$이 다음 두 조건을 만족한다.

> [조건 1] S의 $n+1$개의 임의의 원소를 잡으면 이들을 모두 포함하는 A_i가 정확히 하나 있다.
> [조건 2] 각 i에 대해 $|A_i| \geq 2n+1$이다.

이때, 임의의 $i \neq j$에 대해 $|A_i \cap A_j| = n$임을 증명하여라.

풀이 각 $1 \leq i \leq 4n+3$에 대해 i를 포함하는 A_k의 개수를 d_i라 하자. 그리고 앞의 예제와 마찬가지로 $x \in A_i \cap A_j$인 순서쌍 $(x, \{A_i, A_j\})$의 개수를 이중세기 해보자.

① 먼저 뒷자리를 기준으로 세어보자. [조건 1]에 의해 $|A_i \cap A_j| \geq n+1$일 수 없으므로 $|A_i \cap A_j| \leq n$이다. 따라서 각 $\{A_i, A_j\}$를 선택할 때, x는 많아야 n개가 선택 가능하므로 이런 순서쌍은 최대 $n \times \binom{4n+3}{2}$가지이다.

② 앞자리를 기준으로 세면, 앞의 예제와 같이 순서쌍은 $\binom{d_1}{2}+\binom{d_2}{2}+\cdots+\binom{d_{4n+3}}{2}$가지이다. 그런데 역시 앞선 예제와 [조건 2]에 의해

$$d_1+d_2+\cdots+d_{4n+3} = |A_1|+|A_2|+\cdots+|A_{4n+3}| \geq (2n+1)(4n+3)$$

가 되므로,

$$\binom{d_1}{2}+\binom{d_2}{2}+\cdots+\binom{d_{4n+3}}{2} = \frac{1}{2}\sum_{i=1}^{4n+3} d_i^2 - \frac{1}{2}\sum_{i=1}^{4n+3} d_i$$

이고, $\sum_{i=1}^{4n+3} d_i^2$에 코쉬 슈바르츠 부등식을 적용하여 $d_1+d_2+\cdots+d_{4n+3} \geq (2n+1)(4n+3)$을 대입하면 순서쌍은 최소 $n \times \binom{4n+3}{2}$가지임을 확인할 수 있다.

따라서 ①과 ②를 살펴보면 순서쌍은 정확히 $n\times\binom{4n+3}{2}$이고, ①에서 최대가 성립해야 하는데 이는 풀이과정을 살펴보면 임의의 i, j에 대해 $|A_i\cap A_j|=n$임을 의미한다. ■

이와 같이, 이중세기를 이용하여 부등식을 만들 때, 위에서 사용한 다음 부등식이 자주 사용되므로 따로 보조정리로 정리해 보자.

보조정리 1.2.5

음이 아닌 정수 d_1, d_2, $\cdots$, d_n에 대해 $\dfrac{d_1+d_2+\cdots+d_n}{n}=c$라 하자. 이때, 다음 부등식이 성립한다.

$$\binom{d_1}{2}+\binom{d_2}{2}+\cdots+\binom{d_n}{2}\ge n\frac{c(c-1)}{2}$$

이 보조정리는 $f(x)=\dfrac{x(x-1)}{2}$가 아래로 볼록인 함수이므로 젠센 부등식에 의해 자명하게 성립한다.

(3) 이중세기의 활용

이중세기는 다양한 유형의 조합적 상황에서 여러 가지 정형화되지 않은 방법으로 사용된다. 이번 절에서는 다양한 난이도와 상황의 여러 예제를 통해 이중세기에 대해 익숙해지도록 하자. 먼저 리그전과 관련된 상황에서 시작해 보자.

예제 1.2.17

어느 태권도 대회에 n명의 선수 P_1, P_2, $\cdots$, P_n이 참가하였다. 임의의 두 선수는 정확히 한 번씩 경기를 하여 승부가 결정되었는데, 선수 P_i는 w_i승 l_i패를 기록하였다고 한다. 이때, 다음 물음에 답하여라.

(1) $\sum_{i=1}^{n} w_i = \sum_{i=1}^{n} l_i = \binom{n}{2}$임을 증명하여라.

(2) $\sum_{i=1}^{n} w_i^2 = \sum_{i=1}^{n} l_i^2$임을 증명하여라.

풀이 (1) P_i가 P_j를 이긴 두 선수로 이루어진 순서쌍 (P_i, P_j)를 생각하자. 이 순서쌍의 개수는 세 가지 방법으로 셀 수 있다.

① P_i를 기준으로 세면 가능한 P_j가 w_i개이므로 $\sum_{i=1}^{n} w_i$개다.

② P_j를 기준으로 세면 가능한 P_i가 l_j개이므로 $\sum_{i=1}^{n} l_i$개다.

③ 각 경기당 이와 같은 순서쌍이 하나 생기므로 $\binom{n}{2}$개다.

따라서 문제에 주어진 등식이 성립한다.

(2) 각 선수에 대해 $w_i + l_i = n-1$이므로

$$\sum_{i=1}^{n} w_i^2 - \sum_{i=1}^{n} l_i^2 = \sum_{i=1}^{n} (w_i - l_i)(w_i + l_i) = (n-1)\sum_{i=1}^{n} (w_i - l_i)$$

가 되어 (1)에 의해 0이 된다. ■

이 풀이에서는 (1)을 이용하여 (2)를 간단히 풀었지만, 실제로 (2)에는 보다 중요한 원리가 숨어있다. 다음에 제시할 (2)의 다른 풀이는 n명의 선수 사이에 승패를 화살표로 나타내어 이중세기를 하여 $\sum_{i=1}^{n} \binom{w_i}{2} = \sum_{i=1}^{n} \binom{l_i}{2}$를 증명하는 것인데, 이는 뒤에 살펴볼 유향그래프 이론의 기초적인 결과이기도 하다. 또한 이 방법을 응용하면 뒤의 연습문제 22번을 해결할 수 있다.

(2)의 다른 풀이 임의의 두 선수 A, B에 대해 A가 B를 이겼으면 A→B로 화살표로 나타내자. 이때, 오른쪽 그림과 같이 P_i는 P_j, P_k를 이기고, P_k가 P_j를 이긴 세 사람의 순서쌍 (P_i, P_j, P_k)의 개수를 세어 보자.

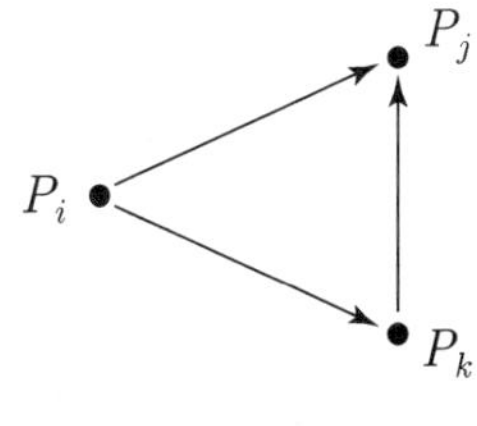

① P_i를 기준으로 세었을 때, P_i가 이긴 두 사람 P_a, P_b를 선택하자. 이와 같은 경우의 수는 $\binom{w_i}{2}$가지이다. 이때, $P_a \to P_b$이면, $(P_i,\ P_b,\ P_a)$가 원하는 순서쌍이며 반대로 $P_a \leftarrow P_b$이면 $(P_i,\ P_a,\ P_b)$가 원하는 순서쌍이다. 즉, 첫 자리가 P_i인 경우는 $\binom{w_i}{2}$가지이므로, 이러한 순서쌍은 모두 $\sum_{i=1}^{n}\binom{w_i}{2}$가지가 있다.

② 마찬가지로 P_j를 기준으로 세면 $\sum_{j=1}^{n}\binom{l_j}{2}$가지가 나온다.

따라서 $\sum_{i=1}^{n}\binom{w_i}{2} = \sum_{i=1}^{n}\binom{l_i}{2}$가 된다. ■

주의할 점은 P_k를 기준으로는 셀 수 없다는 점이다. P_k를 이긴 사람 P_a와 P_k에게 진 사람 P_b를 선택했을 때, $(P_a,\ P_b,\ P_k)$는 P_b가 P_a를 이겼으면 원하는 순서쌍이 아니기 때문이다. 이 결과를 응용한 예제를 하나 살펴보자.

예제 1.2.18

(Bulgaria, 2004) 국제 배구 대회에 아시아 국가에서 $k+9$개 팀, 유럽 국가에서 k개 팀들이 참가하여 모두 $2k+9$개의 팀이 참가하였다. 각 팀은 서로 한 번씩 시합을 하여 이긴 팀은 1점, 진 팀은 0점을 받는다. 시합이 끝난 뒤 아시아 팀들이 얻은 점수의 합은 유럽 팀들이 얻은 점수의 합의 9배였다고 한다. 이때 유럽 팀들의 점수의 합은 최대 몇 점인지 구하여라.

풀이 먼저, 유럽 팀들간의 경기를 통해 유럽 팀이 얻은 점수의 합은 앞의 예제의 (1)에 의해 $\binom{k}{2}$점이다. 마찬가지로 아시아 팀들간의 대결에서 이들이 얻은 점수의 합은 $\binom{k+9}{2}$점이다.

이제 유럽 팀과 아시아 팀 사이의 경기 $k(k+9)$개 중 유럽 팀이 이긴 경기를 x개라 하자. 이때, 유럽 팀의 점수의 합은 $\binom{k}{2}+x$, 아시아 팀의 점수의 합은 $\binom{k+9}{2}+(k(k+9)-x)$가 된다. 이제 아시아 팀들이 얻은 점수가 유럽 팀이 얻은 점수의 9배임을 이용하여 등식을 세워 정리하면 방정식

$3k^2-22k-36+10x=0$을 얻는다. 이 방정식이 자연수해 k를 가지기 위해서는 판별식 $D/4=229-30x$이 완전제곱수가 되어야 하므로 $x=2$ 또는 6이다. $x=2$를 대입하면 $k=8$을 얻고, 유럽 팀의 점수의 합은 $\binom{8}{2}+2=30$점이다. $x=6$이면 $k=6$이고 이때는 $\binom{6}{2}+6=21$점이다. 따라서 구하는 답은 30점이 된다. (실례는 직접 찾아보기 바란다.) ■

다음으로 집합, 특히 극단 집합론(Extremal Set Theory)에서의 이중세기의 예를 살펴보자. 여기서는 이중세기를 하는 개체를 잡는 방법이 다소 특이한데, 이는 극단 집합론에서 흔히 쓰는 방법이다.

예제 1.2.19

(Sperner's Theorem) $S=\{1, 2, \cdots, n\}$의 서로 다른 부분집합 $A_1, A_2, \cdots, A_m$이 있다. 이때, 임의의 $i \neq j$에 대해 $A_i \not\subset A_j$가 성립한다고 한다면 $m \leq \binom{n}{\left[\frac{n}{2}\right]}$임을 증명하여라.

풀이 S의 원소의 순열 $\sigma=(x_1, x_2, \cdots, x_n)$를 생각하자. 이때 $A_k=\{x_1, x_2, \cdots, x_{|A_k|}\}$인 A_k가 있다면 (σ, A_k)의 쌍을 좋은 쌍이라 하자. 이제, 좋은 쌍의 수를 이중세기 해보자.

① σ를 기준으로 세는 경우

$\sigma=(x_1, x_2, \cdots, x_n)$가 주어졌을 때, $A_{k_1}=\left\{x_1, x_2, \cdots, x_{|A_{k_1}|}\right\}$이고 $A_{k_2}=\left\{x_1, x_2, \cdots, x_{|A_{k_2}|}\right\}$이면 $A_{k_1} \subset A_{k_2}$ 또는 $A_{k_2} \subset A_{k_1}$이어야 하므로 모순이다. 따라서 각 σ에 대해 많아야 한 개의 좋은 쌍이 존재하므로 많아야 좋은 쌍의 개수는 S의 순열의 개수인 $n!$개 이하이다.

② A_k를 기준으로 세는 경우

S의 순열 $\sigma=(x_1, x_2, \cdots, x_n)$에 대해 (σ, A_k)가 좋은 쌍이라면 σ에서 $(x_1, x_2, \cdots, x_{|A_k|})$는 A_k의 원소를 재배열한 것으로 $|A_k|!$가지가 가능하고 $(x_{|A_k|+1}, x_{|A_k|+2}, \cdots, x_n)$는 A_k^c의 원소를 재배열한 것으로

$(n-|A_k|)!$가지가 가능하다. 따라서 σ는 $|A_k|! \cdot (n-|A_k|)!$가지가 가능하다. 이로부터 좋은 쌍의 개수는 정확히 $\sum_{k=1}^{m} |A_k|!(n-|A_k|)!$임을 알 수 있다.

①과 ②를 종합하면 $\sum_{k=1}^{m} |A_k|!(n-|A_k|)! \le n!$이고 양변을 $n!$로 나누어 주면 $\sum_{k=1}^{m} \frac{1}{\binom{n}{|A_k|}} \le 1$을 얻는다. 그런데 임의의 t에 대해 $\binom{n}{t} \le \binom{n}{\left[\frac{n}{2}\right]}$이므로

$$1 \ge \sum_{k=1}^{m} \frac{1}{\binom{n}{|A_k|}} \ge \sum_{k=1}^{m} \frac{1}{\binom{n}{\left[\frac{n}{2}\right]}} = \frac{m}{\binom{n}{\left[\frac{n}{2}\right]}}$$

가 되어 $m \le \binom{n}{\left[\frac{n}{2}\right]}$를 얻는다. ■

다음으로 평면 위에서 점들 사이의 거리와 관련된 예제들을 살펴보자.

예제 1.2.20

n개의 점 P_1, P_2, $\cdots$, P_n이 한 직선 l 위에 순서대로 놓여 있다. 이때, P_iP_j 꼴의 선분 중 세 개의 길이가 같은 경우는 없다고 한다. 이때, P_iP_j꼴의 선분의 길이로 정확히 한 번만 나타나는 것이 적어도 $\left[\frac{n}{2}\right]$개 있음을 증명하여라.

풀이 P_iP_j꼴의 선분의 길이로 한 번만 나오는 것의 개수를 x, 두 번 나오는 것의 개수를 y라 하자. 이때, 이중세기로 x와 y의 관계식을 두 개 찾아내어 보자.

① 먼저, P_iP_j꼴의 길이는 $\binom{n}{2}$개가 있는데, 이 중 한 번 나오는 것이 x개, 두 번 나오는 것이 y개이므로 $x+2y=\binom{n}{2}$를 얻는다.

② 다음으로 서로 다른 길이의 개수 즉, $x+y$를 생각해 보자. 먼저 P_1이 가장 왼쪽에 있다고 할 때, P_1을 왼쪽 끝점으로 하는 $n-1$개의 선분은

모두 길이가 다르다.

다음으로 P_2를 왼쪽 끝점으로 하는 $n-2$개의 선분 중, 앞에서 센 것과 길이가 같은 것은 많아야 한 개 뿐임은 쉽게 알 수 있다. 만약 $P_1P_s=P_2P_t$, $P_1P_u=P_2P_v$이면 $P_1P_2=P_sP_u=P_tP_v$가 되어 모순이기 때문이다. 따라서 이러한 선분 중 $n-3$개 이상의 새로운 길이가 있게 된다.

같은 원리로 P_3을 왼쪽 끝점으로 하는 $n-3$개의 선분 중 앞에서 센 것과 길이가 같은 것은 많아야 2개 뿐임을 알 수 있어 새로운 길이가 $n-5$개가 나온다. 이를 반복하면 다음을 얻는다.

$$x+y\ge(n-1)+(n-3)+(n-5)+\cdots$$

이때, 더하는 것은 음수가 나오기 직전까지 더하는 것으로 한다. 그러면 이 부등식의 우변은 n이 짝수이면 $\frac{n^2}{4}$, n이 홀수이면 $\frac{n^2-1}{4}$이다. 이를 $f(n)$이라 하면, $x+2y=\binom{n}{2}$에 의해 $x\ge 2f(n)-\binom{n}{2}$를 얻는데, n이 홀수와 짝수인 경우를 나누어 생각해 보면 이 부등식의 우변이 $\left[\frac{n}{2}\right]$가 됨을 쉽게 확인할 수 있다. ■

예제 1.2.21

n개의 점이 평면에 주어져 있다. 이때, 이 중 두 점 사이의 거리가 1인 쌍의 개수는 많아야 $\frac{n+n\sqrt{8n-7}}{4}$임을 증명하여라.

풀이 n개의 점을 P_1, P_2, $\cdots$, P_n이라 하고 각 P_i를 중심으로 하는 반지름이 1인 원을 그려 이를 C_i라 하자. 또한, 각 P_i에 대해 P_i와 거리가 1인 점의 개수를 d_i라 하자. 이때, 두 점 사이가 1인 쌍의 개수는 $x=\frac{d_1+d_2+\cdots+d_n}{2}$가 됨은 예제 1.2.12와 같은 방법으로 쉽게 확인할 수 있다. 이제, P_i가 C_k와 C_l의 원주 위에 동시에 놓이는 $(P_i,\ \{C_k,\ C_l\})$꼴의 순서쌍의 개수를 세어보자.

① P_i를 기준으로 세면 P_i는 d_i개의 원의 원주위에 있으므로 $\{C_k,\ C_l\}$을

$\binom{d_i}{2}$가지 선택할 수 있다. 따라서 이런 순서쌍의 개수는 $\sum_{i=1}^{n}\binom{d_i}{2}$개다.

② 반대로 $\{C_k, C_l\}$을 기준으로 세어보자. 각 $\{C_k, C_l\}$에 대해 P_i는 두 원의 교점이어야 하므로 많아야 2개가 가능하다. 이로부터 순서쌍의 개수는 $2\times\binom{n}{2}$개 이하가 된다.

두 결과를 종합하면 $\sum_{i=1}^{n}\binom{d_i}{2}\le 2\binom{n}{2}$가 된다. 그런데 보조정리 1.2.5에 의해 $\sum_{i=1}^{n}\binom{d_i}{2}\ge n\dfrac{\frac{2x}{n}\left(\frac{2x}{n}-1\right)}{2}$가 되므로, x에 대한 부등식

$$2\binom{n}{2}\ge n\frac{\frac{2x}{n}\left(\frac{2x}{n}-1\right)}{2}$$

를 얻는데 이 이차부등식을 풀면 원하는 결과를 얻는다. ■

마지막으로 그래프의 상황을 살펴보자. 그래프 이론과 관련된 이중세기는 여기서는 자세히 다루지는 않았고, 다음 단원에서 매우 자세히 다룰 것이다.

예제 1.2.22

어떤 n명의 사람 중에서 임의의 두 사람은 서로 친구거나 적이라고 한다. 이 중 q쌍의 친구가 있고, 임의의 3명이 서로 친구인 경우는 없다고 한다. 이때, 자신의 적들끼리 친구인 쌍이 $q\left(1-\dfrac{4q}{n^2}\right)$개 이하인 사람이 있음을 증명하여라.

풀이 n명의 사람을 $P_1, P_2, \cdots, P_n$이라 하고 P_i의 친구의 수를 d_i, 그리고 P_i의 적들끼리 친구인 쌍의 개수를 s_i라 하자. 이때, $s_i\le q\left(1-\dfrac{4q}{n^2}\right)$인 i가 존재함을 보이면 된다. 먼저 예제 1.2.12에 의해 $\sum_{i=1}^{n}d_i=2q$이다.

이제, P_i와 P_j가 친구라면 선으로 연결하자. 그리고 [그림 1.10]과 같이 P_i는 P_j, P_k와 친구지만 P_j와 P_k 사이는 서로 적인 (P_i, P_j, P_k)의 순서쌍을 이중세기 해보자.

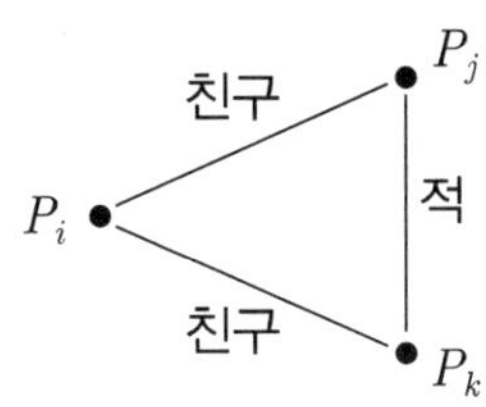

[그림 1.10]

① P_i를 기준으로 세면 P_j와 P_k를 d_i명의 친구 중 선택하면 되므로, $d_i(d_i-1)$가지 방법[14)]이 있다. 따라서 모두 $2\sum_{i=1}^{n}\binom{d_i}{2}$가지의 방법이 있게 된다.

② 다음으로 P_j를 기준으로 세어보자. P_j와 친구인 사람들의 집합을 A, 적인 사람들의 집합을 B라 하자. 이때, P_i와 P_k를 선택하는 경우의 수는 A와 B 사이에 친구관계의 수이다. 이 수를 x_j라 하자. A 사이의 친구관계의 수와 B 사이의 친구관계의 수를 각각 a, b라 하자. 이때, 전체적으로 $a+b+x_j+d_j$개의 친구관계가 있으므로 $q=a+b+x_j+d_j$이다. 그런데 세 명이 서로 친구관계인 경우는 없으므로 $a=0$이고, 위의 설정에 의해 $b=s_j$이다. 따라서 $x_j=q-d_j-s_j$가 된다. 따라서 순서쌍의 개수는 모두 $\sum_{j=1}^{n}(q-d_j-s_j)$이다.

종합하면 $2\sum_{i=1}^{n}\binom{d_i}{2}=\sum_{j=1}^{n}(q-d_j-s_j)$가 된다. 위에서 언급했듯이 $\sum_{i=1}^{n}d_i=2q$이므로 보조정리 1.2.5에 의해 $2\sum_{i=1}^{n}\binom{d_i}{2}\geq\frac{2q}{n}\left(\frac{2q}{n}-1\right)$이므로, 이를 위의 결과에 대입하면 $\sum_{j=1}^{n}s_j\leq nq\left(1-\frac{4q}{n^2}\right)$가 되어 **비둘기집의 원리**에 의해 어떤 s_i는 $q\left(1-\frac{4q}{n^2}\right)$ 이하임을 알 수 있다. ■

여기서 마지막에 사용한 비둘기집의 원리는 지금까지 살펴 본 경우의 수를 세는 문제와는 다소 거리가 있지만, 앞으로도 종종 사용되므로 여기서 간단히 살펴보자. 비둘기집의 원리는 그 핵심 내용 자체는 너무나 자명한 사실로부터 출발하지만 궁

---

14) 여기서는 $\{P_j, P_k\}$의 순서쌍을 세는 것이 아니므로 $\binom{d_i}{2}$가 아니다.

극적으로는 매우 활용도가 높은 원리이다. 보다 심화적인 내용들은 차후에 나올 심화 조합론 교재에서 자세히 다루고 여기서는 기초적인 내용들을 간단히 소개하고자 한다.

참고자료 **비둘기집의 원리**

n개의 비둘기집에 $(n+1)$마리 (이상)의 비둘기가 들어갔다면, 두 마리 이상의 비둘기가 들어간 비둘기집이 적어도 하나 있다는 사실을 **비둘기집의 원리**라 한다.

다음과 같은 일반화된 비둘기집의 원리가 있다.

정리 1.2.6

m마리의 비둘기와 n개의 비둘기집이 있을 때, 다음이 성립한다.

① m이 n의 배수이면 $\frac{m}{n}$마리 이상 들어간 비둘기집이 적어도 하나 있다.

② m이 n의 배수가 아닌 경우에는 $\left[\frac{m}{n}\right]+1$마리 이상 들어간 비둘기집이 적어도 하나 있다.

비둘기집의 원리를 다음과 같은 형태로 서술할 수도 있다.

- 음이 아닌 정수 $q_1, q_2, \cdots, q_n$에 대하여 $(q_1+q_2+\cdots+q_n+1)$마리의 비둘기가 n개의 집에 나뉘어져 들어갔다면 적어도 하나의 $i\ (1 \le i \le n)$에 대하여 i번째 집에는 (q_i+1)마리 이상의 비둘기가 있다.

- 음이 아닌 정수 r에 대하여 $(nr+1)$마리의 비둘기가 n개의 집에 나뉘어져 들어 갔다면 적어도 한 집에는 $(r+1)$마리 이상의 비둘기가 있다.

- 음이 아닌 정수 $q_1, q_2, \cdots, q_n$의 평균 $\frac{q_1+q_2 \cdots q_n}{n}$이 r보다 크면(작으면), 이들 중 적어도 하나는 $r+1$ 이상이다. ($r-1$이하이다.)

예제 1.2.23

자연수로 이루어진 수열 $a_1, a_2, a_3, \cdots$이 모든 자연수 n에 대하여 $a_n < a_{n+1}$과 $a_{n+1} \le 2n$을 만족한다고 한다. 임의의 자연수 k에 대하여 차가 k가 되는 두 항이 이 수열에 존재함을 증명하여라.

풀이 $1 \le a_1 < a_2 < \cdots < a_{k+1} \le 2k$이고 $k+1$개의 수 $a_1, a_2, \cdots, a_{k+1}$은 모두 자연수이므로 비둘기집의 원리에 의해 이들 중 2개가 동시에 k개의 집합

$$\{1,\ k+1\},\ \{2,\ k+2\},\ \cdots,\ \{k,\ 2k\}$$

중 어느 하나에 속한다. 이때, 이 두 항의 차는 k가 된다. ■

예제 1.2.24

좌표평면에서 x, y의 좌표가 모두 정수인 점을 격자점이라고 한다. 주어진 5개의 격자점에 대하여 이들 사이를 잇는 선분들의 중점 중 적어도 하나는 격자점임을 증명하여라.

풀이 집합 $\{a, b\}$에 대하여 이 집합의 두 원소가 모두 홀수이거나 짝수이면 이 집합을 '좋다'고 하자. 다섯 개의 격자점 $A_i = (x_i,\ y_i)$ $(i = 1, \cdots, 5)$에 대하여 선분 A_iA_j의 중점이 격자점일 필요충분조건은 $\{x_i,\ x_j\}$와 $\{y_i,\ y_j\}$가 모두 좋은 것이다. 비둘기집의 원리에 의하여 $x_1, x_2, \cdots, x_5$ 중 적어도 3개는 동시에 홀수이거나 짝수이다. 일반성을 잃지 않고 이들을 x_1, x_2, x_3라 하자. 즉, 이들 중 두 원소로 이루어진 집합은 모두 좋다. 이제, 비둘기집의 원리에 의해 y_1, y_2, y_3 중 적어도 2개는 동시에 홀수이거나 짝수이다. 일반성을 잃지 않고 이들을 y_1, y_2라 하면, A_1A_2의 중점은 격자점이 된다.

■

예제 1.2.25

m개의 가로줄과 n개의 세로줄로 이루어진 $m \times n$ 모양의 표의 각 칸에

수가 쓰여 있다. 각 가로줄에서 가장 큰 수와 가장 작은 수의 차는 어떤 양수 d 이하라고 한다. 이때, 각 세로줄의 수들을 가장 큰 수가 가장 위쪽 가로줄에 오도록 크기순으로 재배열하여도 (즉, 큰 수부터 순서대로 위에서 아래로 재배열하여도) 각 가로줄에서 가장 큰 수와 가장 작은 수의 차는 d이하임을 보여라.

풀이 재배열한 후 i번째 가로줄과 j번째 세로줄에 해당하는 칸에 있는 수를 b_{ij}로 나타내자. 만일 k번째 행의 가장 큰 수 b_{kp}와 가장 작은 수 b_{kq}의 차가 d보다 크다고 가정하면,

$$b_{mq} \leq \cdots \leq b_{k+1,q} \leq b_{kq} \leq b_{kp} \leq b_{k-1,p} \leq \cdots \leq b_{1p}$$

이고, 비둘기집의 원리에 의해 이 $m+1$개의 수 중 2개는 원래 같은 가로줄에 속해 있었던 것이어야 한다. 그런데 b_{1p}, b_{2p}, $\cdots$, b_{kp}와 b_{kq}, $b_{k+1,q}$, $\cdots$, b_{mq}는 각각 같은 세로줄에 있고, 따라서 b_{1p}, b_{2p}, $\cdots$, b_{kp} 중 하나인 b_{rp}와 b_{kq}, $b_{k+1,q}$, $\cdots$, b_{mq} 중 하나인 b_{sq}가 재배열 전의 표에서 한 가로줄에 있다. 그러면

$$b_{rp} - b_{sq} \geq b_{kp} - b_{kq} > d$$

가 되어 모순이다. ■

연습문제

1. 전단사를 이용한 증명과 이중세기를 이용한 증명의 공통점과 차이점이 무엇인지 생각해 보아라.

2. 정리 1.2.2를 증명하여라.

3. r개의 같은 물건을 n개의 서로 다른 상자에 분배하는 방법의 수를 구하여라.

4. $f:\{1,\ 2,\ \cdots,\ n\}\to\{1,\ 2,\ \cdots,\ m\}$에 대해 $i<j$이면 $f(i)<f(j)$가 반드시 성립하면 f를 강증가함수라 하고, $i<j$이면 $f(i)\le f(j)$가 반드시 성립하면 f를 약증가함수라 한다. 이때, 다음 물음에 답하여라.

   (1) $n<m$일 때, 강증가함수는 $\binom{m}{n}$개임을 증명하여라.

   (2) 약증가함수의 개수를 중복조합을 구하여라.

5. $(1,\ 2,\ \cdots,\ n)$의 순열 중에서 임의의 $1\le i\le n-1$에 대해 i와 $i+1$ 사이에 놓인 수의 개수가 i개 보다 작은 것은 모두 몇 개인지 구하여라.

6. $X=\{1,\ 2,\ \cdots,\ n\}$에 대해 $f:X\to X$인 전단사함수 f를 생각하자. 이때, $i<j$이면서 $f(i)>f(j)$인 $(i,\ j)$의 순서쌍의 개수를 $A(f)$라 하자. 다음 물음에 답하여라.

   (1) $A(f)=A(f^{-1})$임을 증명하여라.

(2) 가능한 $n!$개의 f에 대해 $x^{A(f)}$의 값을 구하여 더한 값은

$$(1+x)(1+x+x^2)\cdots(1+x+x^2+\cdots+x^{n-1})$$

임을 증명하여라.

7. $X=\{1, 2, \cdots, n\}$에 대해 $f: X \to X$인 전단사함수 f중, 다른 전단사함수 g가 있어 $g(g(i))=f(i)$가 모든 i에 대해 만족하는 것의 개수를 a_n이라 하자. 이때, $a_{2n+1}=(2n+1)a_{2n}$이 성립함을 증명하여라.

8. 자연수 n을 k개의 수로 분할하는 방법의 수는 자연수 $n+\binom{k}{2}$를 서로 다른 k개로 분할하는 방법의 수와 같음을 증명하여라.

9. 자연수 n을 홀수 개의 수로 분할하는 방법의 수는 자연수 n을 서로 다른 수들로 분할하는 방법의 수와 같음을 증명하여라.

10. 자연수 n을 분할하되, 한 수가 10번 이상 사용되지 않도록 분할하는 방법의 수는, n을 10의 배수가 아닌 수들로 분할하는 방법의 수와 같음을 증명하여라.

11. 원 위에 n개의 점이 주어져있다. 이때, n개의 점 중 두 점을 양끝으로 하는 현들을 모두 그었을 때, 임의의 세 현은 원의 내부의 한 점에서 교차하지는 않는다고 한다. 이때, 오른쪽 그림과 같이 세 현이 교차하는 영역으로 이루어진 삼각형의 개수를 구하여라.

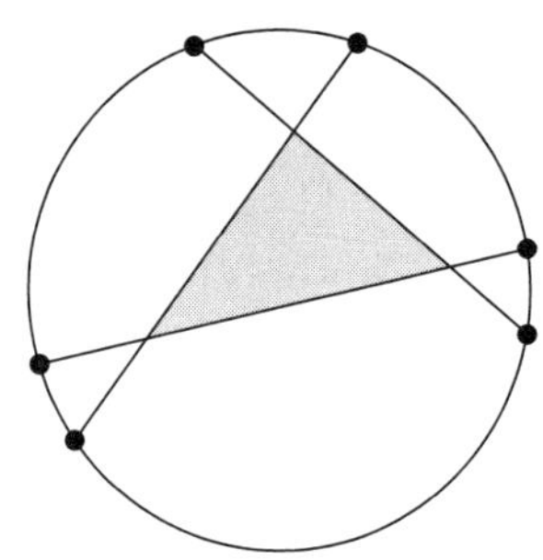

[그림 1.11]

12. n을 자연수의 합으로 분할할 때, 각 분할방법에 나타나는 2의 개수들을 모두 합한 것을 $f(n)$이라 하자. 또한, 각 분할방법에서 정확히 한 번만 나오는 수를 외로운 수라 하고, 모든 분할방법에 나타나는 외로운 수의 개수를 모두 합한 것을 $g(n)$이라 하자. 예를 들어 $5=3+2=2+2+1=2+1+1+1$이므로 2가 4개 나타나서 $f(5)=4$이고 외로운 수는 순서대로 5, 3, 2, 1, 2의 5개가 있으므로 $g(5)=5$이다. 이때, $f(n)=g(n-1)$임을 증명하여라.

13. $m\times n$모양의 표의 각 칸에 0 또는 1을 써넣으려고 한다. 이때, 각 가로줄의 수의 합과 각 세로줄의 수의 합들이 모두 짝수가 되도록 써넣는 방법의 수를 구하여라.

14. $2n$명의 사람들이 극장에 들어가기 위하여 한 줄로 서려고 한다. 입장료는 500원인데 500원짜리 동전을 갖고 있는 사람이 n명, 1000원짜리만 갖고 있는 사람이 나머지 n명이라고 한다. 극장 측은 돈을 넣는 빈 그릇 하나만 갖다 놓고 거스름돈이 없는 입장객들은 스스로 그 그릇에서 거스름돈을 가져가도록 하였다. 모든 입장객들이 거스름돈에 문제가 없이 입장하도록 줄을 세우는 방법은 몇 가지인가?

15. 어느 학교의 1학년 학생들은 10개의 학급으로 이루어져 있는데, 관찰을 해보니 다음과 같은 두 가지 조건을 만족하였다고 한다.

> [조건 1] 각 학급은 5명 이상으로 이루어져 있다.
> [조건 2] 임의의 두 학급을 구성하는 학생의 수는 다르다.

그런데 방학 사이에 이 학교 인근에 다른 학교가 개교하여 n명의 학생이 전학을 갔다. 이에 따라 학교에서는 학급을 전면적으로 재편성하였는데, 학급을 재편성할 때, 기존에 같은 학급이었던 두 학생은 서로 같은 반이 되지 않도록 하였다고 한다. 이때, [조건 1]과 [조건 2]가 여전히 만족했다면 n의 가능한 최솟값을 구하여라. (단, 재편성 이후의 학급의 수는 재편성 이전과 같을 필요는 없다.)

16. $2n$명의 사람이 모임에 참가하였다. 이때, 어떤 두 명 A, B가 존재하여 나머지 $2n-2$명 중 어떤 $n-1$명이 A와 B를 동시에 알거나 동시에 모르는 경우가 있음을 증명하여라.

17. 평면 위에 18개의 점이 주어져 있는데, 임의의 세 점은 한 직선 위에 있지 않다고 한다. 임의의 두 점을 연결하는 직선은 빨간색 또는 파란색으로 칠해져 있으며 18개의 점 중 한 점 A를 지나는 빨간 직선의 개수는 홀수라고 한다. A를 뺀 나머지 17개의 점 각각을 지나는 빨간 직선의 개수는 서로 다르다고 할 때, 18개의 점 중 3개의 점을 꼭짓점으로 하는 삼각형 중 세 변이 모두 빨간색인 것의 개수를 구하여라.

18. 8문제로 이루어진 시험에 학생들이 참가하였다. 5문제 이상을 맞춘 참가자를 우수한 참가자라고 하자. 또한, 우수한 참가자들 중 절반 미만만이 맞춘 문제를 어려운 문제라고 하자. 이때, 다음 물음에 답하여라.

(1) 어려운 문제의 최대 개수를 구하여라.

(2) 어려운 문제가 (1)에서 구한 최대 개수만큼 있다고 한다. 우수한 참가자가 홀수 명일 때, 우수한 참가자는 최소 몇 명인지 구하여라.

(3) (2)에서 우수한 참가자가 짝수 명이라면, 최소 몇 명인지 구하여라.

19. 볼록 n각형 P의 각 꼭짓점에 1부터 n까지의 수가 적당히 쓰여 있다. 이때, P의 각 변에는 그 변의 양 꼭짓점에 쓰인 수의 차의 절댓값을 써넣자. P의 변들에 쓰인 수의 합의 최솟값과 최댓값을 구하여라.

20. 배구대회에 n개의 팀이 참가하였다. 각 팀은 서로 한 번씩 대결하였고, 임의의 두 팀 A, B에 대해 A와 B가 동시에 이긴 팀이 정확히 t팀 존재한다고 한다. 이 때 $n=4t+3$임을 증명하여라.

21. 14명의 사람이 체스 대회에 참가하였다. 임의의 두 명이 한 번씩 경기를 하여 승패를 결정지었을 때, 어떤 세 명 A, B, C가 A는 B를 이기고, B는 C를 이기고 C는 A를 이겼으면 이 세명의 쌍을 좋은 쌍이라고 하자. 좋은 쌍의 개수의 최댓값을 구하여라.

22. (IMO Shortlist, 2010) $n \geq 4$명의 사람이 테니스 대회에 참가하여 임의의 두 명이 경기를 펼쳐 승패를 결정지었다. 이때, 임의의 네 명 A, B, C, D를 선택하여도 B, C, D가 모두 A를 이기고 B는 C를, C는 D를, D는 B를 각각 이긴 경우는 존재하지 않는다고 한다. n명의 사람 각각이 이긴 경기의 수와 진 경기의 수를 w_i와 $l_i (1 \leq i \leq n)$라 할 때, $\sum_{i=1}^{n}(w_i - l_i)^3 \geq 0$이 성립함을 증명하여라.

23. 정육면체 1000개를 $10 \times 10 \times 10$모양으로 쌓았다고 한다. 1000개의 정육면체 중 500개는 흰색, 500개는 검정색일 때, 흰색 정육면체와 검정색 정육면체가 맞닿는 정사각형 면이 적어도 100개 존재함을 증명하여라.

24. (Iran, 2006) 평면 위에 n개의 점이 어떤 세 점도 한 직선 위에 있지 않게 배치되어 있다. 이 점들의 집합 중 임의의 집합 E에 대하여 E의 원소들이 볼록다각형을 이룰 때, (즉 E의 볼록포 내부에 E의 원소가 존재하지 않을 때) E를 좋은 집합이라 하자. c_k를 점의 개수가 k개인 좋은 집합의 개수라 할 때, $\sum_{i=3}^{n}(-1)^i c_i$은 n개의 점의 위치에 관계없는 n에 대한 함수임을 보여라.

25. 자연수 k와 n에 대해 어떤 모임에 n명이 참가하였는데, 이 중 임의의 $n-2$명을 잡아도 이들 사이에 서로 아는 관계는 3^k쌍이 있다고 한다. 이때, n의 값으로 가능한 것을 모두 구하여라.

26. (Belarus, 2005) $n \times n$ 모양의 표의 각 칸을 세 가지 색 중 하나로 색칠하려고 한다. 만약 임의로 두 개의 행과 두 개의 열을 잡았을 때, 겹치는 4개의 칸의 색이 모두 같은 경우가 없다면 이를 좋은 표라고 한다. $n \geq 11$이면 좋은 표가 존재하지 않음을 증명하여라.

27. 서로 다른 n개의 집합 $A_1, A_2, \cdots, A_n$이 주어져 있다. 이때, 각 A_m에 대해 A_m의 임의의 부분집합 B를 잡으면 $B=A_i$인 $1 \leq i \leq n$이 존재한다고 한다. 또한, $|A_m| \leq 10$인 임의의 A_m에 대해 $\sum_{1 \leq k \leq n,\ A_m \subset A_k}(-1)^{|A_k|}=0$이 성립한다면 n은 2048의 배수임을 증명하여라.

28. 자연수 n과 k는 자연수에 대해 한 평면 위의 n개의 점 $P_1, P_2, \cdots, P_n$이 존재하여, 이들 중 임의의 세 점도 한 직선 위에 있지 않고, 임의의 P_i는 k개 이상의 다른 P_j들과 거리가 같다고 한다. 이때, $\frac{1}{2}+\sqrt{2n}>k$임을 증명하여라.

29. n개의 직선과 9개의 점을 평면 위에 적절히 배치하였더니 각각의 직선 위에 정확히 3개의 점이 놓였다고 한다. 이때, 가능한 n의 최댓값을 구하여라.

30. $S=\{1, 2, \cdots, n\}$의 서로 다른 m개의 부분집합 $A_1, A_2, \cdots, A_m$가 주어져 있다. 이때, 각 $x\in S$에 대해 $x\in A_i$인 i의 개수를 $f(x)$라 하면 모든 $x\in S$에 대해 $f(x)<m$이라 한다. 또한, 임의의 $1\le i\le m$에 대해 $x\not\subset A_i$이면 $f(x)\le |A_i|$가 성립한다. 이때, $m\le n$임을 증명하여라. (단, 모든 $1\le i\le m$에 대해 $A_i\ne\phi$, $A_i\ne S$이다.)

31. (IMO Shortlist, 2000) 평면 위에 $n\ge 4$개의 점 $P_1, P_2, \cdots, P_n$이 임의의 세 점은 한 직선위에 있지 않고 임의의 네 점은 한 원의 원주 위에 있지 않도록 배치되어 있다. 이 때, 한 점 P_i에 대해, $\triangle P_jP_kP_l$의 외접원이 그 내부에 P_i를 포함하는 (j, k, l)의 순서쌍의 개수를 a_i라 하면,

$$a_1+a_2+\cdots+a_n=2\binom{n}{4}$$

임을 증명하여라.

32. $P_1P_2\cdots P_n$는 정 n각형이다. 이때, $P_iP_jP_k$ 꼴의 삼각형 중 서로 합동이지 않은 것들의 개수를 구하여라.

33. (China 1996) $n\ge 7$인 자연수일 때, $S=\{1, 2, 3, \cdots, n\}$의 m개의 부분집합 $A_1, A_2, \cdots, A_m$이 주어져 있다. 각 A_i의 원소의 개수는 5개이며 임의의 6개의 집합 $A_{i_1}, A_{i_2}, \cdots, A_{i_6}$에 대해 $|A_{i_1}\cup A_{i_2}\cup\cdots\cup A_{i_6}|\ge 7$이 성립한다. 이때, 다음 부등식을 증명하여라.

$$m\le\frac{n(n-1)(n-2)(n-3)(4n-15)}{600}$$

34. 30명이 참가한 시험에 8개의 ○× 문제가 출제되었다. 시험이 끝난 뒤에 각 문제에 배점을 결정하는데, 시험에서 n명이 틀린 문제의 점수를 n점으로 한다고 한다. 이때, 다음 물음에 답하여라.

(1) 이 시험에서 단독으로 최저 점수를 얻은 사람의 점수의 가능한 최댓값을 구하여라.

(2) 단독으로 최저 점수를 얻은 사람이 단독으로 가장 많은 수의 문제를 맞힌 경우는 없음을 증명하여라.

35. $S=\{1,\ 2,\ \cdots,\ n\}$의 서로 다른 부분집합 $A_1,\ A_2,\ \cdots,\ A_m$이 주어져 있다. 이때, 임의의 $1 \le i < j \le m$에 대해 $|A_i \cup A_j| - |A_i \cap A_j| = 2k$라 한다. 각 $x \in S$에 대해 $d(x)$는 $x \in A_i$인 A_i의 개수로 정의할 때, 임의의 $x \in S$에 대해 $d(x)(m-d(x)) \le km$임을 증명하여라.

36. $\{1,\ 2,\ \cdots,\ n\}$의 서로 다른 부분집합 $A_1,\ A_2,\ \cdots,\ A_n$이 주어져 있는데 이들 각각은 정확히 2개의 원소만을 포함한다고 한다. 이때, 어떤 $i \ne j$에 대해 $|A_i \cap A_j| \ne \phi$일 필요충분조건은 $\{i,\ j\}$꼴의 A_k가 존재하는 것이라고 한다. 그러면 각 i에 대해 i를 포함하는 A_k의 개수는 2개임을 증명하여라.

37. 정사각형 모양의 땅이 있는데, 여기에 적당히 직선을 그어 땅을 두 부분으로 나누었다. 이후로도 나누어진 땅 중 한 부분에 직선을 그어 두 부분으로 나누는 시행을 반복하였더니 나누어진 땅 중 47개의 46각형이 생겼다고 한다. 이때, 땅을 나누는 시행을 최소 몇 번 했는지 구하여라.

38. n은 3 이상의 홀수이다. 이때, $1\times2\times(n+1)$ 모양의 상자 $2n(2n+1)$개와 $1\times1\times1$ 모양의 상자 $2n+1$개를 쌓아서 한 변의 길이가 $2n+1$인 정육면체 모양의 입체도형을 만들 수 없음을 증명하여라.

2단원

생성함수와 수의 알고리즘

이 단원에서는 조합론에서 다루어야 할 중요하고 기초적인 내용 중 세 가지를 학습하고자 한다. 그 첫 번째는 점화식이다. 우리가 여러 번 시행을 하여 일반적으로 n번 시행 후에 발생하는 경우의 수를 구할 경우가 있다. 물론 반드시 시행이 아니어도 일반적으로 경우의 수를 자연수 n에 대하여 구하는 경우, 그 경우의 수를 a_n이라 하고, 일반항을 구해야 하는 경우가 있는데, 그때 점화식을 이용하는 경우가 발생한다. 실제 문제를 해결할 때는 문제의 상황에 맞는 점화식을 찾는 것이 문제해결의 핵심이 경우가 많다. 대표적인 문제가 유명한 피보나치 수열 문제로, 의외로 많은 경우의 수 문제에 피보나치 수열이 등장한다.

두 번째는 수열의 점화식을 얻은 후에 그 수열의 일반항을 구하는 방법론으로서 생성함수가 있다. 생성함수를 이용하는 기법은 경우의 수 문제 해결에 있어서 매우 중요한 역할을 차지한다.

세 번째로는 정수론과 연관된 조합론적 방법론을 소개하고자 한다. 전통적이고 기초적인 정수론에서는 조합적인 방법들을 이용하여 주요 정리를 증명하거나 문제를 해결하는 경우가 많다. 우리는 이 단원에서 그 중 핵심적인 내용들을 선정하여 소개한다.

2.1 점화식과 생성함수

(1) 점화식과 그 활용

유명한 피보나치(Fibonacci, 1175-1230) 수열 $1, 1, 2, 3, 5, 8, 13, \cdots$의 각 수들은 앞의 두 수를 더한 값으로 구해지는데 이때, 2014번째 수는 어떤 수일까에 대한 질문을 해볼 수 있다. 물론 손으로 일일이 계산할 수도 있겠지만 점화식의 방법론을 이용하면 이 수가 $\frac{1}{\sqrt{5}}\left[\left(\frac{1+\sqrt{5}}{2}\right)^{2014}-\left(\frac{1-\sqrt{5}}{2}\right)^{2014}\right]$임을 알 수 있다. 이번 단원에서는 이러한 점화식의 방법론을 이용하여 수열의 항들을 구하는 원리를 알아보고자 한다.

먼저 수열이 무엇인지 정확히 정의해보자.

정의 2.1.1 수열

수들이 $a_0, a_1, a_{2,} \cdots$와 같이 나열되어 있으면 이를 $\{a_n\}$으로 간단히 나타내고 **수열**(sequence)이라 하자. 이때, 각 a_k들이 자연수이면 이 수열을 **자연수열**, 정수이면 **정수열**, 실수이면 **실수열** 그리고 복소수이면 **복소수열**이라고 한다. 또한 각 a_k를 이 수열의 **항**이라고 부른다.

참고 수열이 무한히 많은 수로 이루어져 있으면 이 수열을 **무한수열**이라 하고 유한개의 수로 이루어져 있으면 **유한수열**이라고 한다. 여기서는 특별한 언급이 없으면 수열은 무한수열로 생각한다.

만약 수열의 처음 몇 항이 주어져있고 수열의 항들 사이의 관계가 적당히 주어져 있으면 이를 통해 수열의 모든 수를 구할 수 있다. 예를 들어 $a_1 = 1$, $a_{n+1} = a_n + 3\,(n \geq 1)$으로 주어져 있다면 이를 통해 $a_n = 3n - 2$로 구해짐을 쉽게 확인할 수 있다. 이때, $a_1 = 1$과 같이 주어진 초기 항들을 **초기조건** 또는 **초항**이라 부르며 $a_{n+1} = a_n + 3$과 같이 항들 사이의 관계를 나타내는 식을 **점화식**이라 부른다. 점화식을 풀어 구한 $a_n = 3n - 2$와 같이 a_n을 n만으로 표현한 값을 **일반항**이라 한다. 점화식으로 주어진 수열에서 궁극적인 목표는 일반항을 구하는 것이다. 먼저 기초적인 점화식의 예를 두 개 살펴보자.

예

① 등차수열

수열 $\{a_n\}$이 $a_{n+1} = a_n + d\,(n \geq 1)$를 만족하면 이 수열을 **등차수열**이라고 부르며 d는 **공차**라고 한다. 만약 초기조건 $a_1 = a$가 주어져 있으면 이 수열의 일반항은 $a_n = a + (n-1)d$로 주어진다.

② 등비수열

수열 $\{a_n\}$이 $a_{n+1} = ra_n\,(n \geq 1)$를 만족하면 이 수열을 등비수열이라고 부르며 r은 공비라고 한다. 만약 초기조건 $a_1 = a$가 주어져 있으면 이 수열의 일반항은 $a_n = ar^{n-1}$로 주어진다.

예제 2.1.1

위의 예의 등차수열과 등비수열의 일반항을 유도해 보아라.

풀이 간단하므로 생략한다. ■

경우의 수를 세는 방법 중 하나는 점화식을 이용하는 것이다. 예를 들어 동전을 연속하여 n번 던졌을 때, 나타날 수 있는 경우의 수를 생각해보자. 이 경우의 수를 a_n이라 할 때, 먼저 던진 $n-1$개에서 나타날 수 있는 경우의 수는 a_{n-1}가지이고, 마지막에 던진 동전이 2가지 가능성이 있으므로 곱의 법칙에 의해 $a_n = 2a_{n-1}$이 성립함을 알 수 있다. 초기조건 $a_1 = 2$임은 자명하므로 위의 등비수열의 일반항을 이용하여 이 점화식을 풀면 $a_n = 2^n$을 얻는다. 이는 우리가 이미 알고 있는 결과와 일치한다. 실제로 조합문제에서 이처럼 귀납적으로 경우의 수를 센다면 다양한 형태의 점화식이 나오게 되는데, 이를 해결하기만 하면 경우의 수를 구할 수 있다.

이제 점화식을 해결하는 여러 방법들을 알아보자. 다음은 가장 기초적인 점화식으로 두 가지 해결방법을 소개한다. 각각의 방법은 정형화되지 않은 여러 복잡한 점화식을 해결할 때 기본이 되는 방법이므로 잘 이해하도록 하자.

예제 2.1.2

수열 $\{a_n\}$이 $a_1 = 4,\ a_{n+1} = 2a_n - 3\ (n \geq 1)$로 주어져 있을 때, a_n의 일반항을 구하여라.

풀이 1 (특성 방정식을 이용한 풀이)

먼저 점화식의 모든 a_n이 x로 같다고 하자. 그러면 $x = 2x - 3$와 같은 방정식이 얻어지는데 이를 이 점화식의 특성 방정식이라고 한다. 그리고 이 특성 방정식의 해를 특성근 또는 이 점화식의 고정점이라고 한다. 여기서는 특성근이 $x = 3$으로 구해진다. 특성근의 중요성은 다음과 같이 원래 점화식에서 점화식에 x를 대입한 식을 뺌으로서 알 수 있다.

$$\begin{aligned} a_{n+1} &= 2a_n - 3 \\ x &= 2x - 3 \end{aligned}$$

이때, $a_{n+1}-3=2(a_n-3)$이 얻어지므로 $a_n-3=b_n$이라 하면 $b_{n+1}=2b_n$ 이 되고 $b_1=1$인 등비수열이 됨을 알 수 있다. 따라서 $b_n=2^{n-1}$로 얻어지고 $a_n=b_n+3=2^{n-1}+3$으로 일반항을 얻을 수 있다. ■

풀이 2 점화식의 양변을 2^{n+1}로 나누면 $\frac{a_{n+1}}{2^{n+1}}=\frac{a_n}{2^n}-\frac{3}{2^{n+1}}$이 된다. 이제, $\frac{a_n}{2^n}=c_n$이라 하면 $c_{n+1}=c_n-\frac{3}{2^{n+1}}$이 된다. 따라서,

$$c_n=c_{n-1}-\frac{3}{2^n}=\left(c_{n-2}-\frac{3}{2^{n-1}}\right)-\frac{3}{2^n}=\cdots=c_1-3\sum_{k=2}^{n}\frac{1}{2^k}$$

을 얻는다. 여기서 $c_1=\frac{a_1}{2}=2$이므로 $c_n=2-3\left(\frac{1}{2}-\frac{1}{2^n}\right)=\frac{1}{2}+\frac{3}{2^n}$을 얻는다. 이제 $a_n=2^nc_n$이므로 $a_n=2^n\left(\frac{1}{2}+\frac{3}{2^n}\right)=2^{n-1}+3$을 얻는다. ■

참고 이 점화식에서는 수열이 a_1부터 시작하였다. 수열에 따라 a_0 또는 a_1에서 시작하는데 문제 해결에 큰 영향을 끼치지는 않는다.

앞선 두 번째 풀이는 점화식을 $x_{n+1}=x_n+f(n)$꼴로 변형한 것이다. 이때, 이 식을 반복 적용하면 $x_n=x_1+f(1)+f(2)+\cdots+f(n-1)$이 되므로 $\sum_{k=1}^{n-1}f(k)$를 계산하여 x_n을 구할 수 있다. 비슷한 원리로 해결되는 다음 예제를 살펴보자.

예제 2.1.3

수열 $\{a_n\}$이 $a_1=2,\ na_{n+1}=(n+1)a_n+1\ (n\geq 1)$로 주어져 있을 때, a_n의 일반항을 구하여라.

풀이 양변을 $n(n+1)$로 나누면 $\frac{a_{n+1}}{n+1}=\frac{a_n}{n}+\frac{1}{n(n+1)}$이 된다. 이제 $\frac{a_n}{n}=b_n$이라 하면 $b_{n+1}=b_n+\frac{1}{n(n+1)}$이 된다. 따라서 $b_n=b_1+\sum_{k=1}^{n-1}\frac{1}{k(k+1)}$이 된다. 여기서 $b_1=2$이고 $\frac{1}{k(k+1)}=\frac{1}{k}-\frac{1}{k+1}$을 이용하면 $b_n=3-\frac{1}{n}$

을 얻고 $a_n = nb_n = 3n-1$이 된다. ■

이제 점화식 중 동형선형점화식이라 불리는 가장 대표적인 점화식에 대해 알아보자.

정의 2.1.2 동형선형점화식

상수 $a_1, a_2, \cdots, a_k$ $(a_k \neq 0)$와 $c_1, c_2, \cdots, c_k$에 대하여 주어진 점화식

$$u_{n+k} + a_1 u_{n+k-1} + \cdots + a_k u_n = 0 \quad (n \geq 0)$$

을 k차 **동형선형점화식**이라 한다. 만약 수열 $\{u_n\}$이 이 점화식을 만족하고 k개의 초기조건 $u_0 = c_0, u_1 = c_1, \cdots, u_{k-1} = c_{k-1}$이 주어지면 수열 $\{u_n\}$이 유일하게 결정된다. 위의 점화식에 대응되는 방정식

$$x^n + a_1 x^{k-1} + \cdots + a_{k-1}x + a_k = 0$$

을 위의 점화식의 **특성방정식**이라 하고, 특성방정식의 근을 **특성근**이라 한다. $a_k \neq 0$이므로 특성근은 0이 아니다.

예

다음과 같은 점화식들은 동형선형점화식이다.

① $u_{n+2} = u_{n+1} + u_n$

② $u_{n+3} + u_{n+2} + 2u_{n+1} + 3u_n = 0$

③ $u_{n+6} + 5u_{n+4} + 5u_{n+2} = 4u_{n+5} + u_{n+1}$

여기서 ①, ②, ③은 각각 2차, 3차, 5차 동형선형점화식이다. 하지만 다음과 같은 수열들은 동형선형점화식이 아니다.

④ $u_{n+2} = u_{n+1} + u_n + (n+1)$

⑤ $u_{n+3} + u_{n+2} = u_n^2$

④에는 상수 $n+1$이 들어가 있고 ⑤에는 u_n^2이 있기 때문이다. 하지만 ④의 경우 u_n을 적당히 치환하면 2차 동형선형점화식으로 바꿀 수 있다. ($u_n = v_n - (n+2)$를 대입해 보아라.)

이제 동형선형점화식 중 가장 간단한 2차 동형선형점화식의 일반항을 특성방정식을 이용하여 구하는 방법을 살펴보자.

정리 2.1.3 2차 동형점화식의 일반항

수열 $\{u_n\}$이 다음 점화식을 만족한다고 하자.

$$u_{n+2} + a_1 u_{n+1} + a_2 u_n = 0 \quad (n \geq 0),$$
$$u_0 = c_0, \quad u_1 = c_1.$$

두 (복소)수 α와 β가 특성방정식 $x^2 + a_1 x + a_2 = 0$의 근일 때, u_n의 일반항은 다음과 같이 구해진다.

① $\alpha \neq \beta$인 경우, 어떤 상수 A, B에 대하여 $u_n = A\alpha^n + B\beta^n$.

② $\alpha = \beta$인 경우, 어떤 상수 C, D에 대하여 $u_n = (Cn + D)\alpha^n$.

이때, 상수 A, B(또는 C, D)는 c_0와 c_1의 값으로부터 구할 수 있다.

증명 $\alpha \neq \beta$인 경우, 등식 $A + B = c_0$, $A\alpha + B\beta = c_1$으로부터 다음 식을 얻는다.

$$A = \frac{c_0\beta - c_1}{\beta - \alpha}, \qquad B = \frac{c_0\alpha - c_1}{\alpha - \beta}.$$

이러한 A, B에 대해 u_0와 u_1은 $u_k = A\alpha^k + B\beta^k (k = 0,\ 1)$를 만족함을 알 수 있으므로 이제 정리의 증명을 위하여 수학적 귀납법을 써보자. $u_k = A\alpha^k + B\beta^k$가 $1 \leq k \leq n+1$에 대하여 성립한다고 가정하면 $k = n+2$일 때도 성립함을 보이자. 이는 다음과 같은 계산을 통해서 확인할 수 있다.

$$
\begin{aligned}
u_{n+2} &= -(a_1 u_{n+1} + a_2 u_n) \\
&= -[a_1(A\alpha^{n+1} + B\beta^{n+1}) + a_2(A\alpha^n + B\beta^n)] \\
&= -A\alpha^n(a_1\alpha + a_2) - B\beta^n(a_1\beta + a_2) \\
&= A\alpha^{n+2} + B\beta^{n+2}.
\end{aligned}
$$

$\alpha = \beta$인 경우에 대해서도 이와 유사하게 수학적 귀납법을 써서 증명할 수 있다. ■

2차 동형선형점화식의 예들을 살펴보자.

예제 2.1.4

다음 점화식을 만족하는 수열 $\{u_n\}$의 일반항을 구하여라.

$$u_{n+2} - 5u_{n+1} + 6u_n = 0 \ (n \geq 0), \quad u_0 = 0, \ u_1 = 1$$

풀이 이 점화식의 특성방정식은

$$x^2 - 5x + 6 = 0$$

이고, 이 방정식의 특성근은 $\alpha = 2$, $\beta = 3$이다. 따라서 u_n는 $A \cdot 2^n + B \cdot 3^n$꼴이다. 이제 A와 B를 구하기 위해, $n = 0, 1$을 대입하면 다음 식을 얻는다.

$$A + B = 0, \quad A + 2B = 1$$

이 식으로부터 $A = -1$, $B = 1$을 얻고, 따라서 $u_n = 3^n - 2^n$이다. ■

이제 유명한 피보나치(Fibonacci) 수열의 일반항을 구해보자.

예제 2.1.5

다음은 피보나치 수열이다.

$$u_0 = 0, \ u_1 = 1, \quad u_{n+2} = u_{n+1} + u_n \quad (n \geq 0)$$

이 수열의 일반항을 구하여라.

풀이 특성방정식 $x^2-x-1=0$으로부터 특성근 $\alpha=\frac{1+\sqrt{5}}{2}$, $\beta=\frac{1-\sqrt{5}}{2}$을 얻는다. 또한, 초기조건으로부터 $A+B=0$, $A\frac{1+\sqrt{5}}{2}+B\frac{1-\sqrt{5}}{2}=1$이므로 이 연립방정식을 풀어 A, B를 구하면

$$u_n=\frac{1}{\sqrt{5}}\left[\left(\frac{1+\sqrt{5}}{2}\right)^n-\left(\frac{1-\sqrt{5}}{2}\right)^n\right]$$

가 됨을 알 수 있다. ■

참고 여기에서 $u_n=\frac{1}{\sqrt{5}}\left[\left(\frac{1+\sqrt{5}}{2}\right)^n-\left(\frac{1-\sqrt{5}}{2}\right)^n\right]$가 모든 자연수 n에 대하여 자연수인 것은 주어진 조건 $u_1=1$, $u_2=1$, $u_{n+2}=u_{n+1}+u_n$으로부터 자명하다. 독립적인 문제로 $u_n=\frac{1}{\sqrt{5}}\left[\left(\frac{1+\sqrt{5}}{2}\right)^n-\left(\frac{1-\sqrt{5}}{2}\right)^n\right]$가 모든 자연수 n에 대하여 자연수인 것을 보이는 것은 역으로 이 식으로부터 피보나치 점화식을 얻음으로써 해결할 수 있다.

참고 특성방정식의 해가 때로는 복소수일 수 있다. 그런 경우에는 많은 경우 드 모아브르(De Moivre)의 정리를 써서 간단한 형태로 바꾸어 나타날 수 있다. 예컨대,

$$u_0=2,\ \ u_2=0,\quad u_{n+2}+u_n=0\qquad (n\geq 0)$$

으로 수열이 주어져 있을 경우, 특성방정식이 $x^2+1=0$이므로 특성근 i, $-i$를 얻는다. 따라서 앞의 공식으로부터

$$u_n=i^n+(-i)^n$$

을 얻고 이것은 $i=\cos\frac{\pi}{2}+i\sin\frac{\pi}{2}$임을 이용하여 드 모아브르 정리를 쓰면 $u_n=2\cos\frac{n\pi}{2}$로 나타낼 수도 있다. 사실 이 수열의 일반항을 나열하면 $2,\ 0,\ -2,\ 0, 2,\ 0,\ -2,\ 0,\ \cdots$이고 이것은 주어진 점화식으로부터 간단하게 얻을 수도 있다.

피보나치 수열에 대하여, 연속한 두 항의 비 $\frac{u_n}{u_{n+1}}$은 n이 커짐에 따라 유명한 **황금비**(golden ratio) $\frac{\sqrt{5}-1}{2}$로 수렴함은 잘 알려져 있다. 그것을 여기서 간단히 증명해 보자. $\lim_{n\to\infty}\frac{u_n}{u_{n+1}}=x$라 하고, $u_{n+1}=u_n+u_{n-1}$의 양변을 u_n으로 나누면 $\frac{u_{n+1}}{u_n}=\frac{u_n}{u_n}+\frac{u_{n-1}}{u_n}$이 되므로 양변의 극한을 취하면 $\frac{1}{x}=1+x$를 얻는다. 즉, $x^2+x-1=0$이 되고 이것의 양의 근이 $x=\frac{\sqrt{5}-1}{2}$이 되는 것이다. ■

피보나치 수열은 다양한 경우의 수 문제에 등장한다. 여기서 전형적인 예제들을 몇 가지 소개해 보면 다음과 같다.

예제 2.1.6

n칸의 계단을 올라가는데 한 번에 1칸 또는 2칸을 올라갈 수 있다고 한다. 이때, 계단을 올라가는 경우의 수를 구하여라.

풀이 구하는 경우의 수를 f_n이라 하자. 이때, n칸의 계단을 올라갈 때, 처음에 1칸을 올라가는 경우의 수는 f_{n-1}, 처음에 2칸을 올라가는 경우의 수는 f_{n-2}이므로 $f_n=f_{n-1}+f_{n-2}$를 얻는다. $f_1=1, f_2=2$이므로 이 수열은 피보나치의 수열과 같음을 알 수 있다. 단, 피보나치 수열의 두 번째 항부터 시작하였음에 주의하여 일반항을 앞선 예제 2.1.5의 결과를 이용하여 구하면 $f_n=\frac{1}{\sqrt{5}}\left[\left(\frac{1+\sqrt{5}}{2}\right)^{n+1}-\left(\frac{1-\sqrt{5}}{2}\right)^{n+1}\right]$임을 확인할 수 있다. ■

피보나치 수열은 다음과 같이 두 숫자 0과 1의 배열에도 나타난다.

예제 2.1.7

일렬로 늘어선 n개의 각 자리에 0과 1을 배열하는데 1이 서로 이웃하지 않게 배열하는 방법 a_n은 피보나치 수열의 $n+2$번째 항 f_{n+2}임을 보여라. (단, $n\geq 1$)

풀이 수학적 귀납법으로 증명하여 보자. $n=1$일 때와 $n=2$일 때 성립하는 것은 자명하다. 이제 $n \le k$일 때 성립한다고 가정하고 a_{k+1}을 구해 보자.

① 한쪽 끝 첫 자리에 0일 놓일 경우에는 나머지 k자리에 문제 조건을 만족하게 배열하면 되므로 $a_k = f_{k+2}$가지.

② 한쪽 끝 첫 자리에 1일 놓일 경우에는 옆 자리에는 반드시 0이 와야 하지만, 나머지 자리에는 문제 조건을 만족하게 배열하면 되므로 $a_{k-1} = f_{k+1}$가지.

따라서 $a_{k+1} = a_k + a_{k-1} = f_{k+3}$이다. ■

예제 2.1.8

원탁 모양으로 놓인 n개의 각 자리에 0과 1을 배열하는데 1이 서로 이웃하지 않게 배열하는 방법은 $a_n - a_{n-4} = f_{n+2} - f_{n-2}(n \ge 5)$ 또는 $a_{n-1} + a_{n-3} = f_{n+1} + f_{n-1}(n \ge 4)$로 나타낼 수 있음을 보여라. (단, a_n은 예제 2.1.7과 같다.)

풀이 $a_n - a_{n-4}$인 이유: 먼저 일렬로 늘어서 있는 경우에 배열하는 방법의 수 a_n가지 중, 양쪽 끝에 1이 놓인 경우를 제외하면 되는데, 후자의 경우의 수는 양쪽 끝에 1이 놓이면 그 옆 자리에는 반드시 0이 와야 하므로 4자리를 제외하고 늘어놓는 방법 a_{n-4}이 된다.

물론 수식적으로 $a_n - a_{n-4} = a_{n-1} + a_{n-3}$이 됨은 쉽게 확인가능하다. 하지만 우변은 다음과 같이 해석될 수 있다. 원탁의 자리 중 특정한 한 자리에 0이 놓인 경우는 a_{n-1}, 그리고 그 자리에 1이 놓인 경우는 a_{n-3}이 된다. ■

참고 위의 결과들로부터 다음과 같은 등식을 얻을 수 있다.

$$\sum_{r=0}^{\left[\frac{n+1}{2}\right]} \left\{ \binom{n-r}{r} + \binom{n-r-1}{r-1} \right\} = f_{n+1} + f_{n-1}.$$

한편, n개의 자리에 0과 1을 배열하되, 1을 서로 이웃하지 않게 r개 배열하는 방법이 $\binom{n+1-r}{r}$가지이므로 다음과 같은 등식을 얻는다.

$$f_{n+2} = \sum_{r=0}^{\left[\frac{n+1}{2}\right]} \binom{n+1-r}{r}$$

예제 2.1.9

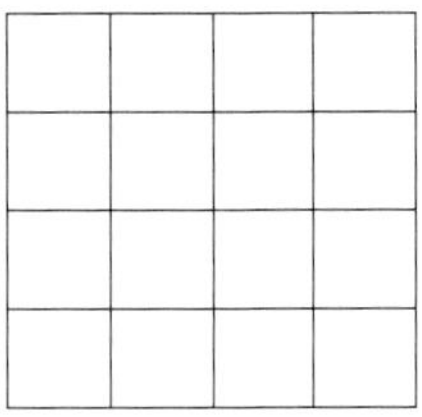

(KMO 최종시험 2007년, 2번) 왼쪽 그림과 같이 놓인 16개의 타일에 각각 0 또는 1을 쓴다. 이때, 서로 한 변을 공유하며 이웃하는 두 타일에 있는 수들의 곱이 항상 0이 되도록 하는 방법은 모두 몇 가지인가? 단, 16개의 타일은 대칭성은 고려하지 않고 모두 구별되는 것으로 간주한다.

풀이 먼저 중앙의 2×2 타일 부분은 다음 3가지 유형의 경우가 가능하다.

①

0	0
0	0

②

0	0
0	1

③

1	0
0	1

그러면 답은 [①의 경우의 수] + [②의 경우의 수 $\times$ 4] + [③의 경우의 수 $\times$2]가 된다. ①, ②, ③ 각각의 경우의 수를 구해보자.

① 12개의 테두리 부분에 0과 1을 배치하되, 1들은 이웃하지 않게 하는 방법의 수를 구한다. 이것은 예제 2.1.7에 의하여 $f_{13}+f_{11}=233+89=322$가지이다.

② 빗금친 칸에는 0과 1이 가능하고 나머지 칸에는 예제 2.1.7에 의해 a_9가지 방법이 가능하므로 경우의 수는 $2\times a_9$이다. $a_9=f_{11}=89$이므로 ②의 경우는 $2\times89=178$가지이다.

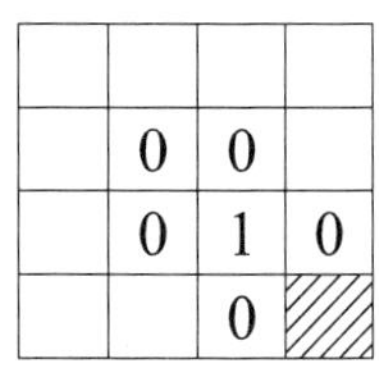

③ 비슷한 원리로 경우의 수는 $2^2\times(a_3\times a_3)$이고, $a_3=f_5=5$이므로 $2^2\times5\times5=100$가지 경우가 있다.

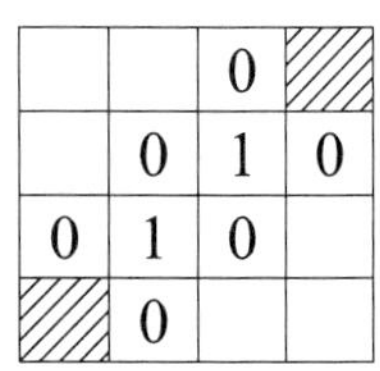

따라서 답은 $322+178\times4+100\times2$가지이다. ■

피보나치 수열이 등장하는 예를 하나 더 살펴보자.

예제 2.1.10

(KMO 1997년, 1번) 자연수 n을 양의 홀수들의 합으로 표시하는 방법의 수 $f(n)$을 구하여라. (합하는 순서가 다르면 다른 방법으로 간주한다. 예를 들면, $1+3+1$과 $3+1+1$은 서로 다른 방법이다.)

풀이 $n=1$일 때, $f(1)=1$임은 자명하고 $n=2$일 때 $2=1+1$이므로 $f(2)=1$, $n=3$일 때 $3=1+1+1$이므로 $f(3)=2$임을 확인할 수 있다.

이제, n을 1, 3, 5, $\cdots$ 의 홀수의 합으로 나타낼 때, 첫째 수가 1인 경우와 3이상인 경우로 나누어 생각하자.

첫째 수가 1인 경우는 이 '1'을 제외하면 $n-1$을 홀수의 합으로 나타내는 경우와 같고, 첫째 수가 3이상의 홀수인 경우는 첫째 수에서 2를 빼면 $n-2$를 홀수의 합으로 나타내는 경우와 같다. 따라서 다음의 점화식을 얻는다.

$$f(n)=f(n-1)+f(n-2)\ (n\geq 3)$$
$$f(1)=1\quad f(2)=1$$

이 점화식은 잘 알려진 피보나치 수열을 나타내고

$$f(n)=\frac{1}{\sqrt{5}}\left\{\left(\frac{1+\sqrt{5}}{2}\right)^n-\left(\frac{1-\sqrt{5}}{2}\right)^n\right\}$$

이다. ■

다음은 피보나치 수열이 등장하는 다소 고급의 확률 문제이다.

예제 2.1.11

(KMO 최종시험 1998년, 6번) 자연수 n에 대하여 다음의 두 조건을 만족시키는 전단사(일대일 대응) 함수 $f:\{1,\ 2,\ \cdots,\ n\}\rightarrow\{1,\ 2,\ \cdots,\ n\}$ 전체의 집합을

F_n 이라고 하자.

(1) $f(k) \le k+1 (k=1, 2, \cdots, n-1)$,
(2) $f(k) \ne k (k=2, \cdots, n)$.

F_n 의 원소 f를 임의로 뽑을 때 $f(1) \ne 1$일 확률을 구하여라.

풀이 $M_n = \{1, 2, \cdots, n\}$라 하고 문제 조건들을 만족하는 $f: M_n \to M_n$ 인 일대일 대응 f의 개수를 $|F_n| = C_n$ 이라 하고 먼저 C_n의 점화식을 구해보자. $C_1 = 1$, $C_2 = 1$임은 명백하다.

이제, $M_{n+2} \to M_{n+2}$ 의 대응에서 먼저 $f(n+1) = n+2$ 임을 알 수 있다.

$f(n+2) = n+1$ 인 경우는, 나머지 원소들의 대응은 $M_n \to M_n$ 인 조건을 만족하는 대응들이고 이러한 대응의 개수는 C_n 이다.

$f(n+2) \ne n+1$ 인 경우는, $f(n) = n+1$ 이다. $f(n+1) = n+2$ 인 대응을 삭제하고, $f(n+2) = a(\le n)$인 대응을 $f(n+1) = a$ 로 바꾸면 $M_{n+1} \to M_{n+1}$인 대응이 된다. 따라서, 이 경우는 C_{n+1}가지가 있고,

$$C_{n+2} = C_{n+1} + C_n (n \ge 1) \ C_1 = C_2 = 1 \ \cdots ①$$

을 얻는다. 즉, 수열 $\{C_n\}$ 은 피보나치 수열이고

$$C_n = \frac{1}{\sqrt{5}}\left\{\left(\frac{1+\sqrt{5}}{2}\right)^n - \left(\frac{1-\sqrt{5}}{2}\right)^n\right\}$$

이다.

다음에는 $M_n \to M_n$ 의 대응에서 $f(1) = 1$인 경우의 일대일 대응의 개수를 A_n, $f(1) = 2$ 인 경우의 일대일 대응의 개수를 B_n 이라 하자. $f(1) = 1$ 인 경우 $f(2) = 3$ 이므로 $M_n - \{1\} \to M_n - \{1\}$인 대응은 B_{n-1} 과 같다. 즉,

$$A_n = B_{n-1} (n \ge 2) \ B_1 = 0, \ B_2 = 1, \ B_3 = 1$$

이다. 한편 $A_n + B_n = C_n$이므로

$$B_n + B_{n-1} = C_n \quad \cdots ②$$

이다. $B_2=1=C_1$, $B_3=1=C_2$ 이므로 ①, ②에서 $B_n=C_{n-1}$을 얻는다. 구하는 확률은 $\dfrac{B_n}{C_n}$ 이므로 다음과 같다.

$$\frac{B_n}{C_n}=\frac{C_{n-1}}{C_n}=\frac{\left(\frac{1+\sqrt{5}}{2}\right)^{n-1}-\left(\frac{1-\sqrt{5}}{2}\right)^{n-1}}{\left(\frac{1+\sqrt{5}}{2}\right)^{n}-\left(\frac{1-\sqrt{5}}{2}\right)^{n}} \qquad \blacksquare$$

지금까지 피보나치 수열을 이용하는 문제들을 여럿 살펴보았다. 이제, 좀 더 일반적인 점화식을 이용하는 경우의 수 문제들을 살펴보자.

예제 2.1.12

(KMO, 2006) 아래 그림과 같이 n개의 정사각형이 붙어 있는 도형을 생각하자. $2n+2$개의 점 x_0, x_1, $\cdots$, x_n, y_0, y_1, $\cdots$, y_n을 '꼭짓점'이라 하고, 각 정사각형의 변 또는 대각선을 '마디'라 하자. 이때, 어느 두 마디도 꼭짓점을 공유하지 않도록 $n+1$개의 마디를 뽑는 경우의 수를 구하여라.

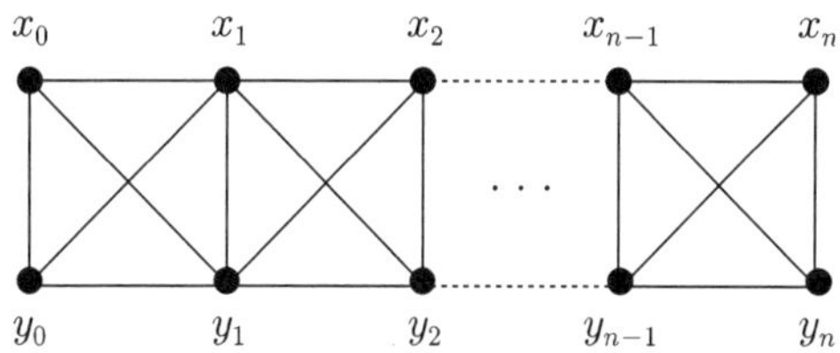

[그림 2.1]

풀이 먼저 조건에 맞게 마디를 선택하면 임의의 꼭짓점은 선택된 마디들 중 정확히 하나의 끝점임을 알 수 있다. 이제, 구하는 경우의 수를 a_n으로 두자. 먼저 x_ny_n 마디를 선택하는 경우의 수는 a_{n-1}임은 자명하다. 이 마디를 포함하지 않으면 앞의 관찰에 의해 $x_{n-1}x_n$과 $y_{n-1}y_n$이 선택되거나 $x_{n-1}y_n$과 $y_{n-1}x_n$이 선택되는 두 가지 경우가 있고 각 경우에 a_{n-2}가지 경우가 있으므로 경우의 수는 $2a_{n-2}$이다. 따라서 다음과 같은 점화식을 얻는다.

$$a_1 = 3,\ a_2 = 5,\ \ a_n = a_{n-1} + 2a_{n-2}$$

점화식과 초기조건으로부터 $a_n = \dfrac{2^{n+2} - (-1)^n}{3}$을 얻는다. ■

예제 2.1.13

숫자 1, 2, 3으로 만들 수 있는 n자리의 자연수 중 1이 연속한 자리에 나타나지 않는 것의 개수를 구하여라.

풀이 구하는 개수를 h_n이라 하면 $h_1 = 3,\ h_2 = 8$임은 쉽게 알 수 있다. 문제의 조건을 만족하는 n자리의 수는 다음의 4가지 유형으로 나누어진다.

① 2 × × × ⋯

② 3 × × × ⋯

③ 1 2 × × × ⋯

④ 1 3 × × × ⋯

이러한 수의 개수는 차례대로 $h_{n-1},\ h_{n-1},\ h_{n-2},\ h_{n-2}$개임을 쉽게 알 수 있으므로 점화식 $h_n = 2h_{n-1} + 2h_{n-2}$를 얻는다. 이 점화식의 특성방정식은 $x^2 - 2x - 2 = 0$이고 특성근은 $q_1 = 1 + \sqrt{3},\ q_2 = 1 - \sqrt{3}$이므로 일반항은

$$h_n = \frac{2 + \sqrt{3}}{2\sqrt{3}}(1 + \sqrt{3})^n + \frac{-2 + \sqrt{3}}{2\sqrt{3}}(1 - \sqrt{3})^n$$

으로 구해짐을 쉽게 확인할 수 있다. ■

마지막으로 앞선 예제 1.2.8에서 구한 카탈란 수의 경우의 수를 점화식을 이용하여 해결하는 것을 생각해보자. $(0, 0)$에서 $(n,\ n)$까지 $y = x$위로 넘어가지 않으며 격자를 통해 가는 경우의 수를 a_n이라 하자. 즉, a_n은 n번째 카탈란 수이다. 이때, 경로가 $(0, 0)$이후로 처음으로 $y = x$와 만나는 점이 $(k+1,\ k+1)$ (단, $0 \le k \le n-1$)인 경로의 수를 세어보자.

먼저 $(0, 0)$에서 $(k+1,\ k+1)$까지 가는 경우의 수를 세어보면 처음에 $(1,\ 0)$로 이동한 뒤 $(k+1,\ k)$를 가서 $(k+1,\ k+1)$로 가야한다. 이와 같은 경로의 수는

$(1, 0)$에서 $(k+1, k)$까지 가는 경로 중 이 두 점을 연결하는 직선 위로 넘어가지 않는 경로의 수이므로 a_k임을 쉽게 알 수 있다. 이제 $(k+1, k+1)$에서 (n, n)까지 가는 경로의 수는 a_{n-1-k}이므로 구하는 경로의 수는 $a_k a_{n-1-k}$이다. 이로부터 우리는 다음과 같은 점화식을 얻을 수 있다.

$$a_n = a_0 a_{n-1} + a_1 a_{n-2} + \cdots + a_{n-1} a_0 \ (n \geq 2), \ a_0 = a_1 = 1$$

이와 같은 복잡한 점화식은 앞서 학습한 방법으로 해결할 수 없다. 다음 절에서 이와 같은 점화식들을 해결하는 다른 접근방식인 생성함수에 대해 학습해 보기로 하고, 여기서는 다소 고급의 점화식인 일반적인 k차 동형선형점화식에 대하여 알아 보고 절을 마무리하자. 다소 심화적인 내용이 포함되어 있으므로 관심이 있는 독자만 읽어봐도 충분하다.

정리 2.1.3을 일반화하면 다음과 같은 정리를 얻을 수 있다.

정리 2.1.4 동형선형점화식의 일반항(중근이 없는 경우)

상수 $a_1, a_2, \cdots, a_k \ (a_k \neq 0)$와 $c_0, c_1, \cdots, c_{k-1}$ 에 대하여 수열 $\{u_n\}$이 초기조건 $u_0 = c_0, \ u_1 = c_1, \ \cdots, \ u_{k-1} = c_{k-1}$과 k차 동형선형점화식

$$u_{n+k} + a_1 u_{n+k-1} + \cdots + a_k u_n = 0 \quad (n \geq 0),$$

을 만족한다 하자. 이때, 특성방정식을 $x^k + a_1 x^{k-1} + \cdots + a_{k-1} x + a_k = 0$ 이라 하고 특성방정식의 k개의 근을 특성근이라 하자. 만약 특성근 $\alpha_1, \ \alpha_2, \cdots, \alpha_k$가 서로 다르면 이 수열의 일반항은

$$u_n = p_1 \alpha_1^n + p_2 \alpha_2^n + \cdots + p_k \alpha_k^n$$

와 같이 나타내어지고 상수 $p_1, p_2, \cdots, p_k$는 초기조건으로부터 구할 수 있다.

증명 먼저 특성방정식의 임의의 근 q에 대해 $v_n = q^n$이라 하자. 이제

$$q^k + a_1 q^{k-1} + \cdots + a_{k-1} q + a_k = 0$$

의 양변에 q^n를 곱하여

$$q^{n+k}+a_1q^{n+k-1}+a_2q^{n+k-2}+\cdots+a_kq^n=0$$

를 얻을 수 있으므로 v_n 역시 u_n과 같은 점화식을 만족함을 알 수 있다. 같은 원리로 임의의 상수 $p_1, p_2, \cdots, p_k$에 대해 $w_n=p_1\alpha_1^n+p_2\alpha_2^n+\cdots+p_k\alpha_k^n$와 같이 주어진 수열도 u_n과 같은 점화식을 만족한다. 따라서 우리는 상수 p_i들을 잘 설정하여

$$u_n=p_1\alpha_1^n+p_2\alpha_2^n+\cdots+p_k\alpha_k^n$$

이 $n=0, 1, \cdots, k-1$에 대해 성립할 수 있는지 살펴보기만 하면 된다. 이는 다음과 같은 연립방정식을 만족시키는 상수 $p_1, p_2, \cdots, p_k$가 있음을 살펴보면 된다.

$$\begin{cases} p_1+p_2+\cdots+p_{k=c_0} \\ p_1\alpha_1+p_2\alpha_2+\cdots+p_k\alpha_k=c_1 \\ \vdots \\ p_1\alpha_1^{k-1+}p_2\alpha_2^{k-1+}\cdots+p_k\alpha_k^{k-1}=c_{k-1} \end{cases}$$

일반적으로 $x_1, x_2, \cdots, x_k$를 미지수로 하는 연립방정식

$$\begin{cases} a_{11}x_1 + a_{12}x_2 + \cdots + a_{1k}x_k = b_1 \\ a_{21}x_1 + a_{22}x_2 + \cdots + a_{2k}x_k = b_2 \\ \vdots \\ a_{k1}x_1 + a_{k2}x_2 + \cdots + a_{kk}x_k = b_k \end{cases}$$

의 근이 유일하게 존재할 필요충분조건은 다음 행렬식

$$\det\begin{bmatrix} a_{11}\,a_{12}\cdots a_{1k} \\ a_{21}\,a_{22}\cdots a_{2k} \\ \vdots \\ a_{k1}\,a_{k2}\cdots a_{kk} \end{bmatrix}$$

의 값이 0이 아님이 알려져 있다. 그런데

$$\det\begin{bmatrix} 1 & 1 & \cdots & 1 \\ q_1 & q_2 & \cdots & q_k \\ & & \vdots & \\ q_1^{k-1} & q_2^{k-1} & \cdots & q_k^{k-1} \end{bmatrix}=\prod_{1\le i<j\le k}(q_j-q_i)$$

임이 알려져 있다. 따라서 모든 α_i들이 서로 다르다면 p_1, p_2, $\cdots$, p_k의 값이 유일하게 결정된다. ■

만약 특성방정식이 중근을 가지면 2차 동형선형점화식과 유사하게 다음과 같은 결과가 알려져 있다. 증명은 앞선 정리와 비슷하게 할 수 있다.

정리 2.1.5 동형선형점화식의 일반항(일반적인 경우)

앞선 정리 2.1.4과 같은 상황에서 서로 다른 특성근을 $q_1, q_2, \cdots, q_t$라 하자. 각 $i=1,2,\cdots,t$에 대하여, q_i의 중복도를 e_i라 하자. 이때, 각 i에 대해 상수 p_{ij} $(1 \le j \le e_i)$가 존재하여

$$u_n = \sum_{i=1}^{t}\left(\sum_{j=1}^{e_i} p_{ij} n^j\right) q_i^n$$

과 같이 구할 수 있다.

예제 2.1.14

수열 $\{h_n\}$이 $h_0=1$, $h_1=0$, $h_2=1$, $h_3=2$와 점화식

$$h_n + h_{n-1} = 3h_{n-2} + 5h_{n-3} + 2h_{n-4}$$

를 만족할 때, 일반항을 구하여라.

풀이 특성방정식이

$$x^4 + x^3 - 3x^2 - 5x - 2 = (x+1)^3(x-2) = 0$$

이므로 이 점화식의 일반항은

$$h_n = c_1(-1)^n + c_2 n(-1)^n + c_3 n^2(-1)^n + c_4 2^n$$

와 같은 꼴이다. 초기조건으로부터

$$\begin{cases} c_1 \qquad\qquad\qquad + c_4 = 1 \\ -c_1 - c_2 - c_3 + 2c_4 = 0 \\ c_1 + 2c_2 + 4c_3 + 4c_4 = 1 \\ -c_1 - 3c_2 - 9c_3 + 8c_4 = 2 \end{cases}$$

이므로 이 식을 연립하여 풀면

$$c_1 = \frac{42}{52},\ c_2 = -\frac{29}{52},\ c_3 = \frac{7}{52},\ c_4 = \frac{10}{52}$$

를 얻는다. 따라서 다음과 같은 일반항을 얻는다.

$$h_n = \frac{1}{52}(42 - 29n + 7n^2)(-1)^n + 10 \cdot 2^n$$ ■

(2) 생성함수

앞에서는 수열 $\{a_n\}$이 초기 조건과 점화식을 통해서 주어진 경우 일반항을 구하는 방법에 대해 살펴보았다. 하지만 많은 경우, 주어진 수열에 대하여 점화식의 일반항을 구할 수 없거나, 그 수열을 적절한 점화식으로 나타내지 못 할 수 있다. 이런 경우 우리는 새로운 도구를 통하여 이러한 수열들에 접근할 필요가 있다. 여기서 우리는 **생성함수**라는 새로운 도구를 이용하여 주어진 수열을 이해하고 성질을 탐구할 수 있는데, 이러한 수열의 대표적인 예로 앞서 '1.2 (1) 전단사를 이용한 증명'에서 살펴본 분할수 $p(n)$을 들 수 있다.

정의 2.1.6 생성함수

$n \geq 0$에 대해 정의된 수열 $\{a_n\}$에 대하여

$$f(x) = a_0 + a_1 x + a_2 x^2 + \cdots = \sum_{k=0}^{\infty} a_k x^k$$

를 이 수열의 **생성함수**(generating function)라고 한다. 만약 수열이 $a_0,\ a_1,\ \cdots,\ a_n$만으로 이루어진 유한수열이면 생성함수는 $f(x) = a_0 + a_1 x + \cdots + a_n x^n$으로 정의한다.

모든 $i \ge 0$에 대해 $a_i = 1$인 수열, 즉 1로만 이루어진 수열의 생성함수를 생각해 보자. 생성함수는 $f(x) = 1 + x + x^2 + \cdots$ 인데, 만약 $|x| < 1$이면 무한 등비수열의 합의 공식을 이용하여 $f(x) = \dfrac{1}{1-x}$로 간단히 나타낼 수 있다. 만약 $|x| \ge 1$이면 $1 + x + x^2 + \cdots$이 발산하기 때문에 의미가 없다. 이러한 점들을 고려하여 생성함수 이론에서는 무한 합이 수렴하는 x의 범위에 대해서만 생각하기로 암묵적으로 가정을 한다.

생성함수의 기초적인 예들을 살펴보자.

예제 2.1.15

다음 수열들의 생성함수를 간단히 나타내어라.

(1) $i \ge 0$에 대해 $a_i = 2^i$로 주어진 수열

(2) $i = 0, 1, 2, \cdots, n$에 대해 $a_i = \binom{n}{i}$로 정의된 유한수열

(3) $i \ge 0$에 대해 $a_i = i + 1$로 주어진 수열

풀이 (1) $\displaystyle\sum_{i=0}^{\infty} 2^i x^i = \sum_{i=0}^{\infty} (2x)^i = \frac{1}{1-2x}$.

(2) 이항정리에 의해 $\displaystyle\sum_{i=0}^{n} \binom{n}{i} x_i = (1+x)^n$이다.

(3) $f(x) = \displaystyle\sum_{i=0}^{\infty} (i+1)x^i$를 간단히 나타내어보자. 먼저 앞선 결과에 의해

$$f(x) = \sum_{i=0}^{\infty} x^i + \sum_{i=0}^{\infty} ix^i = \frac{1}{1-x} + \sum_{i=0}^{\infty} ix^i$$

인데 $xf(x) = \displaystyle\sum_{i=0}^{\infty} (i+1)x^{i+1} = \sum_{j=1}^{\infty} jx^j = \sum_{j=0}^{\infty} jx^j$이므로 위의 식에서 $f(x) = \dfrac{1}{1-x} + xf(x)$를 얻는다. 이로부터 $f(x) = \dfrac{1}{(1-x)^2}$을 얻는다.

■

참고 앞선 예제의 (3)을 다른 방법으로 해결할 수도 있는데 $g(x) = \displaystyle\sum_{i=0}^{\infty} x^j$라 하

면 $g'(x) = \sum_{i=0}^{\infty} jx^{j-1} = f(x)$이다. 따라서 $f(x) = \frac{d}{dx}\frac{1}{1-x} = \frac{1}{(1-x)^2}$으로 얻을 수도 있다. 하지만 이러한 미분연산 역시 $|x|$가 충분히 작은 경우에만 가능하므로 주의해야 한다.

생성함수를 활용하여 경우의 수를 구하는 원리를 살펴보자. 먼저 다음 정리를 보자.

정리 2.1.7

집합 A의 원소 중 n개를 택하는 경우의 수를 a_n, 집합 B의 원소 n개를 택하는 경우의 수를 b_n이라 하자. 또한, 수열 $\{a_n\}$의 생성함수를 $f(x)$, 수열 $\{b_n\}$의 생성함수를 $g(x)$라 하자. $A \cap B = \phi$일 때, 집합 $A \cup B$의 원소 중 n개를 택하는 경우의 수를 c_n이라 하면 수열 $\{c_n\}$의 생성함수는 $f(x)g(x)$이다.

증명 집합 $A \cup B$의 원소 중 n개를 선택할 때, A에서 k개, B에서 $n-k$를 선택하는 경우의 수는 $a_k b_{n-k}$이다. 따라서 $c_n = \sum_{k=0}^{n} a_k b_{n-k}$인데 이는 $f(x)g(x)$의 x^n의 계수이다. ■

이 정리를 활용하는 예제를 살펴보자.

예제 2.1.16

딸기, 레몬, 파인애플, 바나나, 계피의 5가지 맛의 사탕이 한 박스에 각각 3개씩 모두 15개가 담겨 있다고 한다. 이 중 n개의 사탕을 꺼내는 방법의 수를 a_n이라 할 때, 수열 $\{a_n\}$의 생성함수를 구하여라.

풀이 딸기맛 사탕을 n개 꺼내는 방법의 개수를 b_n이라 할 때, 이 수열 $\{b_n\}$의 생성함수는 $f(x) = 1 + x + x^2 + x^3$이다. 그리고 다른 네 가지의 맛도 역시 $f(x) = 1 + x + x^2 + x^3$를 생성함수로 가지므로 정리 2.1.7에 의해 $\{a_n\}$의 생성함수는 $(1 + x + x^2 + x^3)^5$이다. ■

참고 앞의 예제의 결과를 활용하면 이를테면 사탕 7개를 구하는 경우의 수는 손 또는 컴퓨터로 $(1+x+x^2+x^3)^5$를 직접 전개하여 x^7의 계수를 살펴봄으로서 구할 수 있다.

다음으로 생성함수를 이용하여 앞서 예제 2.1.5에서 구한 피보나치 수열의 일반항을 다시 살펴보자.

예제 2.1.17

$f_0=0,\ f_1=1,\ f_{n+2}=f_{n+1}+f_n\ (n \geq 0)$으로 정의된 피보나치 수열의 생성함수 $F(x)$를 구하고 이를 이용하여 피보나치 수열의 일반항을 구하여라.

풀이 먼저 $F(x)$를 구해보자.

$$F(x)=\sum_{i=0}^{\infty} f_i x^i, \quad xF(x)=\sum_{i=1}^{\infty} f_{i-1} x^i, \quad x^2F(x)=\sum_{i=2}^{\infty} f_{i-2} x^i$$

이므로,

$$xF(x)+x^2F(x)=\sum_{i=2}^{\infty}(f_{i-1}+f_{i-2})x^i=\sum_{i=2}^{\infty} f_i x^i=F(x)-x$$

이 된다. 따라서 $F(x)=\dfrac{x}{1-x-x^2}$을 얻는다.

이제 피보나치 수열의 일반항을 구하기 위해 $\dfrac{x}{1-x-x^2}$을 무한급수로 나타내어보자. 이는 부분분수로 분해하여 할 수 있는데, 즉, $\dfrac{x}{1-x-x^2}=\dfrac{A}{1-\alpha x}+\dfrac{B}{1-\beta x}$의 꼴로 나타내면

$$\begin{aligned} F(x) &= \frac{A}{1-\alpha x}+\frac{B}{1-\beta x}=A\sum_{i=0}^{\infty}(\alpha x)^i+B\sum_{i=0}^{\infty}(\beta x)^i \\ &= \sum_{i=0}^{\infty}(A\alpha^i+B\beta^i)x^i \end{aligned}$$

와 같이 되므로 $f_i=A\alpha^i+B\beta^i$를 얻는다. $\dfrac{x}{1-x-x^2}$와 같은 것을 부분분수 분해하기 위해서는 먼저 $1-x-x^2=0$의 두 근 α와 β를 구한 뒤 미정계수법으로 구하면 된다. 쉽게 $\alpha=\dfrac{1+\sqrt{5}}{2}$, $\beta=\dfrac{1-\sqrt{5}}{2}$, $A=\dfrac{1}{\sqrt{5}}$,

$B = -\frac{1}{\sqrt{5}}$ 임을 확인할 수 있고 이로부터 얻는 결과는 앞선 예제 2.1.5의 결과와 부합한다. ■

참고 위의 풀이과정은 일반적인 2차 동형선형점화식에 적용이 가능할 뿐만 아니라 k차 동형선형점화식에도 적용이 가능하다. 또한 위의 풀이는 이 동형선형점화식들의 일반항이 왜 특성근들과 연관이 깊은지 더 직관적으로 알려준다.

위의 문제 해결과정에서 알 수 있듯이 특정 수열 $\{a_n\}$이 점화식으로 묘사되었을 때, 생성함수를 이용하여 a_n의 일반항을 구하는 과정은 두 가지 단계로 이루어진다.

① a_n의 점화식을 이용하여 생성함수 $f(x) = \sum_{i=0}^{n} a_i x^i$를 간단히 나타낸다.

② 간단히 나타낸 생성함수를 직접 무한급수로 나타내어 x^i의 계수를 찾아본다. 이 계수가 a_i가 된다.

이때, ②의 과정은 조합적인 과정이라기보다는 함수의 해석과 관련된 내용이다. 이 과정을 쉽게 수행할 수 있도록 도와주는 이항정리의 일반화를 알아보자. 이를 위해 조합 $\binom{n}{k}$는 n이 자연수인 경우에만 정의되었지만 이를 확장하여 임의의 실수 α와 음이 아닌 정수 k에 대하여 $\binom{\alpha}{k}$를 다음과 같이 정의하자.

① $\binom{\alpha}{k} = \frac{\alpha(\alpha-1)\cdots(\alpha-k+1)}{k!}$ $(k>0)$

② $\binom{\alpha}{0} = 1$

다음 두 값은 일반화된 조합의 대표적인 경우이다.

예제 2.1.18

자연수 k와 n에 대해 다음 값들을 계산하여라.

(1) $\binom{-n}{k}$ (2) $\binom{\frac{1}{2}}{k}$

풀이 (1) $\binom{-n}{k} = \dfrac{-n(-n-1)\cdots(-n-k+1)}{k!} = (-1)^k\binom{n+k-1}{k}$

(2) $$\binom{\frac{1}{2}}{k} = \frac{\frac{1}{2}\left(\frac{1}{2}-1\right)\left(\frac{1}{2}-2\right)\cdots\left(\frac{1}{2}-k+1\right)}{k!}$$

$$= \frac{(-1)^{k-1}}{2^k k!}\times(1\cdot3\cdot\cdots\cdot(2k-3))$$

$$= \frac{(-1)^{k-1}}{2^k k!}\times\frac{(2k-2)!}{2\cdot4\cdot\cdots(2k-2)}$$

$$= \frac{(-1)^{k-1}}{2^k k!}\times\frac{(2k-2)!}{2^{k-1}(k-1)!}$$

$$= \frac{(-1)^{k-1}}{2^{2k-1}}\frac{1}{k}\binom{2k-2}{k-1}$$ ■

이와 같이 조합을 일반화하면 이항정리도 다음과 같이 일반화를 할 수 있다. 증명은 여기서는 생략하도록 한다.

정리 2.1.8 이항정리의 일반화

$|x|<1$일 때, 임의의 실수 r에 대하여

$$(1+x)^r = \sum_{k=0}^{\infty}\binom{r}{k}x^k$$

이다.

예를 들어

$$(1-x)^{-n} = \sum_{k=0}^{\infty}\binom{-n}{k}(-x)^k = \sum_{k=0}^{\infty}\binom{n+k-1}{k}x^k$$

이므로 여기에 $n=2$를 대입하면 예제 2.1.15의 (3)도 쉽게 해결할 수 있다.

이제 생성함수를 이용하여 앞의 단원에서 구한 카탈란 수의 점화식을 해결해 보자.

예제 2.1.19

수열 $\{a_n\}$이 $a_0=a_1=1,\ a_n=a_0a_{n-1}+a_1a_{n-2}+\cdots+a_{n-1}a_0=\sum_{k=0}^{n-1}a_ka_{n-1-k}$ $(n\ge 2)$를 만족할 때, 이 수열의 일반항을 구하여라.

풀이 이 수열의 생성함수를 $f(x)=a_0+a_1x+a_2x^2+\cdots$라고 하면

$$\begin{aligned} f^2(x) &= \sum_{n=0}^{\infty}\left(\sum_{k=0}^{n}a_ka_{n-k}\right)x^n = \sum_{n=1}^{\infty}\left(\sum_{k=0}^{n-1}a_ka_{n-1-k}\right)x^{n-1} \\ &= \sum_{n=1}^{\infty}a_nx^{n-1} \end{aligned}$$

이므로, $xf^2(x)=\sum_{n=1}^{\infty}a_nx^n$이다. 즉, $xf^2(x)-f(x)+1=0$이므로 근의 공식에 의해 $f(x)=\dfrac{1\pm\sqrt{1-4x}}{2x}$을 얻는데 여기서 $f(0)=1$이어야 하므로 $f(x)=\dfrac{1-\sqrt{1-4x}}{2x}$임을 알 수 있다. 이때 일반화된 이항정리에 의해

$$\begin{aligned} (1-4x)^{\frac{1}{2}} &= 1+\sum_{n=1}^{\infty}\frac{(-1)^{n-1}}{n\cdot 2^{2n-1}}\binom{2n-2}{n-1}4^n\cdot x^n(-1)^n \\ &= 1+\sum_{n=1}^{\infty}(-1)^{2n-1}\frac{2}{n}\binom{2n-2}{n-1}x^n \\ &= 1-2\sum_{n=1}^{\infty}\frac{1}{n}\binom{2n-2}{n-1}x^n \end{aligned}$$

가 성립하므로 $f(x)=\dfrac{1-\sqrt{1-4x}}{2x}=\sum_{n=1}^{\infty}\dfrac{1}{n}\binom{2n-2}{n-1}x^{n-1}$임을 알 수 있다. 즉, $a_n=\dfrac{1}{n+1}\binom{2n}{n}$이 되는데 이는 앞서 예제 1.2.9에서 구한 결과와 부합

한다. ■

다음으로 생성함수를 조금 다르게 사용하는 조합 문제를 하나 살펴보자.

예제 2.1.20

(Czech-Polish-Slovak Match, 2005) 서로 다른 n개의 공을 9명의 사람 A, B, C, D, E, F, G, H, I에게 나눠주려고 한다. 이때, A가 받는 공의 개수와 B, C, D, E가 받은 공의 개수의 합과 같도록 나눠주는 경우의 수를 구하여라.

풀이 $(a+b+c+d+e+f+g+h+i)^n$을 전개한다고 생각하자. 이때 A, B, C, D, E, F, G, H, I가 각각 $p, q, r, s, t, u, v, w, x$개를 받는 경우의 수는 $a^pb^qc^rd^se^tf^ug^vh^wi^x$의 계수와 같다. 이때, $p=q+r+s+t$인 항들의 계수의 합을 모두 구하면 구하는 경우의 수가 된다.

이를 위해 $a=x$, $b=c=d=e=\frac{1}{x}$, $f=g=h=i=1$을 대입하면 이는 전개한 식에서 상수항을 구하는 것과 동치가 된다. 즉, 구하는 문제는 $\left(x+\frac{4}{x}+4\right)^n=\frac{(x^2+4x+4)^n}{x^n}$의 상수항의 계수를 구하는 것이다. 즉, $(x^2+4x+4)^n=(x+2)^{2n}$의 x^n의 계수를 구하는 것이 되므로 $2^n\binom{2n}{n}$이 구하는 경우의 수이다. ■

마지막으로 생성함수와 복소수를 함께 사용하는 아이디어를 살펴보자. 이 아이디어는 여러 가지 유형의 문제에서 폭넓게 활용된다. 예제를 살펴보기 전에 먼저 다음 보조정리를 살펴보자.

보조정리 2.1.9

자연수 n에 대해 복소수 $z=\cos\frac{2\pi}{n}+i\sin\frac{2\pi}{n}$를 생각하자. 이때, 다항식 $p(x)$에 대해

$$\frac{p(1)+p(z)+p(z^2)+\cdots+p(z^{n-1})}{n}$$

의 값은 $p(x)$에서 차수가 n의 배수인 항들의 계수의 합이 된다.

증명 먼저 드 모아브르의 정리에 의해 z^d의 값은 d가 n의 배수일때는 1이지만 d가 n의 배수가 아니면 1이 아님을 쉽게 확인할 수 있다. 이로부터

$$1+z^d+z^{2d}+\cdots+z^{(n-1)d}$$

의 값은 d가 n의 배수일 때는 각 항이 모두 1이므로 n이 되지만 d가 n의 배수가 아닐 때는 $\frac{z^{nd}-1}{z^d-1}=0$이 됨을 알 수 있다. 이로부터 $p(x)$의 $a_k x^k$인 항을 보면

$$\frac{p(1)+p(z)+p(z^2)+\cdots+p(z^{n-1})}{n}$$

에서 $a_k\frac{(1+z^k+z^{2k}+\cdots+z^{(n-1)k})}{n}$가 되므로 k가 n의 배수이면 a_k가 되지만 나머지 경우는 0이 됨을 알 수 있다. 따라서 증명이 끝난다. ■

이제 이를 활용한 다음 예제를 살펴보자.

예제 2.1.21

집합 $X=\{1,\ 2,\ 3,\ \cdots,\ 5n\}$의 부분집합들 중 그 원소의 합이 5의 배수인 것의 개수는 몇 개인지 구하여라. (단, 공집합은 원소의 합을 0으로 간주한다.)

풀이 이제 다항식 $f(x)=\prod_{i=1}^{5n}(1+x^i)$를 생각해 보자. 우변을 전개하면 다음과 같은 식으로 나타낼 수 있다.

$$f(x)=\sum_{T\subseteq X}x^{S(T)}$$

단, 여기서 $S(T)$는 집합 T의 원소의 합이다. 따라서 문제에서 구해야 하는 것은 $f(x)$에서 차수가 5의 배수인 항들의 계수의 합이다. 이를 구하기 위해 $w=\cos\frac{2\pi}{5}+i\sin\frac{2\pi}{5}$로 해주면, 보조정리 2.1.9에 의해

$$\frac{f(1)+f(w)+f(w^2)+f(w^3)+f(w^4)}{5}$$

가 우리가 구하는 값이다. 이 값을 구해보자.

먼저 $f(x)$의 정의를 살펴보면 $f(1)=2^{5n}$이므로, $f(w)$, $f(w^2)$, $f(w^3)$, $f(w^4)$ 등을 구해주기만 하면 된다. 그런데 a가 1, 2, 3, 4 중 하나이면,

$$\begin{aligned}&(1+w^{a(5k+1)})(1+w^{a(5k+2)})(1+w^{a(5k+3)})(1+w^{a(5k+4)})\\&=(1+w)(1+w^2)(1+w^3)(1+w^4)\end{aligned}$$

임은 쉽게 알 수 있으므로 $f(w)$, $f(w^2)$, $f(w^3)$, $f(w^4)$는 모두

$$2^n\{(1+w)(1+w^2)(1+w^3)(1+w^4)\}^n$$

로 구해진다. 이제 $(1+w)(1+w^2)(1+w^3)(1+w^4)$의 값을 구해보자.
$x^5=1$의 해가 $1, w, w^2, w^3, w^4$임을 상기하면,

$$x^5-1=(x-1)(x-w)(x-w^2)(x-w^3)(x-w^4)$$

이므로 양변에서 $x-1$을 약분하여,

$$x^4+x^3+x^2+x+1=(x-w)(x-w^2)(x-w^3)(x-w^4)$$

이고, 여기에 $x=-1$을 대입하면, $(1+w)(1+w^2)(1+w^3)(1+w^4)=1$을 얻는다. 따라서 $f(w)$, $f(w^2)$, $f(w^3)$, $f(w^4)$는 모두 2^n이고 구하는 값은 $\frac{2^{5n}+4\cdot 2^n}{5}$이다. ■

참고 문제를 다시 살펴보면 답이 부분집합 2^{5n}개 중 $\frac{1}{5}$정도 될 것이란 것을 예측할 수 있다. 이를 이용하면 구한 답을 검토할 수 있다.

마지막으로 비슷한 아이디어를 쓰는 예제를 하나 더 살펴보자.

예제 2.1.22

(China, 2001) 정 24각형 $P_1P_2 \cdots P_{24}$이 둘레가 24인 원 ω에 내접한다. 이때 정 24각형의 꼭짓점 중 8개를 선택하려 하는데, 선택된 점 중 두 점을 연결하는 어느 호의 길이도 3또는 8이 되지 않게 하는 경우의 수를 구하여라.

풀이 길이가 8이 되지 않게 한다는 것은 정삼각형을 이루는 세 점 $\{P_i, P_{i+8}, P_{i+16}\}(i=1, 2, \cdots, 8)$ 중 많아야 한 점이 선택됨을 의미하는데, 이러한 정삼각형이 8개 있고, 8개 점을 선택해야 하므로 각 정삼각형에서 한 점씩 선택되어야 함을 알 수 있다.

이제, 각 점 P_i에 i를 3으로 나눈 값을 써보자. 그러면 각 정삼각형들의 세 꼭짓점에는 0, 1, 2가 하나씩 쓰여 있다. 이제 정삼각형들을 3칸씩 건너띄면서 각각 T_1, T_2, $\cdots$, T_8이라 하자. 즉, P_1을 포함하는 것을 T_1이라 하고 P_4를 포함하는 것을 T_2, P_7을 포함하는 것을 T_3이라고 하는 식으로 번호를 붙인 것이다. 이때, 길이가 3인 호가 존재하지 않는 것은 각 $i=1, 2, \cdots, 8$에 대해 T_i와 T_{i+1}에서 서로 다른 수가 쓰인 점을 뽑아야 함을 의미한다. (단, $T_9 = T_1$이라 생각한다.) 이제 T_i에서 x_i가 쓰인 수를 뽑았다고 하자. 이때, $x_{i+1}-x_i$를 3으로 나눈 나머지를 d_i라 하자. 그러면 각 d_i는 1또는 2이고 $d_1+d_2+\cdots+d_8$은 3의 배수여야 한다. 역으로 이러한 $(d_1, d_2, \cdots, d_8)$이 정해지면 $x_1=0, 1, 2$일 때마다 $(x_1, x_2, \cdots, x_8)$이 결정됨을 알 수 있으므로 전단사함수가 존재하고, 따라서 위의 조건을 만족하는 $(d_1, d_2, \cdots, d_8)$의 개수를 세어 3을 곱해주면 구하는 답이 된다.

이제 $(d_1, d_2, \cdots, d_8)$의 개수를 세어보자. 이는 $f(x)=(x+x^2)^8$에서 차수가 3의 배수인 항들의 계수의 합이므로 $w=\cos\frac{2\pi}{3}+i\sin\frac{2\pi}{3}$으로 정의하면 $\frac{f(1)+f(w)+f(w^2)}{3}$이 된다. $1+w+w^2=0$임을 이용하면 $f(1)=2^8=256$, $f(w)=f(w^2)=(-1)^8=1$임을 알 수 있으므로 구하는 $(d_1, d_2, \cdots, d_8)$의 개수는 $\frac{258}{3}=86$이다. 따라서 구하는 답은 $86\times3=258$이다. ■

연습문제

1. 다음 점화식의 일반항을 구하여라.

(1) $a_1 = 3,\ a_{n+1} = 5a_n + 8\ (n \ge 1)$

(2) $a_0 = 3, a_1 = 4,\ a_{n+2} - 6a_{n+1} + 8a_n = 0\ (n \ge 0)$

(3) $a_0 = a_1 = 2,\ a_{n+2} - 6a_{n+1} + 9a_n = 0\ (n \ge 0)$

(4) $a_0 = 3, a_1 = a_2 = 2,\ a_{n+3} = 6a_{n+2} - 11a_{n+1} + 6a_n\ (n \ge 0)$

2. 다음 점화식의 일반항을 구하여라.

(1) $a_1 = 2,\ a_{n+1} = 3a_n + n\ (n \ge 1)$

(2) $a_1 = 1,\ (n+2)a_{n+1} = na_n + 4\ (n \ge 1)$

(3) $a_0 = 4, a_1 = 3, a_2 = 1,\ a_{n+3} - 3a_{n+2} - 3a_{n+1} + a_n = 0\ (n \ge 0)$

(4) $a_1 = 1, a_2 = 2,\ a_{n+2} - 3a_{n+1} + 2a_n = 3\ (n \ge 1)$

(5) $a_1 = 1, a_2 = 2,\ a_{n+2} - 3a_{n+1} + 2a_n = 3n\ (n \ge 1)$

(6) $a_1 = 3,\ a_{n+1} = a_n^2 - 2\ (n \ge 1)$

3. 다음 수열의 생성함수를 구하여라.

(1) $\{2,\ 0,\ 2,\ 0,\ 2,\ 0,\ \cdots\}$

(2) $a_n = n^2$ $(n \geq 0)$인 수열 $\{a_n\}$

(3) $a_0 = a_1 = 1$, $a_{n+2} = -a_{n+1} + a_n$ $(n \geq 0)$인 수열 $\{a_n\}$

4. 2047 이하의 자연수 중 이진법으로 나타내었을 때, 연속한 세 숫자가 같은 경우가 없는 것의 개수를 구하여라.

5. 다음 물음에 답하여라.

(1) 평면 위에 n개의 직선을 그었을 때, 이 직선들로 인해 나누어진 영역의 개수의 최댓값을 구하여라.

(2) 원에 n개의 현을 그어 원의 내부를 분할하였을 때, 분할된 영역 개수의 최댓값을 구하여라.

(3) 평면 위에 n개의 원을 그렸을 때, 이 원들로 인하여 나누어진 영역의 개수의 최댓값을 구하여라.

6. (Iran, 2005) 개미가 좌표평면 위에서 이동하는데, 다음과 같은 세 종류의 이동만 가능하다고 한다.

① $(x, y) \to (x+1, y-1)$
② $(x, y) \to (x+1, y)$
③ $(x, y) \to (x+1, y+1)$

물론 모든 이동은 직선이라고 한다. 이때, 개미가 $(0, 0)$에서 시작하여 $(n, 0)$으로 x축의 아래로 내려가지 않고 이동하는 방법의 수를 P_n이라고 하자. 이때, 다음 물음에 답하여라.

(1) $n \geq 0$에 대해서 P_n의 점화식을 구하여라.

(2) C_k를 k번째 카탈란 수라고 할 때, $P_n = \sum_{i=0}^{\infty} \binom{n}{2i} C_i$ 임을 증명하여라.

(3) $C_n = \sum_{i=0}^{2n} (-1)^i \binom{2n}{i} P_{2n-i}$ 임을 증명하여라.

7. (Czech and Slovak, 2003) 자연수 n에 대해, A와 B로만 이루어진 길이 n짜리 문자열들을 생각하자. 이 중 연속해서 $AAAA$를 포함하지 않고, 또한 BBB도 포함하지 않는 문자열의 개수를 p_n라 하자. 이때 $\dfrac{p_{2004} - p_{2002} - p_{1999}}{p_{2001} - p_{2000}}$의 값을 구하여라.

8. (Austria, 2003) $3 \times n$모양의 직사각형을 1×1모양의 직사각형과 2×1모양의 직사각형들을 겹치지 않게 놓아 채우려고 한다. 2×1모양의 직사각형의 긴 변은 큰 직사각형의 변 중 길이가 3인 것과 평행하게 놓아야 한다고 할 때, 직사각형을 채우는 방법의 수를 구하여라.

9. a_n을 n을 1과 2들의 합으로 나타내는 방법의 수라고 하자. 예를 들어

$$1+1+2=1+2+1=2+1+1=2+2=1+1+1+1$$

이므로 $a_4 = 5$이다. 또한, b_n은 n을 1보다 큰 자연수들의 합으로 나타내는 방법의 수라고 하자. 예를 들어

$$6=4+2=2+4=3+3=2+2+2$$

이므로 $b_6 = 5$이다. 이때, 다음 물음에 답하여라.

(1) $\{a_n\}$의 생성함수를 구하여라.

(2) $\{b_n\}$의 생성함수를 구하여라.

(3) $a_n = b_{n+2}$임을 증명하여라.

10. 수열 $\{a_n\}$이 점화식 $a_{n+k} = p_1 a_{n+k-1} + p_2 a_{n+k-2} + \cdots + p_k a_n (n \ge 0)$을 만족한다면, $\{a_n\}$의 생성함수는 적당한 $k-1$차 다항식 $G(x)$에 대해

$$\frac{G(x)}{1 - p_1 x - p_2 x^2 - \cdots - p_k x^k}$$

와 같이 나타남을 증명하여라. 또한, 만약 $a_0 = a_1 = \cdots = a_{k-1} = 1$로 초기조건이 주어졌다면 $G(x)$는 어떤 다항식인지 구하여라.

11. 딸기, 레몬, 파인애플, 바나나의 4가지 맛의 사탕이 각각 n개씩 모두 $4n$개의 사탕이 담겨져 있는 박스가 있다. 이때 이 박스에서 다음 네 조건을 모두 만족시키면서 n개의 사탕을 뽑는 방법의 수를 구하여라.

[조건 1] 딸기맛 사탕의 개수는 짝수이다.
[조건 2] 레몬맛 사탕의 개수는 7의 배수이다.
[조건 3] 파인애플맛 사탕의 개수는 많아야 6개이다.
[조건 4] 바나나맛 사탕의 개수는 많아야 1개이다.

12. 어떤 시험에 $2n$명의 학생이 참가했다. 이 시험은 각각의 학생은 한 문제씩 문제를 출제하여 제출하고 이 $2n$개의 문제들을 모아 다시 학생들에게 1개씩 나눠주어 시험을 본다. 자신이 출제한 문제를 자신이 받지는 않는다고 한다. 이때, 어떤 n명의 학생에 의해 출제된 문제들을 나머지 n명의 학생이 받았다면 이 대회를 공평하다고 한다. 공평한 대회의 수는 완전제곱수임을 증명하여라.

13. $\{1, 2, \cdots, n\}$의 순열 $(\sigma_1, \sigma_2, \cdots, \sigma_n)$이 $1 \le k \le n-1$인 모든 k에 대해 $|\sigma_k - \sigma_{k+1}| \le 2$이면 이 순열을 좋은 순열이라 하자. 2015개 이상의 좋은 순열이 존재하는 최소의 n을 구하여라.

14. (Austria, 2005) 아래와 같이 생긴 도형의 가장 왼쪽 꼭짓점에 개미가 있고, 이 개미는 도형의 선분을 따라 이동할 수 있다. 도로에서 가운데 줄의 꼭짓점에는 왼쪽에서부터 순서대로 $1, 4, 7, \cdots$이 쓰여있고 위쪽 줄에는 $2, 5, 8, \cdots$이, 아래쪽 줄에는 $3, 6, 9$가 쓰여있다. 개미는 1이 쓰인 점에서 시작하여 $3n+1$이 쓰인 꼭짓점으로 이동하려고 하는데, 개미는 꼭짓점을 이동할 때, 쓰인 수가 커지는 점들로만 이동할 수 있다고 한다. 개미가 이동하는 방법의 수를 구하여라.

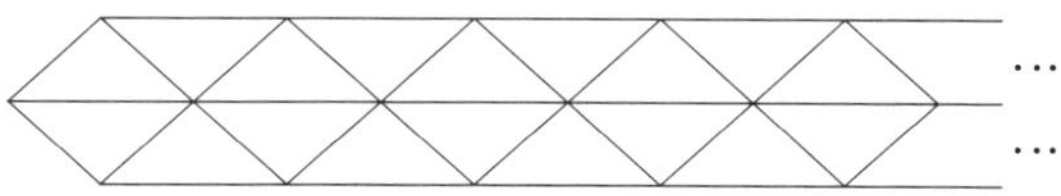

15. 원이 합동인 7개의 부채꼴로 나뉘어져있다. 나뉘어진 부채꼴 각각을 주어진 4가지 색 중 하나로 칠하는데, 인접한 두 부채꼴은 다른 색으로 칠해야 한다고 한다. 이때, 원을 적당히 회전시켰을 때, 일치하는 두 색칠 방법은 같은 방법으로 생각할 때, 원을 색칠하는 방법은 모두 몇 가지인지 구하여라.

16. (IMO, 1995) p는 홀수인 소수이다. 이때, $\{1, 2, \cdots, 2p\}$의 원소가 p개인 부분집합 중 원소의 합이 p의 배수인 것의 개수를 구하여라.

17. (IMO Shortlist, 1999) p는 5이상의 소수이다. $\{0, 1, 2, \cdots, p-1\}$의 부분집합 T에 대해 $E(T)$는 $x_1 + 2x_2 + 3x_3 + \cdots + (p-1)x_{p-1}$이 p의 배수이면서 모든 x_i들이 T의 원소인 순서쌍 $(x_1, x_2, \cdots, x_{p-1})$의 개수로 정의하자. 이때,

다음 부등식을 증명하고 등호조건은 $p=5$일때만 성립함을 증명하여라.

$$E(\{0,\ 1,\ 3\}) \geq E(\{0,\ 1,\ 2\})$$

18. (IMO Shortlist, 2005) 자연수 $n \geq 3$이 주어져 있다. 이때, 정 n각형 $P_1P_2 \cdots P_n$의 각 변과 대각선에 $1,\ 2,\ \cdots,\ r$ 중 하나를 써넣는데, 다음 두 조건이 만족되도록 써넣어야 한다고 한다.

> [조건 1] 1부터 r까지 모든 수가 한 번 이상씩 사용되어야 한다.
> [조건 2] 정 n각형의 임의의 세 꼭짓점 $A,\ B,\ C$를 잡았을 때, 세 선분 $AB,\ BC,\ CA$에 써있는 수 중 두 개는 같고 나머지 한 수는 이 같은 수보다 작다.

이런 배치가 가능한 가장 큰 자연수 r을 구하고, 그 r에 대해 조건을 만족하도록 숫자를 써넣는 방법의 수를 구하여라.

2.2 수와 알고리즘

(1) 수와 규칙성

이 절에서는 수의 규칙성을 알아보는데 있어, 기초적인 정수론의 지식과 조합적 사고가 결합되는 원리들을 알아보려고 한다. 먼저 간단한 정수론의 기초지식을 알아보자.

정의 2.2.1 합동식

정수 a, b와 양의 정수 m에 대하여 $a-b$가 m의 배수이면 $a \equiv b(\mathrm{mod}\, m)$이라 표기하고 이와 같은 등식을 **합동식**이라 한다. 또한 이 경우 'a와 b는 m을 법으로 합동이다'라고 읽는다.

정수 a와 b가 m을 법으로 합동이면 두 정수를 m으로 나눈 나머지는 반드시 일치하고 또한 그 역도 성립한다.

정리 2.2.2

정수 a, b, c, d와 양의 정수 m이 $a \equiv c\ (\mathrm{mod}\ m)$, $b \equiv d\ (\mathrm{mod}\, m)$를 만족한다. 그러면 다음이 성립한다.

(1) $a+b \equiv c+d\ (\mathrm{mod}\, m)$ (2) $ab \equiv cd\ (\mathrm{mod}\, m)$

증명 가정에 의하여 $a-c$와 $b-d$가 각각 m의 배수이므로

$$(a-c)+(b-d)=(a+b)-(c+d)$$

도 역시 m의 배수이다. 따라서 (1)이 성립한다.

이제 (2)를 보이자. 가정에 의하여 정수 k, s가 존재하여, $a-c=mk$, $b-d=ms$를 만족한다. 따라서 $ab-cd=ab-(a-mk)(b-ms)=m(mks-kb-sa)$이므로, $ab-cd$는 m의 배수이다. 따라서 (2)가 성립한다. ■

이 정리는 m을 법으로 합동식을 전개할 때 나머지가 같은 정수로 바꾸어 주어도 전개식에 전혀 영향을 주지 않는다는 것을 의미한다. 홀수인 정수 m을 $m=2k-1$로 나타내자. 그러면 $m^2=(2k-1)^2=4k^2-4k+1=4k(k-1)+1$이고, 연속된 두 정수의 곱은 항상 짝수이므로 홀수의 제곱은 항상 8로 나눈 나머지가 1임에 주목하자. 또한 임의의 짝수의 제곱은 위와 유사하게, 8로 나눈 나머지가 0 또는 4임을 알 수 있다. 따라서 임의의 정수 m에 대하여 $m^2 \equiv 0,\ 1,\ 4 \pmod 8$이 항상 성립한다. 비슷한 방법으로 $m^2 \equiv 0,\ 1 \pmod 3$이나 $m^2 \equiv 0,\ 1,\ 4 \pmod 5$가 성립함도 쉽게 확인할 수 있다.

이제 정수의 합동과 관련하여 조합적 사고가 필요한 예들을 살펴보자. 앞서 살펴본 대로 비둘기집의 원리는 $n > rk$일 때, n개를 r개의 묶음으로 나누면 이 중 적어도 한 묶음에는 $k+1$개가 있음을 의미한다. 예를 들어 비둘기집의 원리에 의해 $2n+1$개의 수가 있으면 이 중 적어도 3개는 n을 법으로 합동이 되어야 한다. 이와 같은 아이디어를 활용하는 문제들을 살펴보자.

예제 2.2.1

양의 정수 n에 대하여 n개의 정수 열 $(a_1,\ a_2,\ \cdots,\ a_n)$이 있다. 그러면 이 가운데 합이 n의 배수가 되는 연속된 항들이 존재함을 보여라.

풀이 $S_0=0,\ S_k=a_1+a_2+\cdots+a_k,\ (1 \le k \le n)$이라 두자. 그러면 비둘기집의 원리에 의해 $S_0,\ S_1,\ \cdots,\ S_n$가운데 적어도 두 개는 n을 법으로 합동이다. 만약 어떤 $i<j$에 대해 $S_i \equiv S_j \pmod n$이면, $a_{i+1}+a_{i+2}+\cdots+a_j$는 n의 배수이다. ■

예제 2.2.2

양의 짝수 m이 주어져 있다. 또한 m 이하의 양의 정수 $a_i\,(1 \le i \le m)$는 $a_1+a_2+\cdots+a_m=2m$을 만족한다고 한다. 이때, 이 m개의 수를 각각의 합이 m인 두 묶음으로 나눌 수 있음을 보여라.

풀이 주어진 m개의 정수 a_i 가운데 m이 존재하면 증명이 끝나므로 모두 m의 배수가 아니라고 가정하자. 또한 일반성을 잃지 않고 a_i들 가운데 a_1을 가

장 큰 수, a_2를 가장 작은 수라 가정하자. 이제 $m-1$개의 정수

$$a_1,\ a_1+a_2,\ \cdots,\ a_1+a_2+\cdots+a_{m-1}$$

을 고려해 보자. 만약 이 가운데 m이 존재하거나, m으로 나눈 나머지가 같은 두 수가 존재하면 증명이 끝난다. 이 두 경우가 아니라면 위의 수들은 모두 m으로 나눈 나머지가 각각 다르고 0도 아니다. 그러면 $a_1+a_2+\cdots+a_k-a_2$가 m의 배수가 되는 정수 k가 존재한다. $k \geq 2$이면 $a_1+a_3+\cdots+a_k$가 m의 배수가 되므로 증명이 끝난다. $k=1$이라면 a_1-a_2가 m의 배수가 된다. 한편 $1 \leq a_2 \leq a_1 \leq m$이므로 $a_1=a_2$가 된다. 즉, $a_1=\cdots=a_m=2$가 된다. 가정에 의하여 m이 짝수이므로 a_i가운데 $\frac{m}{2}$개를 선택하여 합을 m으로 만들 수 있다. ■

다음으로 서로소인 두 수와 관련된 문제들을 살펴보자. 어떤 두 수의 최대공약수가 1이면 이 두 수를 서로소라고 한다.

예제 2.2.3

양의 정수 n에 대하여, 정수 $1,\ 2,\ 3,\ \cdots,\ 2n$ 가운데 최소 몇 개를 뽑으면 그 가운데 서로소인 두 정수가 항상 존재하는가?

풀이 우선 n개의 짝수를 뽑으면 언제나 서로소가 아니다. 이제 $n+1$개를 뽑으면 서로소인 두 정수가 항상 존재함을 보이자. 다음과 같은 n개의 순서쌍 $(1,\ 2),\ (3,\ 4),\ \cdots,\ (2n-1,\ 2n)$은 모두 서로소이다. 또한 $n+1$개를 뽑으면 어느 순서쌍에 있는 두 수를 반드시 뽑아야 하므로 서로소인 두 수가 반드시 존재한다. ■

예제 2.2.4

10×10모양의 표 위에 10 이하의 양의 정수가 쓰여 있다. 임의의 좌우 또는 상하로 인접해 있거나 대각선으로 인접해 있는 두 정수는 항상 서로소라고 한다. 이 표에는 적어도 17번 이상 등장하는 정수가 존재함을 증명하라.

풀이 임의의 2×2 모양의 정사각형에는 2의 배수 또는 3의 배수가 기껏해야 한 개 쓰여 있다. 따라서 나머지 2칸에는 1, 5, 7 가운데 어떤 두 수가 쓰여 있어야 한다. 따라서 이 세 수는 적어도 50번 이상 등장하게 되고, 비둘기집의 원리에 의하여 17번 이상 등장하는 수가 존재한다. ■

다음으로 **배수 판정법**에 대해 알아보자. 자연수 n을 십진법으로 표현하였을 때, $xyzw$이라면 편의상 이 수를 $\overline{xyzw}$로 나타내자. 이는 $x\times y\times z\times w$와 구별하기 위해서이다.

정리 2.2.3 배수 판정법

양의 정수 N의 십진법 표현이 $N=\overline{a_1a_2\cdots a_n}$와 같이 주어져 있다고 하자. 즉, 모든 i에 대하여, $0\le a_i\le 9$이다. 그러면 다음이 성립한다.

(1) $N\equiv a_1+a_2+\cdots+a_n \pmod 3$ (2) $N\equiv \overline{a_{n-1}a_n} \pmod 4$

(3) $N\equiv a_n \pmod 5$ (4) $N\equiv \overline{a_{n-2}a_{n-1}a_n} \pmod 8$

(5) $N\equiv a_1+a_2+\cdots+a_n \pmod 9$

(6) $N\equiv a_n-a_{n-1}+\cdots+(-1)^{n-1}a_1 \pmod{11}$

증명 먼저 $N=a_1(9+1)^{n-1}+a_2(9+1)^{n-2}+\cdots+a_{n-1}(9+1)+a_n$로 나타낼 수 있고, 정리 2.2.2에 의하여 $a_i(9+1)^{n-i}\equiv a_i \pmod 3$이 되므로 (1)이 성립함을 알 수 있다. (5)도 마찬가지 방법으로 판정할 수 있다. 다음으로 (2)를 확인하기 위해서는 100이 4의 배수이므로 $N=10^{n-1}a_1+10^{n-2}a_2+\cdots+10^2a_{n-2}+10a_{n-1}+a_n$에서 $10a_{n-1}+a_n$을 제외한 나머지 부분은 모두 4의 배수임을 주목하면 된다. 이와 같은 방법으로 (2), (3), (4)를 증명할 수 있다. 마지막으로 N을 $N=a_1(11-1)^{n-1}+a_2(11-1)^{n-2}+\cdots+a_{n-1}(11-1)+a_n$으로 표기하면 (6)을 쉽게 증명할 수 있다. ■

위의 정리는 예를 들면 주어진 정수를 3이나 9로 나눈 나머지가 각 자리의 수의 합을 3이나 9로 나눈 나머지가 같음을 의미한다. 또한, 어떤 수가 4, 5, 8의 배수인지 확인하려면 마지막 두 자리, 한 자리, 세 자리의 수를 4, 5, 8로 나눈 나머지를 각각 확인하기만 하면 된다. 이와 같은 방법을 배수 판정법이라고 한다. 이와 같이 간단한 배수 판정법과 비둘기집의 원리를 함께 사용하면 다음과 같은 정수론의 문제들을 해결할 수 있다.

예제 2.2.5

네 정수 a, b, c, d에 대하여 $N=(a-b)(a-c)(a-d)(b-c)(b-d)(c-d)$는 언제나 12의 배수임을 보여라.

풀이 비둘기집의 원리에 의하여 네 정수 가운데 3을 법으로 합동인 두 수가 존재한다. 따라서 N은 언제나 3의 배수이다. 이제 이 정수가 4의 배수임을 보이자. 네 정수가 모두 짝수이거나 홀수이면 자명하다. 또한 짝수이거나 홀수인 3개의 정수가 존재하여도 4의 배수가 되고 두 개는 홀수, 두 개는 짝수이어도 4의 배수가 자명하다. 따라서 N은 언제나 12의 배수이다. ■

예제 2.2.6

임의의 자연수 n에 대하여, 십진법으로 표기하였을 때 1과 0으로만 되어 있는 양의 정수 가운데 n의 배수가 존재함을 보여라.

풀이 다음과 같이 주어진 n개의 정수 $1, 11, 111, \cdots, 11\cdots11$ 가운데 n의 배수가 존재하면 증명이 끝난다. 만약 n의 배수가 존재하지 않으면 비둘기집의 원리에 의해 n을 법으로 합동인 두 수가 존재하게 되고, 이 두 수의 차이는 1과 0으로만 쓰여 지면서 n의 배수가 된다. ■

예제 2.2.7

수열 S를 서로 다른 10가지 이하의 문자만으로 만든 길이 n인 문자열이라 하자. 이때, 다음 조건을 만족시키면서 S의 문자들을 한 자리 숫자들로 바꾸어 10진법 양의 정수를 항상 만들 수 있음을 보여라.

[조건 1] 서로 다른 문자는 서로 다른 숫자로 바꾼다.
[조건 2] 첫 번째 문자는 0이 아닌 다른 숫자로 바꾼다.
[조건 3] 첫 S를 바꿔 얻은 자연수는 9의 배수이다.

다음과 같은 보조정리를 먼저 증명하자.

보조정리 2.2.4

10개의 정수 $x_1,\ x_2,\ \cdots,\ x_{10}$이 주어져 있다고 하자. 그러면 $\sum_{i=1}^{10} b_i x_i \equiv 0 \pmod 9$을 만족하고 $\{b_1,\ b_2,\ \cdots,\ b_{10}\} = \{1,\ 2,\ \cdots,\ 10\}$을 만족하는 정수 $b_1,\ b_2,\ \cdots,\ b_{10}$이 존재한다.

풀이 우선 $\sum_{i=1}^{10} x_i \not\equiv x_k \pmod 3$인 k가 존재한다고 가정하자. 일반성을 잃지 않고 $k=10$이라 할 수 있다. 이때, $(b_1,\ b_2,\ \cdots,\ b_9,\ b_{10}) = (1,\ 2,\ \cdots,\ 9,\ 0)$, $(2,\ 3,\ \cdots,\ 9,\ 1,\ 0)$, $\cdots$, $(9,\ 1,\ 2,\ \cdots,\ 8,\ 0)$을 고려해 보면, $\sum_{i=1}^{9} x_i \not\equiv 0 \pmod 3$이므로 각각의 경우, $\sum_{i=1}^{10} b_i x_i$ 를 9로 나눈 나머지는 모두 다르다. 따라서 이들 가운데 어느 한 개는 $\sum_{i=1}^{10} b_i x_i \equiv 0 \pmod 9$를 만족한다. 이제 $\sum_{i=1}^{10} x_i \not\equiv x_k \pmod 3$을 만족하는 k가 존재하지 않는다고 가정하자. 그러면 $x_1 \equiv x_2 \equiv \cdots \equiv x_{10} \pmod 3$을 만족한다. 10이하의 모든 양의 정수 k에 대하여 $x_k = 3y_k + s$(단, $s=0,\ 1,\ 2$)라 두자.

그러면 $\sum_{i=1}^{10} b_i x_i \equiv \sum_{i=1}^{10} b_i(3y_i + s) \equiv 3\sum_{i=1}^{10} b_i y_i \pmod 9$가 성립한다. 이제 $y_1,\ y_2,\ \cdots,\ y_{10}$에 대하여 위 방법을 적용하면 주어진 조건을 만족하는 정수$b_1,\ b_2,\ \cdots,\ b_{10}$을 잡을 수 있다. ■

이제 다시 원래 문제를 살펴보자.

예제 2.2.7의 풀이 주어진 10개의 문자를 각각 $a_1,\ a_2,\ \cdots,\ a_{10}$이라 하고, 문자열에

서 a_i의 개수를 x_i라 두면, $\sum_{i=1}^{10} x_i = n$이 된다. 그러면 위 증명에 의하여 $\sum_{i=1}^{10} b_i x_i \equiv 0 \pmod 9$을 만족하고 $\{b_1, b_2, \cdots, b_{10}\} = \{1, 2, \cdots, 10\}$을 만족하는 정수 $b_1, b_2, \cdots, b_{10}$이 존재함을 알 수 있다. 원래의 문자열에서 a_i를 b_i로 바꾸면 [조건 1], [조건 3]을 만족한다. 또한 만일 문자열의 첫 번째 문자에 0이 쓰이게 된다면 0과 9를 서로 바꾸어 [조건 2]도 만족하도록 할 수 있다. 따라서 주어진 조건을 만족하는 10진법 양의 정수는 항상 존재한다. ■

예제 2.2.8

임의의 11개의 정수 가운데, 합이 6의 배수인 6개의 수가 존재함을 보여라.

풀이 임의의 5개의 정수 가운데, 3으로 나눈 나머지가 모두 다른 세 개의 정수가 존재하거나 3으로 나눈 나머지가 모두 같은 세 개의 정수가 반드시 존재함을 쉽게 알 수 있다. 따라서 세 개의 합이 3의 배수가 되는 세 개의 정수가 반드시 존재한다. 정수 $x_1, x_2, \cdots, x_{11}$이 주어져 있다고 하자. 그러면 앞의 관찰에 의하여 3의 배수가 되는 세 정수의 쌍이 3개 존재한다. 이 세 개의 정수 쌍 가운데, 각 쌍의 합이 2를 법으로 합동인 두 개의 세 정수 쌍이 반드시 존재하므로 그 두 쌍을 합친 여섯 개의 합은 6의 배수가 된다. ■

다음은 법과 관련하여 이중세기를 적용하는 예이다.

예제 2.2.9

집합 $X = \{0, 1, 2, \cdots, n^2 - 1\}$이고, A는 X의 부분집합으로 원소를 n개 가진다. 이때 역시 n개의 원소를 가지는 X의 부분집합 B가 존재하여 $A+B$의 원소[15]들 각각을 n^2으로 나눈 나머지가 서로 다른 $\frac{n^2}{2}$개 이상의 값이 나오게 할 수 있음을 증명하여라.

---

15) 여기서 $A+B = \{a+b \mid a \in A, b \in B\}$를 의미한다.

풀이 집합의 원소들은 모두 n^2으로 나눈 나머지로만 생각하자. 이때, $i=0,\ 1,\ \cdots,\ n^2-1$에 대해, $C_i = A+\{i\}=\{a+i \mid a\in A\}$로 정의하자. 이 때, 본 문제는 적당한 $i_1,\ i_2,\ \cdots,\ i_n$ 이 존재하여, $\left|\bigcup_{k=1}^{n} C_{i_k}\right| \geq \dfrac{n^2}{2}$가 됨을 보이는 것과 동치이므로 먼저 $\bigcup_{k=1}^{n} C_{i_k}$를 고찰해 보자.

만약 $\bigcup_{k=1}^{n} C_{i_k}$에 포함되지 않는 원소가 있다면, 이는 곧 $C_{i_1},\ C_{i_2},\ \cdots,\ C_{i_n}$ 모두에 포함되지 않는다는 뜻이다. 따라서 원소 $x\in X$와 x를 포함하지 않는 n개의 집합 $C_{i_1},\ C_{i_2},\ \cdots,\ C_{i_n}$의 순서쌍 $\left(x,\ \left\{C_{i_1},\ C_{i_2},\ \cdots,\ C_{i_n}\right\}\right)$의 개수를 이중세기 해보자.

먼저 x를 기준으로 세어보자. x가 C_k에 포함되려면, $x=k+a$인 적당한 $a\in A$가 존재해야 하고 따라서, $k=x-a$의 형태여야 하는데, 이러한 수는 정확히 A의 원소의 개수인 n개만 존재한다. 다시 말하면 x는 정확히 n개의 C_k에만 포함된다. 여기서, $\left(x,\ \left\{C_{i_1},\ C_{i_2},\ \cdots,\ C_{i_n}\right\}\right)$의 순서쌍은 각 x에 대해 $\dbinom{n^2-n}{n}$개를 가지므로 총 $n^2\dbinom{n^2-n}{n}$개다.

다음으로 $\left\{C_{i_1},\ C_{i_2},\ \cdots,\ C_{i_n}\right\}$를 기준으로 세어보자. 이는 간단히 $\bigcup_{k=1}^{n} C_{i_k}$에 속하지 않는 x에 대해, 순서쌍이 하나씩 생기므로 $n^2-\left|\bigcup_{k=1}^{n} C_{i_k}\right|$개다. 즉 모두 더하면 순서쌍은 $\displaystyle\sum_{0\le i_1<i_2<\cdots<i_n\le n^2-1}\left(n^2-\left|\bigcup_{k=1}^{n} C_{i_k}\right|\right)$개라고 할 수 있다.

이와 같이 두 가지 방법으로 센 결과는 같으므로 다음 등식이 성립한다.

$$\sum_{0\le i_1<i_2<\cdots<i_n\le n^2-1}\left(n^2-\left|\bigcup_{k=1}^{n} C_{i_k}\right|\right)=n^2\binom{n^2-n}{n}$$

이로부터

$$\begin{aligned}\sum_{0\le i_1<i_2<\cdots<i_n\le n^2-1}\left|\bigcup_{k=1}^{n} C_{i_k}\right| &= \left(\sum_{0\le i_1<i_2<\cdots<i_n\le n^2-1} n^2\right)-n^2\binom{n^2-n}{n}\\ &= n^2\left(\binom{n^2}{n}-\binom{n^2-n}{n}\right)\end{aligned}$$

를 얻는다. 따라서 비둘기집의 원리에 의해 어떤 $j_1<j_2<\cdots<j_n$이 존재하여

$$\left|\bigcup_{k=1}^{n} C_{j_k}\right| \geq \frac{n^2\left(\binom{n^2}{n} - \binom{n^2-n}{n}\right)}{\binom{n^2}{n}}$$

을 만족한다. 이제, $\dfrac{n^2\left(\binom{n^2}{n} - \binom{n^2-n}{n}\right)}{\binom{n^2}{n}} \geq \dfrac{n^2}{2}$, 즉 $\dfrac{\binom{n^2}{n}}{\binom{n^2-n}{n}} \geq 2$를 보이면 된다. 이는 베르누이 부등식을 이용하여

$$\frac{\binom{n^2}{n}}{\binom{n^2-n}{n}} = \frac{n^2(n^2-1)\cdots(n^2-n+1)}{(n^2-n)(n^2-n-1)\cdots(n^2-2n+1)}$$

$$= \prod_{i=n^2-2n+1}^{n^2-n}\left(1+\frac{n}{k}\right) \geq \left(1+\frac{n}{n^2-n}\right)^n \geq 1+\frac{n^2}{n^2-n} > 2$$

와 같이 증명할 수 있다. ■

이제까지는 주로 수의 합들과 관련하여 비둘기집의 원리를 사용했지만, 수의 곱들과 관련해서 비둘기집의 원리를 이용하면 흥미로운 결과들을 얻을 수 있다. 대표적인 예가 다음 **페르마의 소정리**이다.

정리 2.2.5	페르마의 소정리
양의 정수 n이 소수 p와 서로소라 하자. 그러면 $n^{p-1} \equiv 1 (\operatorname{mod} p)$가 성립한다.	

증명 정수 $n,\ 2n,\ \cdots,\ (p-1)n$을 고려하자. 이 가운데 어느 두 수의 차이가 p의 배수라고 하자. 즉 $i \neq j$인 $i,\ j$가 존재하여 $i \cdot n \equiv j \cdot n\ (\operatorname{mod} p)$라 하자. 그러면 $(i-j)n$이 p의 배수가 되고, $(i-j)$와 n 가운데 어느 하나는 p의 배수이어야 한다. 이는 n과 p가 서로소임에 모순이다. 따라서 위에서 주어진 $(p-1)$개의 정수는 p로 나눈 나머지가 모두 다르다. 또한 이 가운데 p의 배수는 존재하지 않으므로 나머지가 $1,\ 2,\ \cdots,\ p-1$들이 한 번씩 나온다. 따라서

$$(p-1)! \equiv 1 \cdot 2 \cdot \cdots \cdot (p-1) \equiv n \cdot 2n \cdots (p-1)n$$
$$= n^{p-1}(p-1)! \pmod p$$

가 성립한다. 한편 $(p-1)!$은 p와 서로소이므로 $n^{p-1} \equiv 1 \pmod p$가 성립한다. ■

비슷한 유형의 문제들을 살펴보자.

예제 2.2.10

소인수가 모두 3 이하인 9개의 정수로 이루어진 집합 S가 있다. 이 집합에는 곱이 완전 세제곱수인 세 정수가 존재함을 보여라.

풀이 집합 S의 모든 원소를 양의 정수라 가정해도 된다. 따라서

$$S = \left\{2^{a_i}3^{b_i} \mid a_i,\ b_i \geq 0,\ 1 \leq i \leq 9\right\}$$

라 나타내자. 이제 $1 \leq i_1,\ i_2,\ i_3 \leq 9$이면서 $a_{i_1} + a_{i_2} + a_{i_3} \equiv 0 \pmod 3$이고 $b_{i_1} + b_{i_2} + b_{i_3} \equiv 0 \pmod 3$을 만족하는 $(i_1,\ i_2,\ i_3)$을 구하면 문제의 조건을 만족한다. 또한 모든 $1 \leq i \leq 9$에 대하여, $0 \leq a_i,\ b_i \leq 2$라 가정해도 일반성을 잃지 않는다. $(a_i,\ b_i)$가운데 어느 세 쌍의 x좌표의 합과 y좌표의 합이 모두 3을 법으로 합동이면 문제의 조건을 만족한다.

따라서 x좌표와 y좌표가 동시에 3을 법으로 합동이지는 않은 쌍이 적어도 5쌍 존재한다고 가정할 수 있다. 이제 3×3꼴의 정사각형을 생각하자. 각각의 정사각형은, 3을 법으로 합동이 아닌 9개의 집합 $(0,\ 0)$, $(0,\ 1)$, $\cdots$, $(2,\ 2)$를 나타낸다고 가정하자. 이 9개의 정사각형 가운데 임의의 5개를 선택하자. 선택된 5개의 정사각형 가운데 항상 x, y좌표의 합이 동시에 3으로 나누어지는 세 쌍의 정사각형이 존재함을 보이면 된다. 임의의 가로 또는 세로에 있는 3개의 정사각형을 선택하면 그 세 쌍은 주어진 조건을 만족한다. 그렇지 않은 경우, 두 개의 가로 행에서 두 개를 선택하고 나머지 한 개의 가로 행에서 한 개의 정사각형을 선택해야 한다. 또한 세로 열에서도 이와 같은 선택을 하여야 한다. 그러면 x, y좌표가 모두 다른 세 쌍이

언제나 존재한다. 이 세 쌍을 선택하면 각각의 좌표의 합이 3의 배수가 되어 증명이 끝난다. ■

예제 2.2.11

집합 M은 2015개의 서로 다른 양의 정수로 이루어져 있고, 모든 원소는 26보다 큰 소수를 약수를 갖지 않는다고 한다. M의 원소 가운데, 4개를 선택하여 그 곱이 완전 네제곱수가 되게 할 수 있음을 보여라.

풀이 26 이하의 소수는 2, 3, 5, 7, 11, 13, 17, 19, 23의 9개이다. 따라서 M의 모든 원소는 $2^{a_1}3^{a_2}\cdots 23^{a_9}$꼴로 쓸 수 있다. 따라서 (2^9+1)개의 M의 원소 가운데, 적어도 두 개 $m_1 = 2^{a_1}3^{a_2}\cdots 23^{a_9}$, $n_1 = 2^{b_1}3^{b_2}\cdots 23^{b_9}$이 존재하여 모든 $1 \le i \le 9$에 대해 $a_i \equiv b_i \pmod 2$를 만족한다. 따라서 이 두 원소의 곱은 완전 제곱수이다. 또한 $2015 > 3(2^9+1)$이므로, $n_i m_i$가 완전 제곱수가 되는 m_1, n_1, m_2, n_2, $\cdots$, m_{2^9+1}, n_{2^9+1}을 M에서 선택할 수 있다. 이제 $k_i = \sqrt{m_i n_i}$라 두면, $k_i k_j$가 완전 제곱수가 되는 i와 j를 선택할 수 있다. 따라서 $m_i n_i m_j n_j$는 완전 네제곱수가 된다. ■

두 정수 a, $b\,(a > b)$가 주어져 있을 때, 이 두 정수의 최대공약수를 $\gcd(a, b)$라 나타내자. 이때, **유클리드 호제법**은 다음 관찰에 기반한다.

정리 2.2.6

두 정수 a, b와 임의의 정수 s에 대하여

$$\gcd(a, b) = \gcd(a+sb, b) = \gcd(a, b+sa)$$

가 성립한다.

증명 우선 $\gcd(a, b) = d$, $\gcd(a+sb, b) = d$이라 두자. a와 b가 각각 d의 배수이므로 $a+sb$, b도 역시 d의 배수이다. 따라서 $d \le d'$가 성립한다. 마찬가지로 $a = a+sb-sb$도 역시 d'의 배수이므로 $d' \le d$가 성립한다. 따라서 $d = d'$이다. ■

위 정리를 이용하면 최대 공약수를 빠르게 구하는 알고리즘을 구성할 수 있다. 두 정수 a, b ($|a| > |b|$)에 대하여, a를 b로 나눈 몫을 q, 나머지를 r이라 하자. 즉, $a = bq + r \quad (0 \le r < b)$라 두자. 그러면 앞의 정리에 의하여 $\gcd(a,\ b) = \gcd(b,\ r)$이 되므로 절댓값이 더 작은 두 정수의 최대 공약수를 구하는 문제로 바꿀 수 있다. 따라서 이 과정을 유한 번 반복하면, 두 정수의 최대 공약수를 구할 수 있다. 실제로 다음과 같이 구할 수 있다.

예제 2.2.12

두 정수 1717과 1513의 최대공약수를 구하여라.

풀이 $1717 = 1513 \cdot 1 + 204,\ 1513 = 204 \cdot 7 + 85,\ 204 = 85 \cdot 2 + 34,$ $85 = 34 \cdot 2 + 17$이고 $\gcd(34,\ 17) = 17$이므로 최대공약수는 17이다. ■

유클리드 호제법의 알고리즘을 이용하면 다음과 같은 문제들을 해결할 수 있다.

예제 2.2.13

좌표평면 위의 집합 $M = \{(a,\ b) \mid a,\ b \in \mathbb{Z}\}$ (단, $\mathbb{Z}$는 정수 전체의 집합)에서 정의된 변환 S는 $(a,\ b)$를 $(a+b,\ b)$로 보내고, 변환 T는 $(a,\ b)$를 $(-b,\ a)$로 보낸다. 임의의 M의 원소 $(a,\ b)$에 대하여, 변환 S와 T를 유한 번 시행하여 $(a,\ b)$를 $(g,\ 0)$꼴의 원소로 보낼 수 있음을 보여라.

풀이 우선 $(0,\ a) \to (-a,\ 0)$으로 변환 할 수 있으므로 $ab \ne 0$이라 가정할 수 있다. 또한 $(a,\ a) \to (-a,\ a) \to (0,\ a) \to (-a,\ 0)$으로 변환되므로 $a \ne b$라 가정할 수 있다.

만약 $a > 0,\ b < 0$이면 $(a,\ b) \to (-b,\ a)$로 $a < 0,\ b > 0$이면 $(a,\ b) \to (b+a,\ b) \to \cdots \to (kb+a,\ b)$로 변환하고 $a,\ b < 0$이면 $(a,\ b) \to (-b,\ a) \to (-a,\ -b)$로 변환하여, 두 정수 모두 양의 정수라고 가정할 수 있다.

이제 $0 < a < b$라 가정하자. b를 a로 나눈 몫을 q, 나머지를 r이라 하자. $r = 0$이면 $(a,\ b) \to (-b,\ a) \to (a-b,\ a) \to \cdots \to (qa-b,\ a) = (0,\ a)$이므로 증명이 끝난다. 이제 $r \ne 0$이라 하자. 이 경우 $(a,\ b) \to (-b,\ a) \to (a-b,\ a) \to \cdots \to ((q+1)a-b,\ a) = (a-r,\ a)$이므로 더 작은 두 양

의 정수 쌍으로 보낼 수 있으므로 유한 번의 시행으로 $(0, a) \to (-a, 0)$으로 보낼 수 있다.

마지막으로 $0 < b < a$라 가정하자. 이 경우 $(a, b) \to (-b, a) \to (a-b, a)$와 같이 y좌표의 값이 더 크게 만들 수 있다. 따라서 앞의 관찰에 의하여 $(g, 0)$꼴로 언제나 보낼 수 있다. ■

예제 2.2.14

두 사람 A, B가 다음과 같은 규칙을 가지고 있는 숫자 부르기 (t, N)-게임을 한다.

① A는 맨 처음 1을 부른다.
② 두 사람이 번갈아가며 숫자를 부른다.
③ 전 사람이 부른 수가 k이면, 자기 차례에 부를 수 있는 수 m은 $k+1 \le m \le k+t$를 만족하여야 한다.

이 게임의 승자는 N을 부르는 사람이라고 한다. 임의의 양의 정수 t, N에 대하여 A 또는 B의 필승 전략이 존재함을 보여라. 또한 어떠한 (t, N)에 대해 A의 필승수와 B와 필승수가 각각 존재하는지 구하여라.

풀이 먼저 $N \le t+1$이면 필승 전략은 자명하다. 즉 $N \ne 1$이면, B는 두 번째 차례에 N을 부름으로써 승리할 수 있다. 이제, $N > t+1$이라 가정하자. 양의 정수 N을 $t+1$로 나눈 몫을 q, 나머지를 r이라 하자. 즉, $N = (t+1)q + r$ $(0 \le r < t+1)$이라 두자. 먼저 $r \ne 1$이라 가정하자. A가 1을 부른 다음 차례에, B는 $r = 0$이면 $t+1$을 $r \ne 0$이면 r을 부른다. 그 이후 A가 어떤 수를 부르더라도, B는 $t+1$로 나눈 나머지가 r인 수만을 부른다. A는 $t+1$로 나눈 나머지가 r인 정수를 부를 수 없으므로 언제나 B가 승리한다. 이제 $r = 1$이라 가정하자. 두 번째 차례에 B가 무슨 수를 부르더라도 A는 $t+2$를 부른다. 그 이후 위의 B의 필승 전략과 같이 $t+1$로 나눈 나머지가 1인 수만을 A가 계속해서 부를 수 있으므로 언제나 A가 이긴다. ■

(2) 이진법의 활용

이번 절에서는 이진법을 활용하여 해결할 수 있는 조합론 문제들을 살펴본다.

정의 2.2.7

양의 정수 n에 대하여, 정수 N이 $N = a_k n^k + a_{k-1} n^{k-1} + \cdots + a_1 n + a_0$ (단, $0 \le a_i \le n-1$)일 때, $n = a_k a_{k-1} \cdots a_1 a_{0\ (n)}$으로 표기하고, 정수를 이와 같이 표기하는 것을 **n진법**이라 정의한다.

예를 들어, $2015 = 11111011111_{(2)} = 2202122_{(3)}$이 된다. 임의의 정수를 $n(n \ge 2)$ 진법으로 표현하는 방법은 유일함을 쉽게 알 수 있다. 먼저 다음 예제를 살펴보자.

예제 2.2.15

정수 2015!을 이진법으로 표기하였을 때, 마지막 자리 수부터 세면 0이 연속하여 몇 개 나오는지 구하여라.

풀이 주어진 정수 $2015! = a_n 2^n + a_{n-1} 2^{n-1} + \cdots + a_k 2^k$, $(a_k \ne 0)$와 같이 이진법으로 표현하면 구하는 답은 k이다. 따라서 2015!을 소인수 분해하였을 때 2의 지수를 구하면 된다. 한편, 2015보다 작거나 같은 정수 가운데 2^k의 배수의 개수는 $\left[\frac{2015}{2^k}\right]$이므로, 구하는 답은

$$\left[\frac{2015}{2}\right] + \left[\frac{2015}{2^2}\right] + \left[\frac{2015}{2^3}\right] + \cdots = 2005$$

이다. ■

다음 문제는 전단사를 이용한 증명이 내재된 문제이다.

예제 2.2.16

양의 정수 가운데, 3진법으로 표현하면 0과 1만 나오는 정수를 작은 것부터

늘어 놓았을 때, 2015번째 정수는 무엇인가?

풀이 주어진 성질을 만족하는 정수들을 3진법으로 나타낸 뒤 2진법으로 읽으면 작은 것부터 차례로 모든 정수가 나온다. 따라서 2015번째 정수는 2015을 이진법으로 표현하여 얻은 정수 표현을 3진법으로 읽은 $11111011111_{(3)} = 88330$이 된다. ■

진법을 사용하는 다른 문제들을 살펴보자.

예제 2.2.17

민수는 2015개의 나무막대를 가지고 있다(그 길이는 전혀 모른다). 민수는 이 나무 막대를 모두 사용하여 일부 막대를 두 부분으로 쪼갠 다음 이어 붙여 직사각형을 만들려고 한다. 임의의 2015개의 나무 막대들에 대하여 직사각형을 만들기 위해 나무를 쪼개야 하는 횟수의 최솟값을 구하여라.

풀이 두 번 쪼개면 충분하다. 2015개의 나무막대를 임의로 두 묶음으로 나누자. (예를 들어 2000개와 15개) 그리고 각 묶음에서 나무를 최대 한 번 쪼개어 길이의 합이 같은 두 묶음으로 만들 수 있음을 쉽게 확인할 수 있다. 이때 네 묶음의 변의 길이의 합이 각각 a, a, b, b라 하면 이들을 이어붙여 직사각형을 만들 수 있다.

이제, 한 번만 쪼개면 불가능한 나무 막대들이 존재함을 보이자. 길이가 $1, 2, \cdots, 2^{2014}$인 나무 막대들을 생각해 보자. 만약 네 변의 길이가 모두 자연수라면 그 총 합이 짝수가 되는데, $1+2+\cdots+2^{2014}$는 홀수이므로 네 변의 길이가 모두 자연수일 수 없다. 따라서 한 번 쪼개는 것으로 가능하다면, 한 쌍의 변은 길이가 정수이고 다른 한 쌍의 변은 길이가 정수일 수 없다. 그러므로 자연수가 되는 한 쌍의 변은 쪼개지 않은 상태에서 만들어져야 한다. 그러나 모든 정수의 이진법 표현은 유일하므로 이는 불가능하다. ■

예제 2.2.18

2 이상의 자연수 n에 대하여 집합 $A=\{1,\ 2,\ \cdots,\ n\}$라 하자. 이때, $\log_2 n \le m \le 2^n$을 만족하는 모든 자연수 m에 대하여 다음 [조건]을 만족하는 집합 A의 서로 다른 부분집합 $A_1,\ A_2,\ \cdots,\ A_m$이 존재함을 보여라.

> [조건] 집합 A의 임의의 두 원소 $i,\ j\ (i \ne j)$ 가운데, 하나는 포함하고 나머지 하나는 포함하지 않는 집합 A_k가 존재한다. (단, $1 \le k \le m$)

풀이 $2^{s-1} < n \le 2^s,\ (s \le m)$이라 하자. 자연수 $r,\ u$에 대하여 $r(u)$를 r의 이진법 전개식에서 2^{u-1}의 계수라고 하자. 따라서 $r(u)$는 0 또는 1이다. 이제 $u=1,\ 2,\ \cdots,\ s$에 대하여 $T_u=\{r \in s_n | r(u)=1\}$라 두자. 이제 A의 서로 다른 두 원소 $i,\ j$에 대하여, $i,\ j$를 각각 이진법으로 나타내면 k자리의 수가 하나는 0이고, 하나는 1인 k가 반드시 존재한다. 예를 들어, i의 k자리의 수는 0이고 j의 k자리 수는 1인 경우 $i \notin T_k,\ j \in T_k$이다. 따라서 $i,\ j$ 중 하나만 포함하는 T_k, 즉 $|T_k \cap \{i,\ j\}|=1$인 $T_k(1 \le k \le s)$가 존재한다. $n=2^s$이면, $n \in T_{s+1}$이다. 만약 $i,\ j$ 가운데 하나가 n이면 다른 하나가 속한 집합 T_k를 잡으면 된다. 만약 $s<m$이면 $m \le 2^n$이고 A의 부분집합의 개수는 2^n이므로 $T_1,\ T_2,\ \cdots,\ T_s$ 외에 추가로 A의 부분집합 $T_{s+1},\ T_{s+2},\ \cdots,\ T_m$을 서로 다르게 잡을 수 있다. 따라서 $T_1,\ T_2,\ \cdots,\ T_m$ 중에는 $|T_k \cap \{i,\ j\}|=1$를 만족하는 T_k가 존재한다. ■

예제 2.2.19

100 이하의 양의 정수 X가 주어져 있다. 이때, 민호는 X가 100 이하라는 사실만 알고 있는데, 100 미만의 양의 정수 $m,\ n$을 선택하여 $X+m$과 n의 최대 공약수가 무엇인지 물어볼 수 있다. 이 질문을 7번만 하면 민호는 X가 어떤 수인지 알 수 있음을 증명하여라.

풀이 양의 정수 X를 2진법으로 나타내었을 때, $b_6 b_5 b_4 \cdots b_{0(2)}$라 하자. (단, b_i들은 0일 수 있다.) 먼저 b_0를 알기 위하여, $X_0=\gcd(X+1,\ 2)$를 물어본다. 만약

$X_0=1$이면, $b_0=0$이고 2이면, $b_0=1$이다. 이제 $b_0,\ b_1,\ \cdots,\ b_{k-1}\ (k\le 6)$를 알았다고 가정하자. $b=b_{k-1}b_{k-2}\cdots b_0$라 두고, $m=2^{k+1}-b$이라 하자. 그러면 $X+2^{k+1}-b$를 이진법으로 표현하였을 때, 마지막 $k+1$자리는 $b_k0\cdots0$이 된다. 따라서 $\gcd(X+m,\ 2^{k+1})$은 $b_k=0$이면, 2^{k+1}이고, $b_k=1$이면 2^k이다. 이러한 과정을 통하여 $b_0,\ b_1,\ \cdots,\ b_5$를 얻을 수 있다. 만약 $b=b_5b_4\cdots b_0$이면, $X=b$ 또는 $b+64$임을 알 수 있다. 두 정수는 3을 법으로 합동이 아니므로, $m=1,\ 2,\ 3$ 가운데 하나를 선택하여 $b+m$을 3의 배수가 되게 만들고, $n=3$으로 잡으면, $\gcd(X+m,\ n)$을 묻는 질문으로 $X=b$인지 또는 $b+64$인지 판단할 수 있다. 따라서 주어진 질문을 7번 수행함으로써 주어진 정수 X를 구할 수 있다. ■

예제 2.2.20

주어진 자연수 N을 두고 A와 B는 게임을 한다. A가 먼저 칠판에 1을 쓰며 시작하고, 서로가 번갈아가며 칠판에 숫자를 쓴다. 상대방이 바로 전에 n을 썼다면, 본인은 $n+1$ 또는 $2n$을 쓰면 되는 것이다. 단, N을 넘는 수는 쓰지 못한다. 이 게임의 승자는 N을 먼저 쓰는 사람이라고 한다. 이때 A가 반드시 승리할 수 있는 N을 모두 구하여라.

풀이 주어진 양의 정수 N에 대하여, A가 반드시 이기는 수이면 $f(N)=A$, B가 반드시 이기는 수이면 $f(N)=B$라 정의하자. 먼저, 두 번째 턴에 B는 2를 쓸 수밖에 없기 때문에, $f(1)=A,\ f(2)=B,\ f(3)=A\ \ f(4)=A$를 쉽게 얻을 수 있다. 이제 일반적인 n들에 대해 $f(n)$을 단계적으로 구해보자.

① 양의 정수 N이 홀수이면 $f(N)=A$이다.

먼저 A는 1을 쓰므로, B가 짝수 k를 쓰면 A는 언제나 $k+1$을 쓴다. 즉, A는 언제나 홀수만을 쓸 수 있다. 따라서 N이 홀수이면 언제나 A가 이길 수 있다.

② 임의의 정수 n에 대하여, $f(n)=f(4n)=f(4n+2)$이다.

일반성을 잃지 않고 $f(n)=A$라 가정하자. A는 숫자가 $\frac{n}{2}$ 초과가 될 때까지는 n에서의 필승하는 방법을 따른다. 만약, $\frac{n}{2}$이 초과되었을 때에도 B가 2배를 하지 않는다면, 기존의 방법을 계속 따라가서 A는 n에 이를 수 있다. A가 n을 부른 다음, B가 무슨 수를 부르더라도 그 다음 A는 B가 부른 수에 2배한 수를 부른다. 즉, A는 $2n+2$나 $4n$을 부른다. 그 이후에는 A와 B 모두 두 배한 수를 부를 수 없기 때문에 짝수를 부르는 A가 승리한다. 이제 B가 적당한 $\frac{n}{2} < k < n$에 대하여, $2k$를 썼다고 가정하자.

그러면 $n < 2k < 2n$이므로, A는 다음 차례에 $2n+2 \leq 4k < 4n$을 쓸 수 있다. 이 후 더 이상 2배하는 것이 불가능하므로, 두 선수 모두 1을 더한 수만을 써야 한다. 따라서 $4n$ 및 $4n+2$는 모두 A가 쓸 수밖에 없다.

③ **n을 2진법으로 표현하였을 때, 1은 항상 짝수 번째 자리(맨 뒤부터 셀 때)에만 있다면 $f(n)=B$이고, 그렇지 않은 경우는 $f(n)=A$이다.**

정수 n을 2진법으로 표현하였을 때, 자릿수에 대한 수학적 귀납법을 이용하자. 먼저 초기조건(2자리 이하)은 ①에서 증명하였다. 이제 n이 2진법으로 $m(\geq 3)$자리라 가정하자. $n=4k+1$이나 $n=4k+3$이면, ①에 의하여 $f(n)=A$이며, $n=4k$ 또는 $4k+2$이면, $f(n)=f(k)$이다. 또한 k는 n을 2진법으로 표현한 후에 마지막 2자리를 절삭한 수이다. $4k$와 $4k+2$는 각각 k의 이진법 표현 뒤에 00 또는 10을 붙인 수이므로, k를 이진법으로 표기하였을 때 1은 항상 짝수 번째 자리에만 있다는 것과 $4k$ 또는 $4k+2$을 이진법으로 표기하였을 때 1은 항상 짝수 번째 자리에만 있다는 것은 동치이다. 따라서 n을 이진법으로 표기하였을 때 1은 항상 짝수 번째 자리에만 있다면 $n=4k$ 또는 $4k+2$꼴이며 k 또한 그러한 꼴이므로 귀납법 가정에 의하여 $f(n)=f(k)=B$이다. 만약 짝수이면서 홀수 번째 자리에도 1이 있다면 k도 역시 그러한 꼴이고 귀납법 가정에 의하여 $f(n)=f(k)=A$이므로 주어진 명제가 성립한다.

■

연습문제

1. 정수 $\overline{11\cdots 1abc11\cdots 1}$가 99의 배수가 되는 a, b, c를 모두 구하여라. (단, abc 앞 뒤의 1의 개수는 각 각 2015개이고 a, b, c는 9 이하의 음이 아닌 정수이다.)

2. N은 6자리 정수로서 각 자리의 수가 모두 다르고 0이 아니며 37의 배수라고 한다. 이때, 각 자리의 수를 적당히 재배열하여 나올 수 있는 수들 가운데 37의 배수가 N 이외에 23개 더 존재함을 보여라.

3. 1g부터 2007g까지 정수 무게를 갖는 물건들의 무게들을 갖는 몇 개의 분동과 천칭을 이용하여 모두 측정하고자 한다. 다음 두 경우에, 필요한 분동의 최소 개수를 구하여라.

   (1) 천칭의 한쪽에는 1개의 물건을, 다른 쪽에는 분동들을 올려놓을 수 있는 경우

   (2) 천칭의 한쪽에는 1개의 물건을 놓고, 양쪽 모두에 분동들을 올려놓을 수 있는 경우

4. 정수 a, b는 $a<b$를 만족하고, 집합 $C=\{c_1, c_2, \cdots, c_n\}$은 $a \le c_1 < c_2 < \cdots < c_n \le b$를 만족하는 자연수들의 집합이다. 이때, $c_i + c_j = a+b$를 만족하는 C의 원소 c_i, c_j가 존재함을 보여라. (단, $n > \dfrac{b-a+1}{2}$)

5. 자연수열 $a_1, a_2, \cdots, a_{2006}$은 $1, 2, \cdots, 2006$을 적당히 재배열한 수열이다. 이때, $N=|(a_1^2-1)(a_2^2-2)\cdots(a_{2006}^2-2006)|$는 항상 3의 배수임을 보여라.

6. 정수 $1,\ 2,\ \cdots,\ 2015$을 n개의 서로 다른 색으로 칠하려고 한다. 이때, a가 b의 배수가 되고, b가 c의 배수가 되는 같은 색의 자연수 $(a,\ b,\ c)$가 존재하지 않도록 칠하려 한다면, 가능한 n의 최솟값은 얼마인가?

7. 한 번의 시행에서 정수의 순서쌍 $(p,\ q,\ r)$을 $(r+5q,\ 3r-5p,\ 2q-3p)$으로 바꾼다. $(1,\ 3,\ 7)$로부터 유한 번의 시행 후에 $(k,\ k+1,\ k+2)$가 얻어지는 정수 k가 존재하는지 여부를 판단하여라.

8. 양의 정수 n이 주어져 있다. 갑은 n개의 서로 다른 양의 정수를 쓴다. 을은 몇 개의 수를 지우고(전부 지우지 않아도 되나, 모두 지울 수는 없다.) 남아있는 각각의 수 앞에 $+$, $-$ 가운데 하나의 부호를 붙여 그들을 모두 더한다. 만약 그 결과가 2007의 배수이면 을이 이긴다고 하고 그렇지 않으면 갑이 이긴다고 하자. 누가 필승 전략을 가지고 있을까?

9. 양의 정수 n이 주어져 있다. 영희는 양의 정수를 원소로 갖는 행렬이 주어지면 다음 두 가지 시행을 적당히 반복하여 새로운 행렬을 만들려 한다.

> ① 임의로 행을 하나 선택하여 그 행의 원소들 각각에 n을 곱한다.
> ② 임의로 열을 하나 선택하여 그 열의 원소들 각각에 n을 뺀다.

이때, 영희가 임의의 행렬이 주어지면 유한 번의 시행을 통하여 행렬의 모든 원소가 0이 되게 할 수 있는 양의 정수 n을 모두 구하여라.

10. 자연수 x, y에 대하여 $|x-y|=m$이면 x, y 중 적어도 하나는 A의 원소이고 $|x-y|=n$이면 적어도 하나는 A의 원소가 아니도록 할 수 있는 자연수의 집합 A가 존재하는 자연수 m, n을 모두 구하여라.

11. 임의의 무리수 α와 양의 정수 k가 주어져 있다. 그러면 $|m\alpha - n| < \dfrac{1}{k}$을 만족하는 정수 $m,\ n\ (0 < m \le k)$이 존재함을 보여라.

12. 양의 정수 n에 대하여, n개의 실수로 이루어진 수열이 있다. 이 수열의 임의의 세 연속한 수의 합은 양수이고, 임의의 다섯 개의 연속한 수의 합은 음수라고 한다. 이러한 성질을 만족하는 실수 수열이 존재하는 n의 최댓값을 구하여라.

13. 정 n각 기둥의 $2n$개의 꼭짓점을 세 가지 종류의 색으로 칠하려고 한다. 단, 임의의 꼭짓점과 연결된 세 개의 꼭짓점은 서로 다른 세 가지 색으로 칠해져야 한다. 이때, 다음 물음에 답하여라.

(1) n이 3의 배수이면 이 작업이 가능함을 증명하여라.

(2) 이 작업이 가능하다면 n이 3의 배수임을 증명하여라.

3단원

그래프 이론의 기초

그래프 이론은 조합론의 대표적인 영역으로 여러 가지 조합적 사고와 방법론이 넓게 활용되는 영역이다. 또한 이론이 체계적으로 연구되어 있으며, 여러 가지 다른 조합론 문제도 그래프로 재해석하여 문제를 해결할 수도 있다. 따라서 그래프 이론은 조합론 학습의 가장 좋은 출발점이 된다.

먼저, 그래프를 수학적으로 엄밀하게 정의해 보자.

정의 3.1.1

그래프(graph)는 **꼭짓점**(vertex)들과 꼭짓점들을 연결한 **변**(edge)[16]으로 이루어진 집합을 뜻한다. 즉, 여러 개의 점들 중 일부 사이를 연결하여 만든 것이 그래프이다. 꼭짓점의 집합을 V, 변의 집합을 E로 나타낼 때, 그래프 G를 $G=(V, E)$로 나타낸다.

일반적인 그래프의 경우 점의 집합 V가 무한 집합일 수도 있지만 이 책에서 다루는 그래프는 점의 개수가 유한개인 경우만 다룰 것이므로 특별한 언급이 없는 한 점의 개수는 유한개로 생각한다. 또한, 이 책에서는 꼭짓점을 간단히 점이라고 나타낸다. 두 점 v와 w를 연결하는 변은 vw로 나타내며, 변으로 연결된 두 점 v와 w는 인접한 두 점이라고 한다.

예

오른쪽 그래프 G에서 점의 집합 V와 변의 집합 E는 다음과 같다.

$$V=\{v_1, v_2, v_3, v_4, v_5, v_6\}$$

$$E=\{v_1v_2, v_2v_3, v_3v_4, v_4v_5, v_5v_1, v_1v_6, v_1v_4\}$$

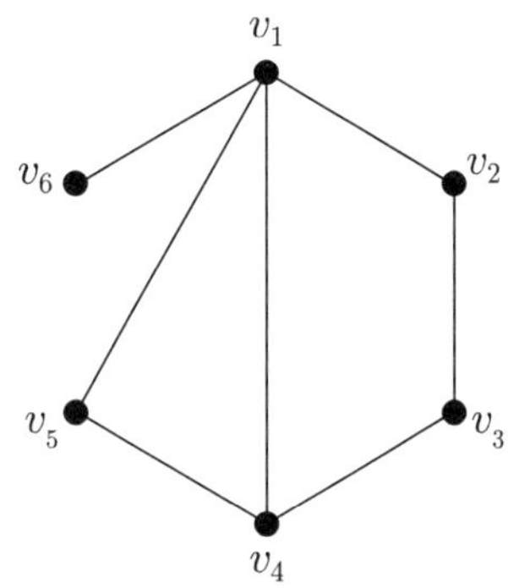

[그림 3.1] 그래프

이때, [그림 3.2]와 같이 두 점 v와 w를 연결하는 변이 여러 개이거나 어떤 변이 고리처럼 같은 점 v에서 시작하여 v로 되돌아올 수도 있다. 각각의 경

16) 여기서 변은 기하학에서와 같은 단어를 사용하지만 그 의미는 미묘하게 다르다. 특히, 변은 곡선으로 연결하여도 무방하다.

우를 다중변과 고리라고 부르며 이와 같은 것이 허용되는 그래프를 다중그래프라고 한다. 하지만 우리가 이 책에서 다루는 그래프는 특별한 언급이 없는 한 다중변과 고리가 없다고 가정[17]하며 이런 그래프를 단순그래프라고 한다. 따라서 이 책에서의 그래프는 단순그래프를 의미한다.

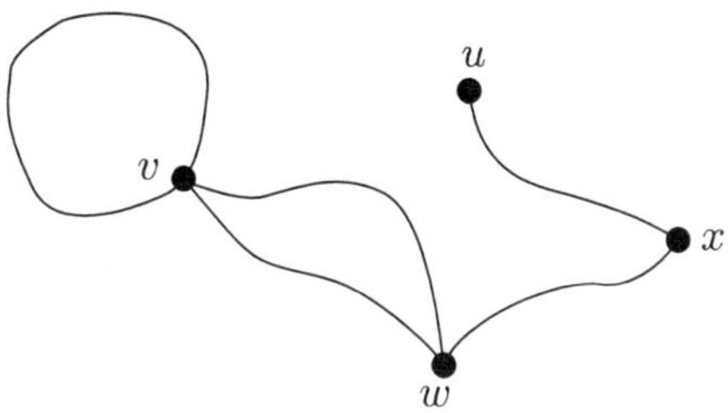

[그림 3.2] 다중그래프

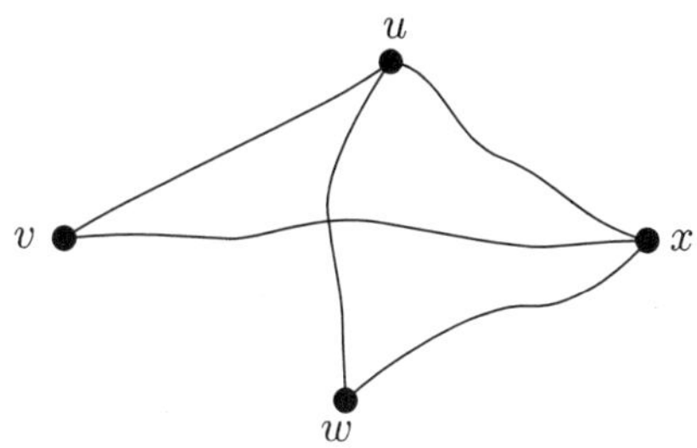

[그림 3.3] 단순그래프

그래프는 점과 선으로 그린 그림일 뿐인데 이 단순한 그림에 우리는 왜 관심을 가지며, 그 위에 깊은 이론이 발전하게 되었을까? 그래프는 어떤 연구 대상들이 주어졌을 때, 연구 대상들 사이의 관계를 그림으로 나타낸 것으로 이해할 수 있다. 즉, 여러 연구 대상들을 점들로 나타내고 그 대상들 사이의 관계를 선으로 연결하여 변으로 나타낸 것이다. 이를테면 모두 10명의 사람이 있을 때, 사람들을 점으로 생각하고 서로 알고 있는 사람에 해당하는 두 점만 변으로 연결하면 사람들 사이의 관계를 꼭짓점이 10개인 그래프로 나타낼 수 있다. 또한 소셜 네트워크 서비스(SNS)의 여러 이용자들이 있을 때, 이용자들을 점으로 나타내고 두 이용자가 서로 친구관계를 맺고 있으면 두 이용자에 해당하는 점들을 선으로 연결하여 거대한 그래프를 그리면, SNS의 사용자들 사이의 복잡한 친구관계를 한 눈에 알아볼 수도 있을 것이다. 이와 같이 구성된 그래프를 수학적으로 접근하여 이해를 하고자 하는 시도가 그래프 이론이다. 현대에 들어서는 다양하고 복잡한 그래프 이론들이 발전되어 있지만, 이 책에서는 고전적인 그래프 이론을 주로 살펴보도록 한다.

17) 특수한 경우에는 다중변과 고리를 허용할 때도 있다.

3.1 그래프 이론의 기본 개념

이 단원에서는 그래프 이론을 본격적으로 학습하기에 앞서 그래프 이론에 나타나는 여러 개념들을 먼저 알아보고자 한다. 그래프의 각 점의 차수나 그래프에서의 경로와 회로 등의 개념을 먼저 살펴본 뒤 수형도나 완전그래프, 이분그래프와 같은 여러 가지 유형의 그래프들을 순서대로 알아볼 것이다. 또한, 이런 개념들이 그래프 문제나 조합론 문제를 해결하는 데에 어떤 도움이 되는지 여러 예제들을 통해 살펴볼 것이다.

(1) 점의 차수

그래프는 점과 변의 집합으로, 그래프 전체를 한 번에 이해하는 것에 앞서 점들 중 하나에만 관심을 가지는 것이 자연스러울 것이다. 그 중에서도 가장 쉽게 생각할 수 있는 것은 이 관심을 가지는 점에 연결된[18] 변의 개수이다.

정의 3.1.2 점의 차수
그래프 G의 각 점 v에 연결된 변의 개수를 점 v의 **차수**(degree)라고 하며 이 책에서는 이를 $d(v)$로 간단히 나타낸다.

앞서 알아본 바와 같이 그래프 G에서 두 점 u, v를 연결하는 변 uv가 존재할 때 u, v를 서로 **인접**(adjacent)했다고 한다. 이때, 점 v의 차수는 점 v에 인접한 점의 개수로 생각할 수도 있다. 점 v에 인접한 점들의 집합을 이 책에서는 $N(v)$로 나타내며[19], $d(v) = |N(v)|$가 된다.

18) 어떤 점을 한 끝으로 하는 변을 이 점에 연결되었다고 나타내자.
19) N은 Neighborhood의 앞 글자이다.

예

오른쪽과 같은 그래프에서 6개의 점 v_1, v_2, v_3, v_4, v_5, v_6의 차수는 각각 4, 2, 2, 3, 2, 1이다.

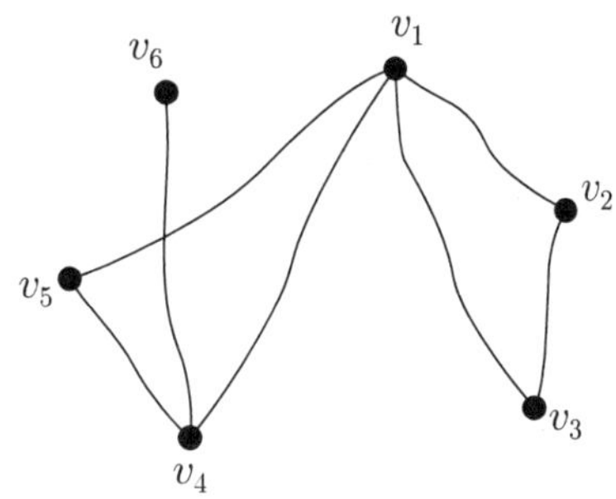

[그림 3.4] 그래프의 차수

다음은 그래프의 점의 차수와 관련된, 그래프 이론의 가장 기본적인 정리이다.

정리 3.1.3

n개의 점 v_1, v_2, $\cdots$, v_n으로 이루어진 그래프 G의 변의 개수를 m이라 하자. 이때, $\sum_{i=1}^{n} d(v_i) = 2m$이다. 즉, 모든 점의 차수를 더하면 변의 개수의 두 배가 된다.

증명 간단한 이중세기를 활용해 보자. 그래프 G의 점 v와 변 e들에 대해 다음 집합을 생각하자.

$$X = \{(v,\ e) \mid \text{변 } e\text{가 점 } v\text{와 연결}\}$$

이 집합 X의 원소의 개수를 순서쌍의 앞자리인 점 v를 기준으로 세어보면 뒷자리에 올 수 있는 변 e의 개수가 $d(v)$개이므로 $\sum_{i=1}^{n} d(v_i)$임을 알 수 있다. 반면에 집합 X의 원소의 개수를 순서쌍의 뒷자리인 변 e를 기준으로 세면 앞자리에 올 수 있는 점 v는 변 e의 양 끝점 두 가지가 가능하므로 X의 원소의 개수는 $2m$이 된다. 따라서 $\sum_{i=1}^{n} d(v_i) = 2m$이 된다. ■

참고 정리 3.1.3은 예제 1.2.12를 그래프의 용어로 재해석한 것이며, 증명은 해당 예제의 풀이 2를 다시 설명한 것이다.

정리 3.1.3을 활용하면 다음 따름정리가 쉽게 증명된다. 증명은 간단한 기우성 분석에 의해 쉽게 할 수 있으므로 여기서는 생략하도록 한다.

따름정리 3.1.4

임의의 그래프 G에 대해 다음이 성립한다.
(1) 모든 점의 차수의 합은 짝수이다.
(2) 차수가 홀수인 점은 짝수개이다.

예제 3.1.1

어떤 테니스대회에 15명이 참가하였다. 각각의 참가자는 서로 다른 5명과 정확히 한 번씩 시합을 가지는 일정을 만들려고 하는데, 이와 같은 일정을 만드는 것이 가능한지 판정하여라.

풀이 테니스대회 일정을 그래프로 나타내어보자. 15명의 참가자 각각을 점으로 나타내고 두 참가자 x와 y가 시합을 가질 때에만 두 점 x와 y를 연결하자. 이때, 주어진 일정을 만드는 것이 가능하다면 각 점의 차수가 5인 그래프를 그릴 수 있는 것인데, 이때, 모든 점의 차수의 합이 75가 되어 따름정리 3.1.4에 모순이다. ■

앞의 예제에서 역으로 점의 차수의 합이 짝수이고, 차수가 홀수인 점도 짝수개 존재하면 그에 해당하는 그래프가 존재하는지, 즉 따름정리 3.1.4의 역이 성립하는지 의문을 가질 수 있다. 다음 예제는 일반적으로 그 역이 성립하지 않음을 보여준다.

예제 3.1.2

점의 개수가 7개이고 각 점들의 차수가 6, 5, 5, 4, 2, 2, 2인 그래프는 존재하지 않음을 증명하여라.

풀이 문제를 해결하기에 앞서 다음과 같은 단순한 관찰을 해보자.

> [관찰] n개의 점으로 이루어진 그래프의 각 점의 차수는 0 이상 $n-1$ 이하이다. 특히, 차수가 $n-1$인 점은 나머지 모든 점들과 인접하다.

이제 귀류법을 활용하여 점의 차수가 각각 6, 5, 5, 4, 2, 2, 2인 주어진 그래프가 존재한다고 가정하자. 이때, 위의 [관찰]에 의해 차수가 6인 점은 나머지 모든 점과 인접하다. 따라서 이 점과 이 점에 연결된 6개의 선분을 그래프에서 제거하면 남은 부분은 6개의 점으로 이루어져 있으며 각 점의 차수는 4, 4, 3, 1, 1, 1로 1씩 줄어들게 됨을 쉽게 알 수 있다. 이때, 차수 4인 두 점을 v, w라 하자. 차수가 1인 세 점은 각각 v 또는 w(또는 전부)와 인접하지 않아야 하는데, 비둘기집 원리에 의해 v, w 중 한 점은 이 세 점 중 두 점과는 인접하지 않아야 한다. 일반성을 잃지 않고 이 점을 v라 하면 v는 적어도 두 점과 인접하지 않으므로 차수가 $5-2=3$ 이하여야 되므로 $d(v)=4$에 모순이다. ■

위의 예제는 실제로 0 이상 $n-1$ 이하의 정수들로 이루어진 수열 $(d_1, d_2, \cdots, d_n)$이 주어졌을 때, 이 n개의 수를 n개의 점의 차수로 하는 그래프 G가 존재하는지의 여부를 판별[20]하는 것이 생각보다 간단하지 않음을, 적어도 따름정리 3.1.4의 결과들만으로는 부족함을 의미한다. 하지만 이 문제는 Erdős와 Gallai에 의해 1960년에 다음과 같이 해결되었다.

정리 3.1.5 Erdős–Gallai, 1960

음이 아닌 정수의 수열 $d_1, d_2, \cdots, d_n$이 $d_1 \ge d_2 \ge \cdots \ge d_n$일 때, n개의 점의 차수가 각각 $d_1, d_2, \cdots, d_n$인 그래프 G가 존재할 필요충분조건은 다음 두 조건이 동시에 성립하는 것이다.

[조건 1] $\sum_{i=1}^{n} d_i$가 짝수

[조건 2] 임의의 $1 \le k \le n$에 대해 $\sum_{i=1}^{k} d_i \le k(k-1) + \sum_{i=k+1}^{n} \min\{k, d_i\}$

20) 이와 같은 그래프가 존재하면 이 수열 $(d_1, d_2, \cdots, d_n)$을 graphic sequence라고 한다.

이때, [조건 1]과 [조건 2]를 만족하는 것이 필요조건임을 증명하는 것은 좋은 조합론 문제이므로 연습문제로 남긴다. 한편, [조건 1]과 [조건 2]가 충분조건임을 증명하는 것은 지루한 편이므로 여기서는 간단히 방법만 소개하겠다. n에 대한 귀납법으로 증명할 수 있다. 이를 위해 먼저 $(d_1,\ d_2,\ \cdots,\ d_n)$이 두 조건을 만족하면

$$(d_2,\ d_3,\ \cdots,\ d_{n-d_1},\ d_{n-d_1+1}-1,\ d_{n-d_1+2}-1,\ \cdots,\ d_n-1)$$

역시 두 조건을 만족함을 보인다. 이때 귀납법 가설에 의해 차수가 그와 같은 $n-1$개의 점으로 이루어진 그래프를 그릴 수 있고 이 그래프에 한 점을 추가하여 이 점을 차수가 $d_{n-d_1+1}-1,\ d_{n-d_1+2}-1,\ \cdots,\ d_n-1$인 d_1개의 점들에 연결하면 된다. 자세한 증명은 직접 해보길 바란다.

(2) 그래프의 경로와 회로

다음으로 그래프의 변들로 이루어진 경로와 회로에 대해 알아보자. 단순하게 말하면 그래프에서 경로는 두 점을 여러 개의 변들로 연결하는 것을 뜻하며, 회로는 한 점에서 시작하여 여러 개의 변들을 거쳐 다시 그 점으로 돌아오는 것을 뜻한다. 이때, 경로는 한 점을 두 번 이상 지나서는 안 되며, 회로 역시 시작점으로 돌아올 때까지는 한 점을 두 번 이상 지나서는 안 된다. 이를 수학적으로 엄밀하게 정의하면 다음과 같다.

정의 3.1.6 경로와 회로

(1) 그래프 G의 서로 다른 꼭짓점 $v_1,\ v_2,\ \cdots,\ v_m$이 임의의 $1 \le i \le m-1$에 대해 v_i와 v_{i+1}이 인접하면 $m-1$개의 변의 집합 $\{v_1v_2,\ v_2v_3,\ \cdots,\ v_{m-1}v_m\}$을 그래프 G의 **경로(path)**라고 하고, 이 집합의 변의 개수인 $m-1$을 이 **경로의 길이**라고 한다.

(2) 그래프 G의 서로 다른 꼭짓점 $v_1,\ v_2,\ \cdots,\ v_m$이 임의의 $1 \le i \le m-1$에 대해 v_i와 v_{i+1}이 인접하고 v_m도 v_1과 인접하면 m개의 변의 집합 $\{v_1v_2,\ v_2v_3,\ \cdots,\ v_{m-1}v_m,\ v_mv_1\}$을 **회로(cycle)**라고 하고 이 집합의 변의 개수인 m을 이 **회로의 길이**라고 한다.

이 책에서는 편의상 경로 $\{v_1v_2,\ v_2v_3,\ \cdots,\ v_{m-1}v_m\}$는 $v_1,\ v_2,\ v_3,\ \cdots,\ v_m$으로 나타내고 회로 $C=\{v_1v_2,\ v_2v_3,\ \cdots,\ v_{m-1}v_m,\ v_mv_1\}$ 역시 $v_1,\ v_2,\ v_3,\ \cdots,\ v_m,\ v_1$로 점들을 나열하는 것으로 간단하고 직관적으로 나타내도록 한다. 예를 들어 다음 그래프에서 $v_1,\ v_2,\ v_3,\ v_4$는 경로이고 $w_1,\ w_2,\ w_3,\ w_4,\ w_1$은 회로이다.

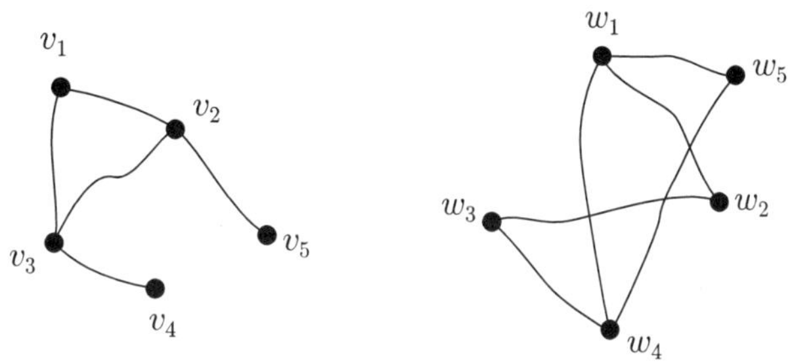

[그림 3.5] 경로와 회로

경로를 살펴볼 때에는 많은 경우에 경로의 양 끝점이 주요 관심사이다. 어떤 경로 $u,\ v_1,\ v_2,\ \cdots,\ v_n,\ v$가 있으면 이 경로는 u와 v를 연결하는 경로라고 한다. 또한 점 u와 v는 이 경로에 의해 연결되었다고 나타낸다.[21]

회로 중에서도 특별히 길이가 3인 회로를 간단히 삼각형이라고 하며 $x,\ y,\ z,\ x$와 같이 나타내는 대신 간단히 xyz로 나타내자. 각 점 v에 대해 점 v를 지나는 삼각형의 개수를 그 점의 삼각형 차수라고 하면, 다음을 증명할 수 있다. 정리 3.1.3과 같은 방법으로 증명이 가능하므로 개략적인 틀만 제공한다.

예제 3.1.3

n개의 점 $v_1,\ v_2,\ \cdots,\ v_n$으로 이루어진 그래프 G의 각 점 v_i의 삼각형 차수를 t_i라 하자. 이때, 그래프 G의 삼각형의 개수를 m이라 하면 $\sum_{i=1}^{n} t_i = 3m$이 성립함을 증명하여라.

풀이 그래프 G의 점 v와 삼각형 t에 대해 다음 집합의 원소의 개수를 이중세기하면 된다.

21) 변으로 연결된 두 점을 연결되었다고 나타내는 대신 인접하다고 나타낸 것은 여기서의 표현과 중복을 피하기 위해서이다.

$$X = \{(v,\ t) \mid \text{점 } v\text{가 삼각형 } t\text{의 세 꼭짓점 중 하나}\}$$ ■

경로와 회로는 그 자체만으로도 충분한 중요성을 가지지만 그 중 특수한 경로와 회로가 있다. 해밀턴회로, 해밀턴경로와 오일러회로, 오일러경로이다. 먼저 해밀턴 경로와 회로는 다음과 같이 정의된다.

정의 3.1.7 해밀턴경로와 해밀턴회로

그래프 G의 모든 점을 한 번씩 지나는 경로를 **해밀턴경로(Hamiltonian path)**라고 한다. 마찬가지로 그래프 G의 모든 점을 한 번씩 지나는 회로를 **해밀턴회로(Hamiltonian cycle)**라고 한다.

물론 그래프에 따라 해밀턴경로 또는 해밀턴회로가 존재하지 않을 수 있다.

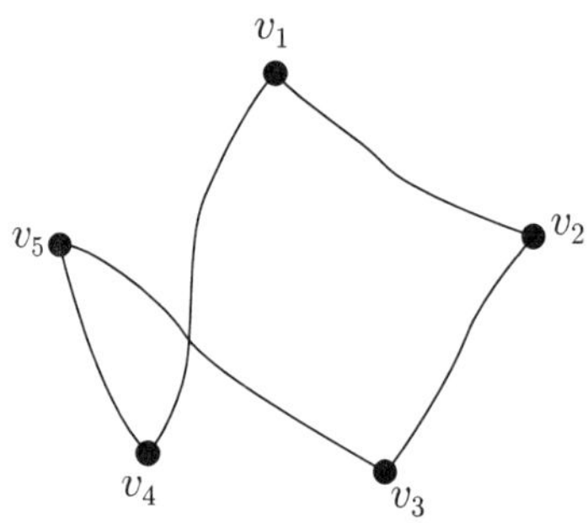

[그림 3.6] 해밀턴회로

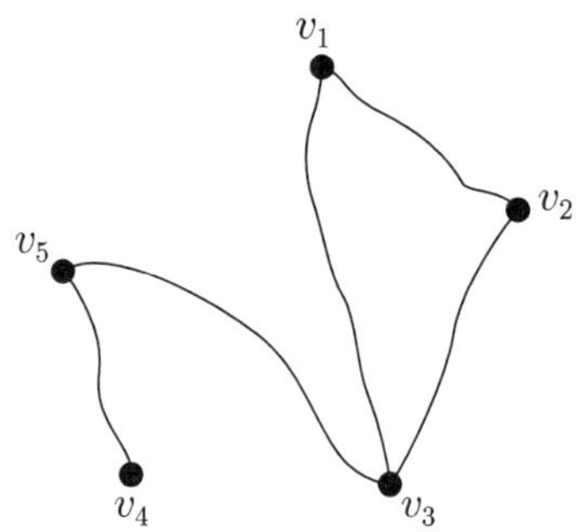

[그림 3.7] 해밀턴경로

왼쪽 그래프에서 $v_1,\ v_2,\ v_3,\ v_5,\ v_4,\ v_1$는 해밀턴회로이다. 오른쪽 그래프에서는 $v_1,\ v_2,\ v_3,\ v_5,\ v_4$가 해밀턴경로이지만 해밀턴회로는 존재하지 않는다.

마지막으로 오일러경로와 오일러회로를 알아보자. 앞서 언급했듯이 오일러회로는 한붓그리기를 그래프로 나타낸 것으로, 그래프 이론의 시초가 된 개념이다. 하지만 오일러경로와 회로의 정의는 앞선 경로와 회로의 정의와 부합하지 않는 측면이 있어 혼동될 수 있다. 이 둘은 같은 점을 여러 번 지나도 된다.

정의 3.1.8 오일러경로와 오일러회로

그래프 G의 모든 변들을 v_1v_2, v_2v_3, $\cdots$, $v_{n-1}v_n$과 같이 나열하였다고 하자. 이때, $v_1 \neq v_n$이면 이를 오일러경로(Eulerian trail)라 하며, $v_1 = v_n$이면 이를 오일러회로(Eulerian circuit)라고 한다.

예

오른쪽 그래프에서 v_1, v_2, v_3, v_4, v_5, v_6, v_3, v_5, v_2, v_6, v_1은 오일러회로이다.

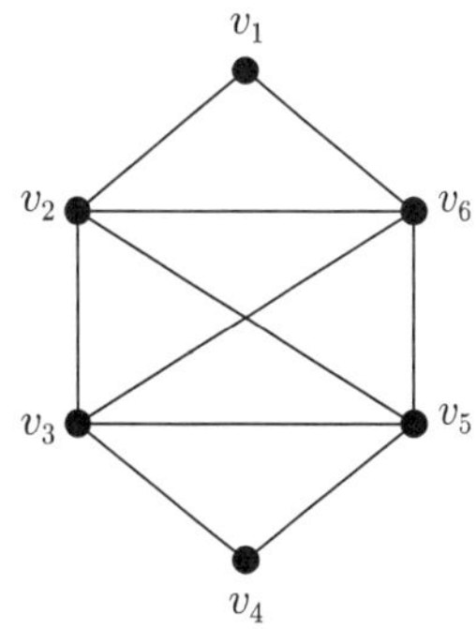

[그림 3.8] 오일러회로

앞서 정의 3.1.6에서 경로와 회로는 같은 점을 여러 번 반복해서 지날 수 없었는데 이는 영어로 각각 path와 cycle이라고 한다. 하지만 정의 3.1.6에서 같은 변은 여러 번 지날 수 없지만 같은 점은 여러 번 지날 수 있는 것으로 조건을 완화한 것을 각각 영어로는 주로 trail과 circuit이라고 한다. 오일러경로와 회로에서 경로와 회로는 path와 cycle이 아니라 trail과 circuit을 의미한다. 일반적으로 오일러경로와 오일러회로는 대명사처럼 사용되고 있으므로 큰 혼동의 여지는 없다. 이 경우를 제외하고는 이 책에서 경로와 회로는 정의 3.1.6의 path와 cycle을 의미하는 것으로 약속한다. 이와 같은 오일러회로와 해밀턴회로 등은 '4.2 오일러회로와 해밀턴회로'에서 자세히 알아보도록 하자.

(3) 여러 가지 그래프

이번 단원에서는 여러 가지 기본적인 그래프들에 대해 학습하도록 한다. 예를 들어 수형도처럼 잘 알려진 그래프부터 완전그래프, 이분그래프, 연결그래프, 정칙그래프, 평면그래프 등 그래프 이론에서 중요한 역할을 하는 그래프들을 이번 단원에서 알아본다. 이들 각각의 자세한 성질과 그들 사이의 관계를 살펴보는 것은 그래프 이론의 기초가 되는 중요한 내용으로 이후 단원들에서 차례대로 알아볼 것이다.

정의 3.1.9 완전그래프

그래프 G의 임의의 서로 다른 두 점이 인접할 때, 즉, 임의의 두 점이 변으로 연결되어 있을 때, 그래프 G를 **완전그래프**(complete graph)라 한다. 점의 개수가 n개인 완전그래프를 K_n으로 나타낸다.

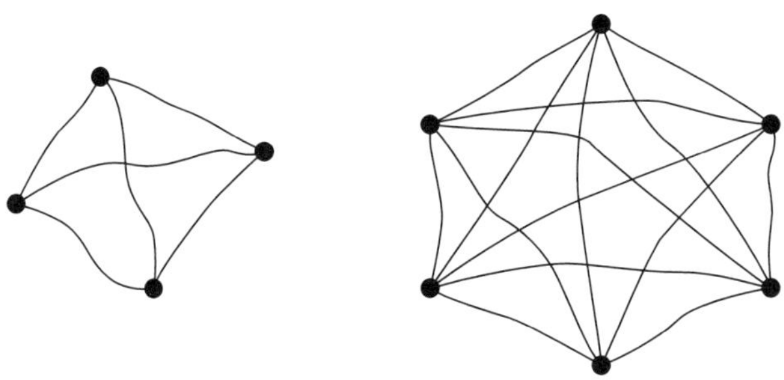

[그림 3.9] 완전그래프 K_4와 K_6

정의에 의하면 완전그래프 K_n의 변의 개수는 $\binom{n}{2}$개이며, 모든 점은 차수가 $n-1$이 되어야 함을 쉽게 알 수 있다. 따라서 다음으로 자연스럽게 생각할 수 있는 것은 $n-1$ 이하의 자연수 d에 대해 모든 점의 차수가 d인 그래프이다.

정의 3.1.10 정칙그래프

그래프 G의 모든 점의 차수가 같을 때 G를 **정칙그래프**(regular graph)라 한다. 특히 모든 점의 차수가 d일 때 이 그래프를 d차 **정칙그래프**(또는 $d-$정칙그래프)라 한다.

앞선 예제 3.1.1에서 살펴보았듯이 임의의 d에 대해 d차 정칙그래프가 존재하는 것은 아니다. 점의 개수가 홀수인 경우에는 d는 반드시 짝수여야 한다. 이 정의에 의하면 완전그래프 K_n은 $n-1$차 정칙그래프가 된다. 정칙그래프 중에 가장 단순할 것으로 생각되는 것은 1차 정칙그래프나 2차 정칙그래프이다. 이들은 어떤 그래프일지 생각해 보자. 먼저, 1차 정칙그래프는 특별한 이름을 가지고 있다.

정의 3.1.11 매칭

그래프 G의 모든 점의 차수가 1일 때 G를 **매칭**(matching)이라 한다.

쉽게 생각하면 1차 정칙그래프, 또는 매칭은 $2n$개의 점을 2개씩 n개의 쌍으로 묶어 각 쌍만 변으로 연결한 것으로 생각할 수 있다. 매칭이 중요한 이유는 $2n$개의 점으로 이루어진 어떤 그래프 G가 주어졌을 때, G의 변 중 n개가 매칭을 이루는지 판별하는 문제 때문인데 이는 '3.4 극단 그래프 이론의 기초'에서 자세히 살펴보도록 한다.

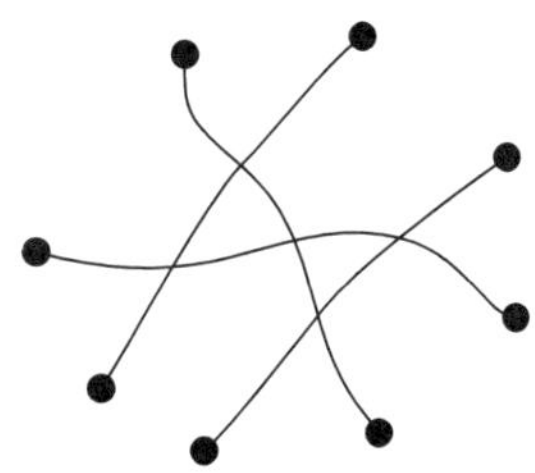

[그림 3.10] 매칭

다음으로 2차 정칙그래프에 대해 생각해 보자. 2차 정칙그래프로 쉽게 떠올릴 수 있는 것은 아래의 [그림 3.11]의 왼쪽 그래프와 같이 점이 5개인 회로이다.

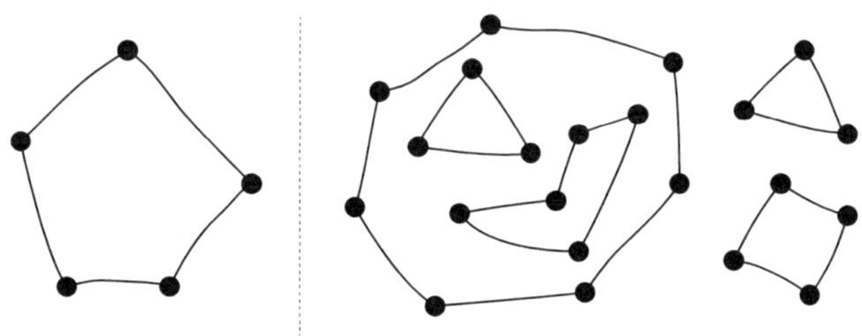

[그림 3.11] 2차 정칙 그래프

하지만 [그림 3.11]의 오른쪽 그래프와 같이 여러 개의 서로 겹치지 않는 회로들이 모여 이루어진 그래프 역시 모든 점의 차수가 2임을 알 수 있다. 실제로 2차 정칙그래프는 이와 같은 그래프들 뿐임을 쉽게 증명할 수 있다.

예제 3.1.5

G가 2차 정칙그래프이면 G의 변의 집합 E를 E_1, E_2, $\cdots$, E_k로 분할하여 각 E_i는 회로가 되며 서로 다른 두 E_i와 E_j는 점을 공유하지 않도록 할 수 있음을 증명하여라.

풀이 점의 개수 n에 대한 귀납법으로 쉽게 할 수 있으므로 여기서는 생략하도록 한다. ■

이제까지 우리가 살펴본 대부분의 그래프들은 [그림 3.11]의 왼쪽 그래프와 같이 하나의 묶음으로 이루어진 그래프였다. 하지만 [그림 3.11]의 오른쪽 그래프는 하나의 묶음으로 이루어져 있지 않다. 이 두 그래프를 수학적으로 어떻게 구분하면 좋을까? 먼저 왼쪽 그래프와 같이 한 묶음으로 이루어진 그래프는 임의의 두 점을 잡아도 두 점을 연결하는 경로가 존재함을 알 수 있다. 하지만 오른쪽 그래프는 서로 다른 두 묶음에서 점을 하나씩 선택하면 두 점을 연결하는 경로가 존재하지 않는다. 따라서, '한 묶음으로 된 그래프'를 수학적으로 정의하면 다음과 같다.

정의 3.1.12 연결그래프

그래프 G의 임의의 두 점 u와 v에 대하여 u와 v를 연결하는 경로가 존재하면 그래프 G를 **연결그래프**(connected graph)라고 부른다.

참고 점의 개수가 1인 그래프는 연결그래프로 간주한다.

예

다음 그래프 중 왼쪽 그래프 G는 점 u와 v을 연결하는 경로가 없기 때문에 연결그래프가 아니고, 오른쪽 그래프 H는 임의의 두 점을 연결하는 경로가 존재함을 쉽게 알 수 있으므로 연결그래프이다.

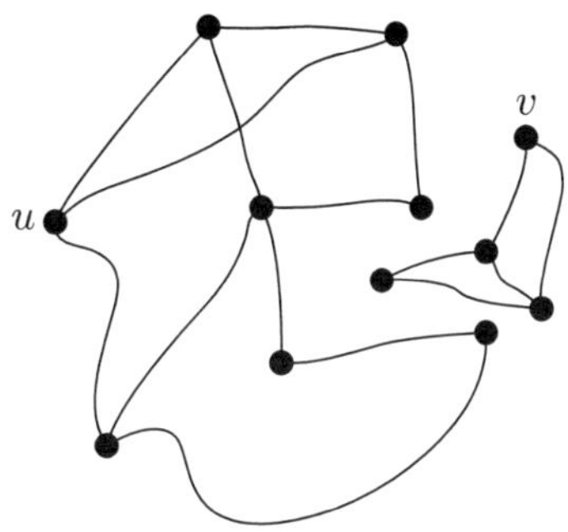

[그림 3.12] 그래프 G

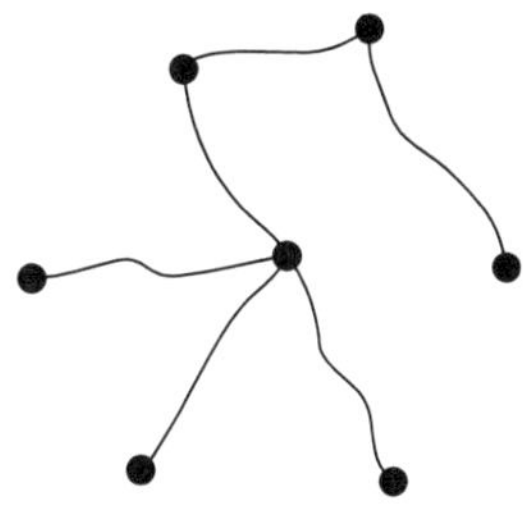

[그림 3.13] 그래프 H

특히 위의 예에서 그래프 H는 우리가 특히 **수형도**라고 부르는 그래프이다. 다음은 모두 수형도의 예이다.

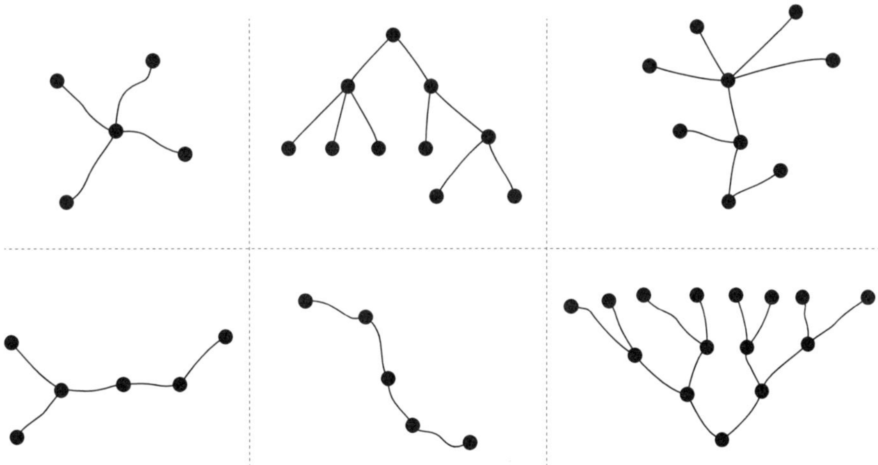

[그림 3.14] 수형도

그렇다면 이와 같은 수형도를 수학적으로 어떻게 정의할 수 있을까? 위의 수형도들은 여러 가지 공통점을 가지지만 그 중 쉽게 찾을 수 있는 것은 회로를 가지지 않는다는 점이다. 실제로 수형도는 수학적으로 다음과 같이 앞서 학습한 개념들을 이용하여 다음과 같이 정의할 수 있다.

정의 3.1.13 수형도

그래프 G가 연결그래프이면서 회로를 가지지 않으면 이 그래프를 **수형도**(tree)라고 부른다.

사실 수형도는 회로가 없다는 것 이외에도 여러 가지 성질을 가지고 있다. 예를 들어 수형도에서는 임의의 두 점을 연결하는 경로가 정확히 하나임을 쉽게 관찰할 수 있다. 이와 같은 수형도의 성질에 대해서는 '3.2 연결그래프와 수형도'에서 자세히 살펴볼 것이다.

다음으로 이분그래프에 대해 알아보자.

정의 3.1.14 이분그래프

그래프 G의 점의 집합 V를 어떤 두 집합 X, Y로 분할하였을 때, 임의의 변을 선택하면 이 변의 두 끝점 중 하나는 X, 하나는 Y의 원소가 된다면 G를 **이분그래프**(bipartite graph)라고 한다.

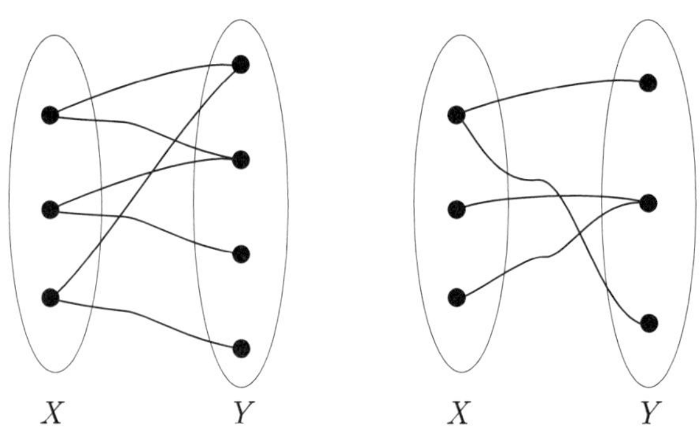

[그림 3.15] 이분그래프

참고 [그림 3.15]의 그래프들과 같이 이분그래프에서 X에 속하는 점들 사이나 Y에 속하는 점들 사이에는 변이 없다. 위의 정의와 같이 점의 집합 V가 X, Y로 분할되었을 때 이분그래프가 된다면 그래프 G는 '점들이 X, Y로 분할된 이분그래프'라고 하자.

이분그래프는 여러 연구 대상을 그래프로 나타내었을 때 종종 등장한다. 이분그래프는 놀랍게도 길이가 홀수인 회로와 깊은 관련이 있는데 이 관계는 '3.3 이분그래프와 길이가 홀수인 회로'에서 살펴볼 것이다. 실제로 바로 앞서 공부한 수형도가 바로 이분그래프의 대표적인 예이다. 이를 확인하기 위해서는 아래와 같이 수형도의 임의의 한 점을 선택해서 A를 표시하고 이 점에 인접한 점들은 B, 다시 B로 표시된 점에 인접한 점들을 A를 표시하는 식으로 번갈아 가며 A와 B를 표시해 보자. 이때, A로 표시된 점들의 집합을 X, B로 표시된 점들의 집합을 Y라 하면 정의 3.1.14에 부합하는 이분그래프가 됨을 알 수 있다.

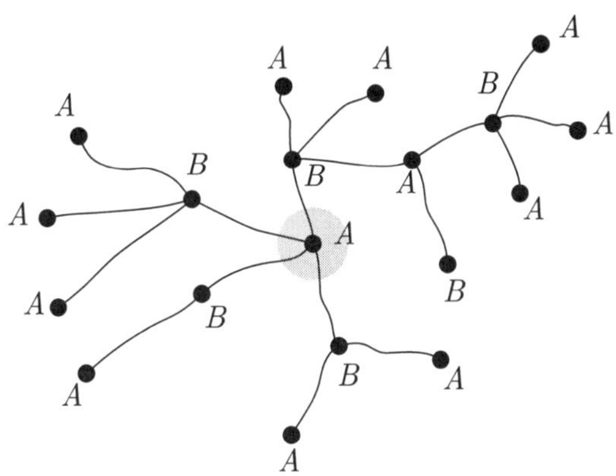

[그림 3.16] 수형도와 이분그래프

위의 이분그래프의 정의에서 X의 점들과 Y의 점들 사이가 모두 변으로 연결되어 있으면 이 그래프를 특별히 완전이분그래프라고 부른다.

정의 3.1.15 완전이분그래프

그래프 G가 점들이 X, Y로 분할된 이분그래프일 때, X의 임의의 점과 Y의

임의의 점 사이는 인접하다면 이 그래프 G를 완전이분그래프라고 한다. 특히 $|X|=m$, $|Y|=n$일 때 이 완전이분그래프를 $K_{m,n}$으로 나타낸다.

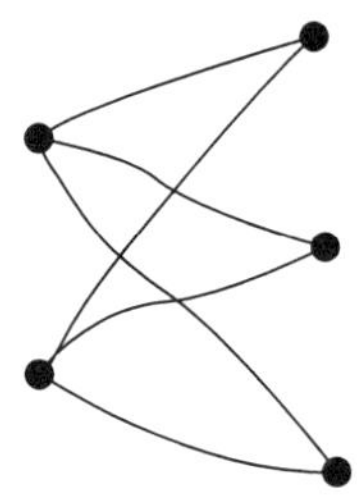

[그림 3.17] 완전이분그래프 $K_{2,3}$

마지막으로 알아볼 그래프는 유명한 4색문제와 관련된 평면그래프이다. 우리는 그래프를 그릴 때 평면 위에 점을 찍고 이들 사이를 자연스럽게 직선 또는 곡선으로 연결한다. 이때 굳이 선들이 서로 교차하지 않게 그릴 필요는 없다. 하지만 어떤 그래프들은 점과 선들을 잘 배열하여 그리면 선들을 서로 교차하지 않게 그릴 수 있는데 이런 그래프를 평면그래프라고 한다.

정의 3.1.16 평면그래프

변들이 그래프의 점들을 제외한 곳에서 서로 교차하지 않도록 평면 위에 그릴 수 있는 그래프를 **평면그래프**(planar graph)라고 한다.

어떤 그래프 G의 변들이 서로 교차한다고 하여 바로 G가 평면그래프가 아니라고 말할 수 없다. 다음 [그림 3.18]에서 볼 수 있듯이 왼쪽에 그려진 K_4는 변이 서로 교차하지만 한 변을 적당히 옮겨서 서로 교차하지 않게 할 수 있기 때문이다.

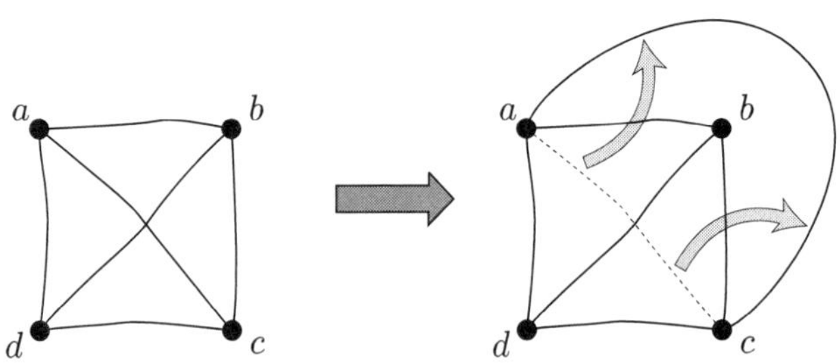

[그림 3.18] 평면그래프

따라서 어떤 그래프가 평면그래프인지 여부를 판별하려면 변들을 어떻게 옮겨도 겹치지 않는지 여부를 살펴봐야 하기 때문에 단순한 문제가 아니다. 예를 들어 완전그래프 K_5나 완전이분그래프 $K_{3,3}$은 점들과 선들을 어떻게 옮기고 변형시켜도 변들이 서로 교차하기 때문에 평면그래프가 아닌데, 이를 증명하는 것은 쉽지 않다. 하지만 어떤 그래프가 평면그래프인지 정확히 판별하는 방법은 폴란드의 수학자 Kazimierz Kuratowski에 의해 밝혀져 있다. 평면그래프에 대해서는 '4.3 평면그래프와 채색문제'에서 자세히 살펴볼 것이다.

우리는 이번 단원에서 완전그래프, 정칙그래프, 매칭, 연결그래프, 수형도, 이분그래프, 완전이분그래프, 평면그래프 등이 어떤 그래프인지 살펴보았다. 이들은 그래프 이론에서 기본이 되는 중요한 그래프들이므로 이제 이들의 성질에 대해 자세히 알아보자.

연습문제

1. 어떤 모임에 6명의 참가자가 있다. 그들 중에는 일곱 쌍의 친구가 존재하고, 임의의 세 명을 선택하여도 그 세 명 가운데 적어도 한 쌍의 친구가 존재한다고 한다. 이때, 다음 물음에 답하여라.

   (1) 모임에 참가한 사람 중 적어도 세 명의 친구가 있는 사람이 존재함을 증명하여라.

   (2) 모임에는 서로 친구인 세 명이 존재함을 증명하여라.

2. 어떤 모임에 참가한 사람들이 서로 악수를 나누었다. 임의의 두 사람은 0회 또는 1회의 악수를 하였다고 할 때, 같은 회수의 악수를 한 두 사람이 반드시 존재함을 보여라.

3. 두더지 한 마리가 지하에 여러 개의 방들을 만들어 놓고, 그 방들을 몇 개의 터널로 연결시켰다. 모든 방에는 세 개의 터널이 존재하여 각각 서로 다른 방과 연결되어 있다. 또한, 임의의 세 방을 선택하면 터널로 직접 연결되지 않은 두 방이 존재한다. 이때 두더지가 만든 방의 수는 6개 이상임을 증명하여라. 또한, 두더지가 정확히 6개의 방을 만든 경우의 예를 설명하여라. (단, 두더지가 만든 터널들은 방들 외의 지점에서는 서로 교차하지 않는다.)

4. 4개의 점으로 이루어진 수형도는 3개의 변으로 이루어짐을 증명하여라.

5. 정리 3.1.15의 필요조건 부분을 증명하여라.

3.2 연결그래프와 수형도

이제 본격적으로 그래프 이론에 나타나는 여러 개념들에 대해 학습해 보고자 한다. 이 단원에서는 연결그래프의 성질과 연결그래프 분할을 살펴본 뒤, 이를 바탕으로 수형도와 회로가 없는 그래프에 대하여 탐구해 본다.

(1) 연결그래프

연결그래프에 대해 학습하기에 앞서 임의의 그래프는 여러 개의 연결그래프로 분할됨을 증명해 보자. 이는 매우 직관적인 결과로, 연결그래프가 아닌 그래프들은 [그림 3.11]의 오른쪽 그래프처럼 여러 개의 서로 연결되어 있지 않은 연결그래프들로 이루어져 있다는 것을 뜻한다.

정리 3.2.1

임의의 그래프 $G=(V, E)$가 주어졌다. 이때, 어떤 자연수 n에 대해 $V=V_1 \cup V_2 \cup \cdots \cup V_n$으로 분할하고 $E=E_1 \cup E_2 \cup \cdots \cup E_n$으로 분할하여 각 E_i는 V_i의 점들 사이의 변들만으로 이루어져 있으며 모든 $G_i=(V_i, E_i)$가 연결그래프가 되게 할 수 있다. 또한, 이러한 분할 방법은 유일하며 그래프 G가 연결그래프인 경우에는 $n=1$이다.

참고 이와 같은 경우 그래프 G는 연결그래프 $G_1, G_2, \cdots, G_n$으로 **분할되었다**고 나타내고 G_i들을 그래프 G의 **연결성분**이라고 하자.

증명 그래프 G의 점의 개수에 대한 수학적 귀납법을 사용하면 쉽게 증명할 수 있다. 먼저 초기조건으로 점의 개수가 한 개인 그래프의 경우는 자명하다.

이제 임의의 그래프 G에 대하여, G보다 점의 개수가 작은 그래프들은 연결그래프로 분할이 가능하다고 가정하자. 이때, 그래프 G의 임의의 한 점

v를 선택하여 v 또는 v와 경로로 연결된 점들의 집합을 V_1이라 하자. 이때, V_1의 점들 사이의 변의 집합을 E_1이라 하면 연결그래프의 정의에 의해 점들을 $G_1 = (V_1, E_1)$은 연결그래프임은 쉽게 확인할 수 있다. 이제 V_1의 점과 $V - V_1$의 점을 연결하는 변이 없음은 자명하므로 그래프 G에서 G_1을 제외한 나머지 부분에 귀납법 가설을 적용하면 이 부분 역시 연결그래프 $G_2, G_3, \cdots, G_n$으로 분할됨을 알 수 있고 원래 그래프 G는 $G_1, G_2, \cdots, G_n$으로 분할된다. 이와 같은 분할의 유일성은 자명하므로 생략한다. ■

위의 증명은 어떻게 보면 직관적으로 자명한 사실을 수학적으로 엄밀하게 증명한 것이다. 특히 이 방법 중에서 어떤 점 v를 잡고 이 점 또는 이 점과 경로로 연결된 점의 집합 V_1를 잡는 방식은 앞으로도 종종 적당히 변형되어 사용된다. 그래프의 연결성과 관련된 다음 예제를 살펴보자.

예제 3.2.1

n명의 사람들이 있는데 이 중 어떤 두 사람은 서로 알지만 어떤 두 사람은 서로 모른다고 한다. 매일 밤, 이 중 한 명이 자신이 아는 사람들을 모두 초대하여 서로를 소개하는 파티를 개최하게 되며 파티 후에는 파티에 참가한 모두가 서로 알게 된다고 한다. n명의 사람 모두가 적어도 한 번 이상씩 파티를 개최한 후에도 어떤 두 명은 아직 서로를 모르고 있었다고 하면 아무리 많은 파티를 개최하여도 이 두 사람은 서로 알 수 없게 됨을 보여라.

풀이 사람들은 점으로 나타내고 서로 아는 사이를 변으로 나타낸 그래프 G를 생각하자. G가 연결그래프 $G_1, G_2, \cdots, G_n$으로 분할되었다고 하자. 만약 두 점 x, y가 같은 연결성분 G_i의 두 점이면 이 두 점 x, y는 경로로 연결되어 있다. 이때, 두 점 x, y를 연결하는 경로를 $x, v_1, v_2, \cdots, v_m, y$로 생각하자. 이때, $x = v_0,\ y = v_{m+1}$이라 생각하면, 어떤 점 v_i에 해당하는 사람이 파티를 개최 했을 때, v_{i-1}과 v_{i+1}이 직접 연결되므로 위 경로에서 v_i를 제거할 수 있다. 이처럼 파티를 개최한 사람에 대응 되는 점이 경로에서 계속 제거 되므로 $v_1, v_2, \cdots, v_m$에 대응되는 사람이 모두 파티를 개최한 뒤에는 x와 y가 직접 연결된다. 따라서 모든 사람이 한 번 이상씩 파티를 개최한 뒤에는 같은 연결성분에 속하는 두 점은 서로 변으로 직접 인접하게 되므로 이때에도 서로 인접하지 않은 두 점은 서로 다른 연결성분에 속하는 두 점이다. 서로 다른 연결성분에 속하는 두 점은 영원히 서로 연결될 수 없음은 자명하다. ■

참고 즉, G가 연결그래프 G_1, G_2, $\cdots$, G_n으로 분할되었다고 하면, 파티를 개최할 때마다 어떤 G_i의 변이 채워져서 모든 사람이 파티를 개최하면 각 G_i는 완전그래프로 되는 것이다. 즉, 마지막에는 G는 n개의 서로 만나지 않는 완전그래프들의 모임이 되며 그 뒤로는 더 이상 변이 추가되지 않는다.

이제 연결그래프의 중요한 성질에 대해 알아보자. 그래프에 변의 개수가 너무 적으면 이 그래프는 점들을 모두 연결하기에 불충분할 것이다. 따라서 연결그래프는 일정 수준 이상의 변을 포함해야 하는데 다음 정리는 그것에 대한 정답을 정확하게 제시해 준다.

정리 3.2.2

n개의 점을 가지는 그래프 G가 연결그래프이면 G의 변의 개수는 $n-1$개 이상이다.

증명 n에 대한 수학적 귀납법을 사용하자. $n=1$인 경우는 자명하다. 이제 $n-1$일 때 명제가 성립한다고 가정하고 n일 때를 살펴보자.

먼저 n개의 점으로 이루어진 연결그래프 G를 생각하자. G의 모든 점의 차수가 2 이상이면 차수의 합은 $2n$ 이상이 되고 정리 3.1.3에 의해 변의 개수는 n개 이상이 되므로 자명하게 증명이 된다. 만약 G의 점 중 차수가 1인 점 v가 있다고 하자. 이때, 다음 보조정리를 살펴보자.

보조정리 3.2.3

연결그래프 G에 차수가 1인 점 v가 있다고 하자. 이때, G에서 점 v 및 v에 연결된 1개의 변을 지운 그래프 G_1도 여전히 연결그래프이다.

증명 보조정리 3.2.3의 증명은 간단하다. G_1의 두 점 x, y를 선택하였을 때 그래프 G에서 두 점 x, y를 연결하는 경로는 v를 지나지 않을 것이므로 이 경로는 G_1에도 여전히 있기 때문이다. ■

다시 정리 3.2.2의 증명으로 돌아가면 보조정리 3.2.3에 의해 G에서 점 v 및 v에 연결된 1개의 변을 지운 그래프 G_1은 $n-1$개의 점으로 이루어진 연결그래프이다. 따라서 G_1은 귀납법 가설에 의해 $n-2$개 이상의 변을 가지고 있고, 따라서 G에는 $n-1$개 이상의 변이 존재한다. ■

위의 정리 3.2.2에서 n개의 점을 가지며 정확히 $n-1$개의 변을 가지는 연결그래프는 중요한 의미를 가진다. 이러한 그래프가 바로 수형도이기 때문이다.

(2) 수형도와 회로가 없는 그래프

수형도는 앞서 정의 3.1.13에서 살펴본 바와 같이 연결그래프이면서 회로가 없는 그래프이다. 한편 앞 단원의 마지막 부분에 언급했듯이 n개의 점을 가지는 수형도는 $n-1$개의 변을 가진다. 이는 수형도의 중요한 성질로 이번 단원에서 학습할 주요 내용이다. 하지만 이 성질을 탐구하기에 앞서 중요한 보조정리를 하나 살펴보자. 수형도에 있는 점 중 차수가 1인 점을 leaf라고 한다. 다음 보조정리는 수형도와 관련된 문제에서 귀납적인 논리를 펼칠 수 있는 근간이 되어 준다.

보조정리 3.2.4

점의 개수가 $n(\geq 2)$개인 수형도는, 적어도 2개의 leaf를 가진다. 또한 수형도에서 한 leaf와 그 leaf에 연결된 변을 제거한 그래프는, 점의 개수가 $n-1$개인 수형도가 된다.

증명 수형도 G에서 길이가 가장 긴 경로를 $v_1, v_2, v_3, \cdots, v_m$이라 하자. 이때, v_1과 인접한 v_2가 아닌 점 x이 있다고 가정하자. x가 v_i이면 $v_1, v_2, \cdots, v_i, v_1$이 회로가 되므로 수형도의 정의에 위배된다. 만약 x가 v_i의 꼴이 아니면 $x, v_1, v_2, \cdots, v_m$이 $v_1, v_2, v_3, \cdots, v_m$보다 길이가 긴 경로가 되어 최대성에 모순이 된다. 이는 점 v_1의 차수가 1임을 의미한다. 마찬가지로 v_m의 차수도 1이 되므로 수형도에는 leaf가 적어도 두 개 있음이 증명되었다.

또한, 수형도에서 leaf 및 leaf를 포함하는 변을 제거한 그래프는 보조정리 3.2.3에 의해 연결그래프이며 이 그래프에 회로가 없음은 자명하므로 수형도이다. ■

이제 수형도와 관련된 중요한 결과를 살펴보자.

정리 3.2.5

n개의 점으로 이루어진 그래프 G에서 다음 3개의 명제는 동치이다.

(A) G는 연결그래프이고, 회로가 없다. (즉, G는 수형도이다.)

(B) G는 연결그래프이고, G의 변의 개수는 $n-1$이다.

(C) G는 회로를 가지지 않고, G의 변의 개수는 $n-1$이다.

증명 명제 사이의 동치관계를 몇 가지로 나누어 증명해 보자.

① (A) → (B)

G는 n개의 점으로 이루어진 연결그래프이고 회로가 없을 때 변이 $n-1$개임을 증명해야 한다. 이를 n에 대한 수학적 귀납법을 사용하여 증명하자.

먼저 $n=1$일 때는 자명하며, $n-1$에서 성립한다면 n일 때를 살펴보자. 주어진 그래프 G의 leaf 중 하나를 v라고 하자. 이때 보조정리 3.2.4에 의해 G에서 v 및 v에 연결된 하나의 변을 제거한 그래프는 점의 개수가 $n-1$개인 수형도이다. 따라서 귀납 가설에 의해 이 그래프는 $n-2$개의 변을 가지며 따라서 G는 $n-1$개의 변을 갖게 된다.

② (B) → (C)

$n-1$개의 변을 가지는 연결그래프 G에 회로 v_1, v_2, $\cdots$, v_k, v_1가 있다고 가정하자. 이때, 변 v_1v_2를 지워도 여전히 연결그래프임을 쉽게 알 수 있다. 이때, $n-2$개의 변을 가지는 연결그래프가 되어 정리 3.2.2에 위배된다.

③ (C) → (A)

$n-1$개의 변을 가지면서 회로가 없는 그래프 G를 생각하자. 이 그래프가 연결그래프임을 증명하면 된다. G를 연결그래프 G_1, G_2, $\cdots$, G_k로 분할했다고 하자. 이때, G_i의 점의 개수를 n_i라 하면 $n_1+n_2+\cdots+n_k=n$이 성립한다. 이때, 각 G_i들은 연결그래프이고 회로가 없기 때문에 앞서 ②에서 보였듯이 변의 개수가 n_i-1개이다. 따라서 G의 변의 개수는 모두 $\sum_{i=1}^{k}(n_i-1)=n-k$개이고, $k=1$이다. 즉, $G=G_1$이므로 연결그래프이다. ■

이 정리의 함의에 대해 다시 한 번 생각해 볼 필요가 있다. 다음과 같이 그래프가 가질 수 있는 세 가지 성질을 생각해 보자.

① 연결그래프이다.
② 회로가 없다.
③ 변의 개수가 점의 개수보다 1개 적다.

정리 3.2.5는 어떤 그래프 G가 수형도일 필요충분조건은 G가 ①, ②, ③ 중 임의의 2개를 만족하는 것임을 뜻한다. 다음으로 경로를 이용하여 수형도를 판별하는 방법을 알아보자.

정리 3.2.6

그래프 G가 수형도일 필요충분조건은 G의 임의의 두 점 u,v에 대해, u와 v를 연결하는 경로는 정확히 한 개 있는 것이다.

증명 먼저 G가 수형도라고 가정하자. G가 연결그래프이므로, 임의의 두 점 u, v를 잡았을 때 둘 사이를 연결하는 경로가 존재한다. 이때 만약 서로 다른 경로가 두 개 존재한다면, 자명하게 이 그래프에 회로가 존재하기 때문에 모순이다.

반대로 G의 임의의 두 점 u, v를 연결하는 경로가 정확히 하나 존재하는 경우를 살펴보자. 이때, G는 연결그래프임은 자명하다. 또한 G가 회로를 가진다면, 이것을 v_1, v_2, $\cdots$, v_k, v_1이라 할 때, v_1v_2와 v_1, v_k, v_{k-1}, $\cdots$, v_2가 v_1과 v_2를 연결하는 서로 다른 두 경로가 되어 모순이다. 따라서 G는 회로를 가지지 않는 연결그래프로 수형도가 된다. ■

이 정리를 활용하면 수형도가 이분그래프임을 엄밀하게 증명할 수 있다. 여기서 쓰이는 아이디어는 그래프 이론에서 자주 사용되는 중요한 아이디어이다.

정리 3.2.7

임의의 수형도는 이분그래프이다.

증명 수형도 G의 임의의 점 v를 선택하자. 정리 3.2.6에 의해 임의의 점 u와 v를 연결하는 경로는 정확히 하나가 있다. 이 경로의 길이가 홀수인 점 u들의 집합을 V_1이라 하고, 이 경로의 길이가 짝수인 점 u들의 집합을 V_2라 하자. (단, v에서 v를 연결하는 경로의 길이는 0으로 생각하여 $v \in V_2$라 하자.)

이때, V_1에 속하는 점 x와 y 사이에 변이 있다고 가정하자. 점 v에서 x까지 가는 경로가 v, u_1, u_2, $\cdots$, u_k, x라 하자. 이때, 이 경로의 길이는 $k+1$로 홀수이다. 만약 $u_k = y$이면 v에서 y까지 가는 경로의 길이는 k로 짝수이고, $u_k \neq y$이면 v에서 y를 가는 경로는 v, u_1, u_2, $\cdots$, u_k, x, y가 되어 그 길이가 $k+2$가 되어 역시 짝수이다. 어느 경우에도 모순이다. 즉, V_1에 속하는 점들 사이에는 변이 없고 같은 원리로 V_2에 속하는 점들 사이에도 변이 없으므로 그래프 G는 V_1과 V_2로 분할되는 이분그래프이다. ■

다음으로 수형도의 성질들을 이용하여 해결할 수 있는 예제를 살펴보자.

예제 3.2.2

어떤 볼록 n각형에 $n-3$개의 대각선을 적당히 그어 $n-2$개의 삼각형으로 분할하였다. 이때, 볼록 n각형의 임의의 꼭짓점을 선택하여도 이 꼭짓점을 포함하는 삼각형의 개수는 홀수라면 n은 3의 배수임을 증명하여라.

풀이 볼록 n각형을 삼각형으로 분할하는 문제는 수형도와 직접적으로 관련되어 있다.

먼저 [그림 3.19]처럼 분할된 $n-2$개의 삼각형 내부에 점을 찍고 서로 같은 대각선을 공유하는 두 삼각형에 찍힌 두 점을 변으로 연결하여 그래프를 그리자. 이때, 이 그래프는 $n-2$개의 점과 $n-3$개의 변으로 이루어져 있다. 이 그래프가 연결그래프인 것 역시 자명[22]하므로 정리 3.2.5에 의해 이 그래프는 수형도가 된다. 따라서 정리 3.2.7에 의해 이 그래프는 이분그래프가 된다. 이때, 점들의 집합이 V_1과 V_2로 이분되었다고 하자. 그러면 삼각형들 중 V_1에 속하는 점에 대응되는 삼각형은 검정색으로 칠하고, V_2에 속하는 점에 대응되는 삼각형들은 흰색으로 칠하자. 이때, [그림 3.20]처럼 서로 인접하는 삼각형들은 다른 색이 되도록 삼각형이 번갈아서 색칠된다. 여기까지의 내용은 이 문제의 설정과 상관없는 일반적인 결과이다.

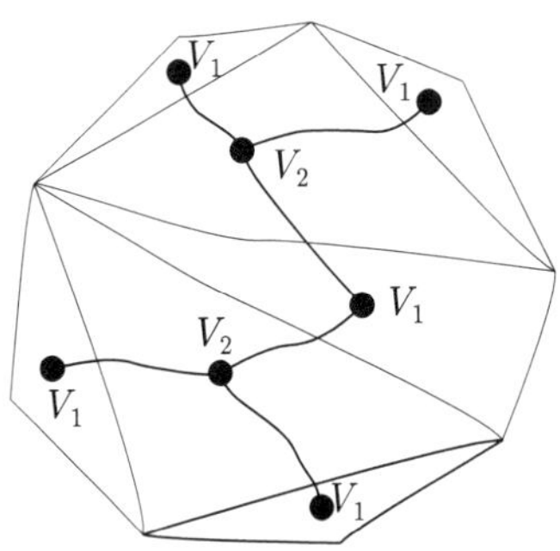

[그림 3.19]

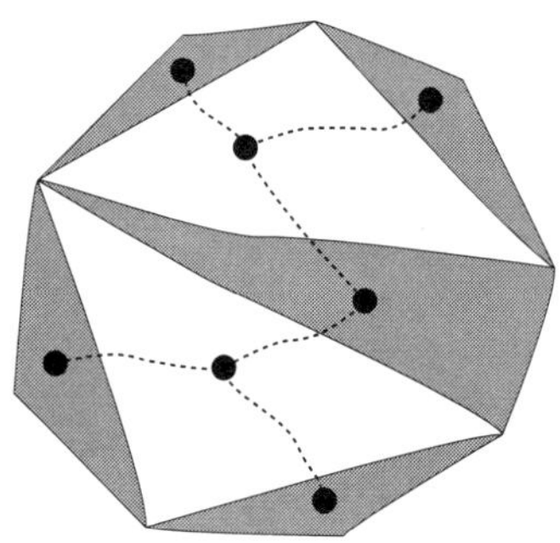

[그림 3.20]

22) 엄밀하게는 n에 대한 수학적 귀납법으로 증명할 수 있다.

이제 문제의 조건 중 임의의 꼭짓점을 선택하여도 이 꼭짓점을 포함하는 삼각형의 개수는 홀수라는 조건은 무엇을 의미하는지 생각해 보자. 이는 어떤 꼭짓점 A를 기준으로 생각할 때, [그림 3.21]처럼 변 AB를 포함하는 삼각형과 변 AC를 포함하는 삼각형은 같은 색으로 칠해져 있음을 의미한다. 이로부터 [그림 3.20]처럼 n각형의 변을 하나 이상 포함하는 모든 삼각형은 같은 색으로 색칠됨을 알 수 있다. 일반성을 잃지 않고 이 색을 검정색이라고 하고, 흰색 삼각형의 개수를 w라 하자. 이때, 흰색 삼각형 w개의 $3w$개의 변들을 살펴보면 이들은 $n-3$개의 대각선들로 이루어져 있음을 알 수 있다. 따라서 $3w=n-3$이 되고 이로부터 n이 3의 배수임을 알 수 있다. ■

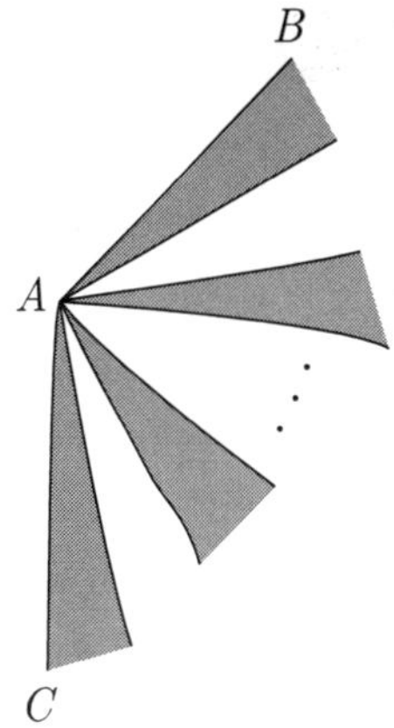

[그림 3.21]

앞서 학습한 연결그래프 분할의 개념과 수형도의 개념을 합치면 회로가 없는 임의의 그래프를 설명할 수 있는데 이에 대해 알아보자.

어떤 그래프에 회로가 없다면 이 그래프를 forest라고 한다. 회로가 없는 그래프 G를 연결그래프 G_1, G_2, $\cdots$, G_k로 분할했다 하면 각 G_i는 회로가 없는 연결그래프이므로 수형도이다. 즉 G는 여러 수형도(tree)들로 이루어져 있는 그래프이므로 forest라고 불리는 것이다.

이제 어떤 회로가 없는 그래프 G의 점의 개수가 n개이고 위처럼 연결그래프로 분할하였을 때, 각 G_i의 점의 개수를 n_i라 하자. 그러면 정리 3.2.5에 의해 G_i의 변의 개수가 n_i-1개이므로 G의 변의 개수는 $\sum_{i=1}^{k}(n_i-1)=n-k$개임을 알 수 있다. 즉 점의 개수에서 연결성분의 개수를 뺀 값이 된다. 논의한 내용을 정리하면 다음과 같다.

정리 3.2.8

그래프 G는 모두 n개의 점으로 이루어져 있고 회로가 없다. 이때, G를 연결그래프로 분할했을 때 연결성분의 개수를 k개라 하면 G의 변의 개수는 $n-k$이다. 즉, 그래프 G의 변의 개수가 n개 이상이면 이 그래프에는 회로가 있게 된다.

이 정리의 내용은 역으로 회로가 없는 그래프의 점의 개수와 변의 개수를 안다면 이 그래프의 연결성분의 개수를 알 수 있음을 뜻한다.

따름정리 3.2.9

그래프 G는 모두 n개의 점과 m개의 변으로 이루어져 있고 회로가 없다. 이때, G를 연결그래프로 분할했을 때 연결성분의 개수는 $n-m$이다.

비슷한 방법으로 정리 3.2.2를 이용하면 다음 결과를 쉽게 증명할 수 있다. 풀이는 간단하므로 연습문제로 남긴다.

예제 3.2.3

그래프 G의 점과 변이 각각 v, e개 있고 연결성분은 c개가 있다면 $c+e \geq v$임을 증명하여라.

위의 학습 내용을 활용하는 예제를 하나 살펴보자.

예제 3.2.4

$S=\{1, 2, \cdots, n\}$의 서로 다른 n개의 부분집합 $A_1, A_2, \cdots, A_n$이 주어져 있다. 이때, $B_i = A_i - \{k\}$라 정의할 때, $B_1, B_2, \cdots, B_n$이 모두 다른 집합이 되게 하는 $k \in S$가 존재함을 증명하여라.

풀이 귀류법을 활용하여 증명하자. 즉, 임의의 $k \in S$에 대해 $A_i - \{k\} = A_j - \{k\}$인 A_i, A_j가 존재한다고 가정하자. 이제 n개의 집합 A_i들을 점으로 생각하고 각 $k \in S$에 대해 $A_i - \{k\} = A_j - \{k\}$인 A_i와 A_j를 한 쌍 찾아 이 두 점을 변으로 연결하여 그래프를 그리자. 이때, 이 그래프의 점의 개수와 변의 개수는 모두 n개이고 따라서 정리 3.2.2에 의해 이 그래프에는 회로가 있게 된다. 회로가 있다는 것은 그래프에 어떤 인접한 두 점 A_u, A_v가 존재하여 경로 A_u, A_{x_1}, A_{x_2}, $\cdots$, A_{x_t}, A_v가 있음을 뜻한다. 다음 [관찰]은 쉽게 확인할 수 있다.

> [관찰] $A_i - \{k\} = A_j - \{k\}$이면 A_i와 A_j는 정확히 하나의 원소 k의 차이를 가지는 두 집합이다.

이제 A_u와 A_v가 인접하므로 일반성을 잃지 않고 $A_u = A_v \cup \{s\}$라 하자. 또한 $s \in A_{x_i}$이지만 $s \not\in A_{x_{i+1}}$인 최소의 i를 m이라 하자. (단, $u = x_0$, $v = x_{t+1}$로 생각하자) 이때, $A_{x_m} = A_{x_{m+1}} \cup \{s\}$가 되어 $x_m = u$, $x_{m+1} = v$여야 하므로 모순이다. ■

연습문제

1. n개의 도시가 철도로 연결되어 어떤 도시에서도 다른 모든 도시로 기차를 타고 갈 수 있다고 하자. 또한, 도시와 도시 사이를 연결하는 철도를 하나의 노선이라고 할 때, 모두 $n-1$개의 노선이 있다고 한다. 이때, n개의 도시의 집합을 A라 할 때, 다음 두 조건을 모두 만족시키는 A의 부분집합 집합 C가 존재함을 증명하여라.

   [조건 1] 집합 C는 적어도 $\left[\frac{n+1}{2}\right]$개의 도시를 포함하고 있다.

   [조건 2] 집합 C에 속한 어떤 두 도시도 철도로 직접 연결되어 있지 않다.

2. n개의 점으로 이루어진 그래프 G의 각 점의 차수가 $d_1 \le d_2 \le \cdots \le d_n$이라 한다. 이때, $n-1-d_n$ 이하의 임의의 자연수 k에 대해 $d_k \ge k$이면, G는 연결그래프임을 증명하여라.

3. 어떤 그래프 G의 지름이란, G의 여러 경로들 중 가장 길이가 긴 것의 길이를 뜻한다. 어떤 자연수 $k \ge 2$에 대해 n개의 점으로 이루어진 수형도 G의 지름이 $2k-3$이라고 한다. 이때, 그래프 G에 길이가 k인 경로가 $n-k$개 이상 있음을 증명하여라.

4. n개의 점으로 이루어진 점의 집합 V의 점들 사이에 놓인 변의 집합 E_1과 E_2가 있다. 이때, $G_1=(V,\ E_1)$, $G_2=(V,\ E_2)$, $G_3=(V,\ E_1 \cap E_2)$, $G_4=(V,\ E_1 \cup E_2)$라 하고, G_i의 연결성분의 개수를 c_i라 하자. 그러면 $c_1+c_2 \le c_3+c_4$임을 증명하여라.

5. (Korea Winter Program, 2006) 2006개의 도시들 사이에 도로를 연결시키고자 한다. 이때, 한 도시에서 다른 한 도시로 설치된 도로를 통해 이동할 때, 이미 지나갔던 길을 다시 지나지 않고 이동하는 것을 좋은 이동이라 하자. 이때 다음 세 조건을 모두 만족시킬 수 있도록 도로건설과 통행료 책정을 할 수 없음을 보여라.

[조건 1] 임의의 한 도시에서 다른 한 도시로 갈 수 있는 좋은 이동은 정확히 하나이다.

[조건 2] 도시와 도시 사이를 지날 때에는 정해진 자연수만큼의 통행료를 내야한다.

[조건 3] 2006개의 도시 중 두 도시를 선택하여 두 도시 사이에 좋은 이동을 할 때 지나가는 각 도로에 내는 통행료의 총합들은 $1, 2, 3, \cdots, \binom{2006}{2}$로 서로 다르다.

6. (IMO Shortlist, 2005) 정수기 판매 업체는 다음과 같은 판매 규칙을 만들었다.

[규칙 1] 정수기를 산 사람은 지금까지 정수기를 사지 않은 사람 중 최대 2명의 사람을 정수기를 사게끔 설득할 수 있다.

[규칙 2] 자기가 2명을 설득하였으며 이 2명 각각이 k명이 정수기를 사도록 유도하였다면, 이 사람을 명예회원으로 임명한다.

여기서 어떤 사람 a가 b가 정수기를 사도록 유도했다는 것은 a가 b를 설득한 것은 물론 어떤 사람 $(a=)v_1, v_2, \cdots, v_r(=b)$에 대해 각 v_i가 v_{i+1}을 설득한 것까지를 포함한다. 정수기를 모두 n명이 구매하였다면 명예회원은 많아야 $\frac{n}{k+2}$명임을 증명하여라.

7. 자연수의 수열 $d_1, d_2, \cdots, d_n$이 $\sum_{i=1}^{n} d_i = 2n-2$를 만족할 때, n개의 점의 차수가 $d_1, d_2, \cdots, d_n$인 수형도가 존재함을 증명하여라.

8. 1×1 모양의 칸 $(2n+1)^2$개로 이루어진 $(2n+1)\times(2n+1)$ 모양의 표가 있다. 홀수 i, j에 대해 이 표의 i행 j열의 칸에는 검은 색이 칠해져 있고, 나머지 칸들은 모두 흰색이라고 한다. 이 표에 2×1 모양의 도미노 $2n^2+2n$개가 서로 겹치지 않게 배치되어 있는데, 각 도미노는 정확히 2개의 칸을 차지하고 있다. 도미노가 차지하지 않은 하나의 빈 칸은 표의 테두리에 있는 검은 칸이라고 한다. 만약 도미노 중 길이가 1인 도미노의 변과 마주하고 있는 칸이 빈 칸인 도미노가 있으면 이 도미노를 빈 칸 쪽으로 한 칸 밀 수 있다고 한다. 이와 같은 시행을 반복하여, 임의의 검은 칸을 빈 칸으로 만들 수 있음을 증명하여라.

9. 다음과 같이 가로로 m개, 세로로 n개의 길이 수직으로 교차하고 있는 도시가 있다. 이때, $m+n$개의 길의 양 끝점 및 두 길이 만나는 점을 교차점이라 하자. 즉, 교차점은 모두 $mn+2m+2n$개가 있다. 서로 인접한 두 교차점 사이에 자동차가 지나가는 시간을 기록하는 기계를 설치하려고 한다. 두 교차점 사이에는 기계를 설치할 수도 있고 안할 수도 있다.

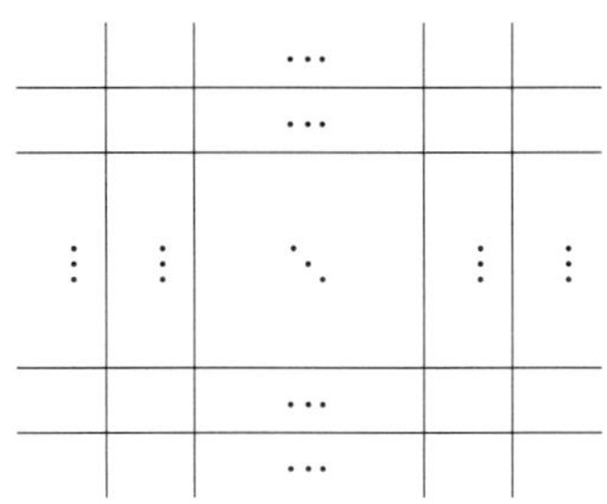

이때, $m+n$개의 길의 $2m+2n$개의 끝점 중 하나에서 출발하여 다른 끝점 중 하나까지 한 교차로를 2번 지나지는 않으면서 자동차로 이동했을 때, 출발점과 도착점에 상관없이 설치된 기계들의 기록을 보고 차가 어떻게 이동했는지 정확히 알아낼 수 있게 하려고 한다. 최소 $(m+1)(n+1)$개의 기계가 필요함을 증명하여라. (단, 기계는 자동차가 지나간 시간만 기록할 방향을 기록하지 않는다)

10. (BAMO, 2005) 1000개의 도시로 이루어진 어느 나라가 있다. 이때, 어떤 두 도시 사이에는 진흙길이 놓여 있으며 임의의 두 도시를 선택했을 때, 이 두 도시 사이를 진흙길들을 이용하여 움직일 수 있다고 한다. 이때, 진흙길 중 일부를 포장하여 각 도시에 연결된 길 중 홀수개의 길만 포장이 되도록 할 수 있음을 증명하여라.

11. 예제 3.2.3을 해결하여라.

3.3 이분그래프와 길이가 홀수인 회로

앞선 단원에서는 연결그래프와 수형도라는 그다지 연관이 있어보이지 않는 두 개념 사이의 관계를 알아보았다. 여기서는 이분그래프와 길이가 홀수인 회로라는 두 개념 사이의 관계를 알아보고자 한다.

(1) 여러 가지 이분그래프

앞서 정리 3.2.7에서 우리는 수형도가 이분그래프임을 살펴보았다. 또한 예제 3.2.2에서 이분그래프가 문제 해결에 어떤 식으로 도움을 줄 수 있는지 그 예도 살펴보았다. 그렇다면 수형도가 아닌 그래프 중에 이분그래프인 그래프는 또 어떤 것들이 있을까?

n개의 점으로 이루어져 있는 그래프가 길이가 n인 회로만으로 이루어져 있다면 이 그래프를 C_n이라고 한다. 즉, 오른쪽과 같은 그래프는 C_8이다. 이때, 길이가 짝수인 회로 C_{2n}은 이분그래프가 된다.

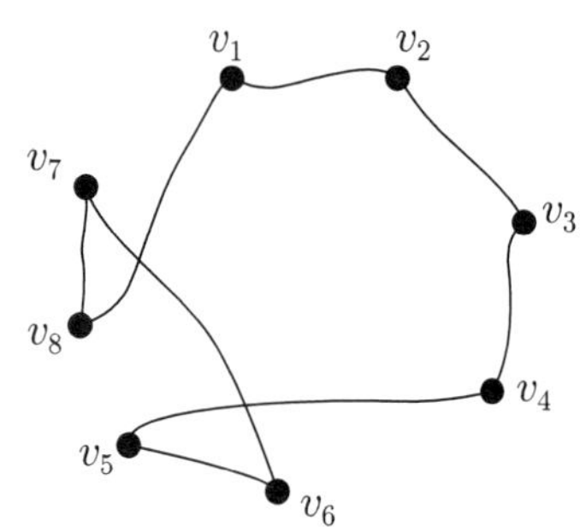

[그림 3.22] 회로 C_8

예제 3.3.1

길이가 짝수인 회로 C_{2n}은 이분그래프임을 증명하여라.

풀이 길이가 $2n$인 회로를 v_1, v_2, $\cdots$, v_{2n}, v_1라 하자. 이때, 점들을 $V_1 = \{v_1, v_3, \cdots, v_{2n-1}\}$과 $V_2 = \{v_2, v_4, \cdots, v_{2n}\}$으로 잡아주면 V_1의 두 점이나 V_2의 두 점은 서로 인접하지 않음을 알 수 있다. 따라서 C_{2n}은 이분그래프이다. ■

다음으로 오른쪽 그림과 같은 바둑판을 그래프로 생각하면 이 그래프도 이분그래프임을 살펴보자.

좀 더 일반화하여 그래프 L_n을 좌표평면위의 n^2개의 격자점의 집합인

$$X_n = \{(x,\ y) \mid 1 \le x,\ y \le n,\ \ x,\ y \in \mathbb{N}\}$$

으로 정의하자. 이때, 그래프의 변은 $(x,\ y)$와 $(x+1,\ y)$ 또는 $(x,\ y+1)$을 연결하는 길이 1인 선분으로 정의된다. 즉, 바둑판은 L_{19}라고 생각할 수 있다.

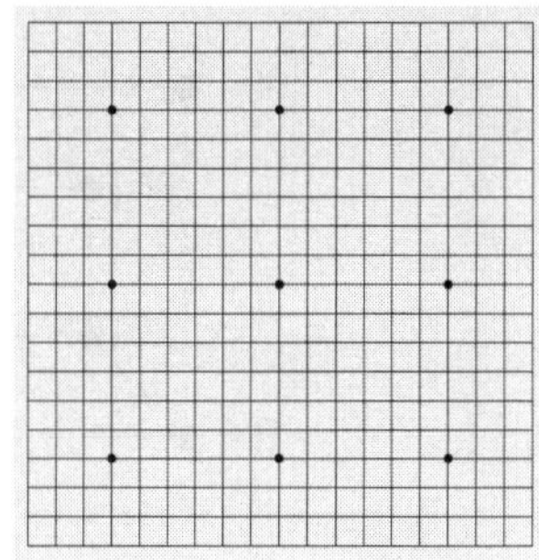

[그림 3.23] 바둑판(L_{19})

예제 3.3.2

L_n은 이분그래프임을 증명하여라.

풀이 L_n의 점의 집합 X_n을 다음과 같이 두 집합으로 분할하자.

$$V_1 = \{(x,\ y) \in X_n \mid x+y\text{는 홀수}\}$$
$$V_2 = \{(x,\ y) \in X_n \mid x+y\text{는 짝수}\}$$

이때, 서로 변으로 연결된 두 점은 x좌표와 y좌표를 더한 값이 1만큼 차이가 나므로 같은 V_i에 속할 수 없다. 따라서 L_n의 점들을 위와 같이 V_1, V_2로 분할하면 이분그래프가 된다. ■

다음으로 재미있는 그래프를 소개한다. 먼저 2^n개의 점으로 이루어진 점의 집합

$$Y_n = \{(a_1,\ a_2,\ \cdots,\ a_n) \mid a_i = 0\ \text{ 또는 } 1,\ \ i = 1,\ 2,\ \cdots,\ n\}$$

을 생각하자. 이때, Y_n의 두 점이 $n-1$개의 자리는 일치하지만 정확히 한 개의 자리는 서로 다른 값을 가지면 이 두 점을 서로 인접한 것으로 정의하자. 이와 같은 그래프를 n차원 **초입방체(hypercube)**라고 하고, 간단히 Q_n으로 나타낸다. 초입방체 Q_n은 점의 개수가 2^n개인 n차 정칙그래프임을 쉽게 알 수 있다. 다음은 Q_3과 Q_4를 그린 것이다.

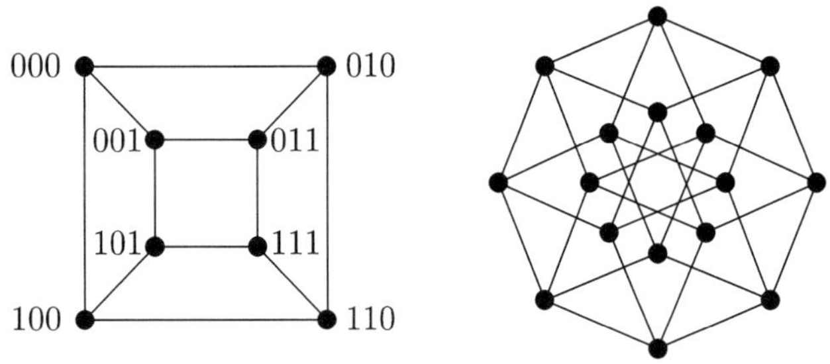

[그림 3.24] 초입방체 Q_3과 Q_4

[그림 3.24]의 오른쪽 그래프의 각 점은 Y_4의 어떤 원소에 대응되는 것인지 직접 생각해 보자. 위의 예에서 쉽게 파악할 수 있듯이 Q_n은 점의 개수와 변의 개수가 급격히 증가하며 그 구조 또한 매우 복잡해지기 때문에 n이 커지면 위의 Q_3처럼 시각적으로 그 구조를 파악하기는 쉽지 않다. 하지만 Q_n이 가지는 여러 성질 중 하나는 이 그래프가 이분그래프라는 것이다.

예제 3.3.3

n차원 초입방체 Q_n은 이분그래프임을 증명하여라.

풀이 Q_n의 점의 집합 Y_n의 원소 $(a_1, a_2, \cdots, a_n)$에 대해 $\sum_{i=1}^{n} a_i$의 값이 홀수인 것들의 집합을 V_1이라 하고 짝수인 것들의 집합을 V_2라 하자. $\sum_{i=1}^{n} a_i$의 값은 $(a_1, a_2, \cdots, a_n)$에서 $a_i = 1$인 좌표 a_i의 개수라고 생각할 수도 있다. 이때, 같은 V_i에 속하는 두 점 x, y은 최소한 두 개의 자릿값이 다르므로 인접하지 않는다. 따라서 Q_n은 이분그래프임을 알 수 있다. ■

앞서 살펴본 여러 그래프들은 모두 이분그래프였고 이분그래프임을 판별하기 위해서는 점들의 집합을 두 집합으로 분할하는 구체적인 방법을 찾으면 되었다. 하지만 어떤 그래프가 이분그래프가 아님을 보이려면 어떻게 해야 할까? 이를 위해 먼저 이분그래프가 아닌 가장 간단한 그래프 C_{2n+1}에서 시작을 해보자. 길이가 홀수인 회로 C_{2n+1}이 이분그래프가 아닌 것은 초보적인 귀류법으로 증명할 수 있다. 이 회로를 $v_1, v_2, \cdots, v_{2n+1}, v_1$이라 하고 점의 집합이 V_1, V_2로 분할되었다고 하자. 일반성을 잃지 않고 $v_1 \in V_1$이면 순서대로 $v_2 \in V_2$, $v_3 \in V_1$, $\cdots$, $v_{2n+1} \in V_1$이 되는데 V_1에 속하는 두 점 v_1과 v_{2n+1}이 인접하게 되어 모순이다. 이 방법이 충분히 직관적인 증명을 제공하지만, 이론을 발전 시켜나가기 위해서 조금 더 세련된 방법을 소개한다. 다음은 매우 쉬운 정리이지만 앞으로 종종 사용된다.

정리 3.3.1

그래프 G는 점의 집합이 V_1과 V_2로 분할된 이분그래프이다. 이때, V_1의 점들의 차수의 합을 e_1이라 하고 마찬가지로 V_2의 점들의 차수의 합을 e_2라 하자. 이때, $e_1 = e_2$이며 이 값은 그래프 G의 변의 개수와 같다.

증명 V_1의 점들의 차수의 합은 자명히 그래프 G의 변의 개수와 같다. 따라서 e_1은 G의 변의 개수가 되고 이는 e_2도 마찬가지이다. ■

이제 정리 3.3.1을 이용하여 길이가 홀수인 회로는 이분그래프가 아님을 증명해 보자.

예제 3.3.4

길이가 홀수인 회로 C_{2n+1}은 이분그래프가 아님을 증명하여라.

풀이 C_{2n+1}의 점 $2n+1$개가 두 집합 V_1, V_2로 분할되어 이분그래프가 되었다고 하자. 이때, C_{2n+1}의 각 점의 차수는 2이므로 V_1의 점들의 차수의 합은 $2|V_1|$이고 V_2의 점들의 차수의 합은 $2|V_2|$이다. 따라서 정리 2.3.1에 의해 $2|V_1| = 2|V_2|$ 즉, $|V_1| = |V_2|$여야 하는데 $|V_1| + |V_2| = 2n+1$이므로 모순이다. ■

(2) 이분그래프와 길이가 홀수인 회로

앞선 단원에서는 길이가 홀수인 회로가 이분그래프가 될 수 없음을 증명하였다.

조금만 더 생각해보면 어떤 그래프가 길이가 홀수인 회로를 포함하면 그 그래프는 이분그래프가 될 수 없음을 쉽게 알 수 있다. 하지만 그 역은 어떨까? 즉, 어떤 그래프가 길이가 홀수인 회로를 포함하지 않으면 그 그래프는 이분그래프가 될까? 이 질문은 그리 단순한 질문은 아니다. 하지만 다음 정리는 그 질문에 대한 답이 긍정적임을 의미한다.

정리 3.3.2

임의의 그래프 G는 다음 두 조건 중 정확히 하나를 만족한다.

[조건 1] 그래프 G는 이분그래프이다.
[조건 2] 그래프 G는 길이가 홀수인 회로를 가진다.

증명 먼저 앞서 예제 3.3.4에서 [조건 2]를 만족하면 [조건 1]은 만족하지 않음을 보였다. 이제 [조건 2]를 만족하지 않으면 [조건 1]을 만족함을, 즉, 그래프 G가 길이가 홀수인 회로를 가지지 않으면 그래프 G는 이분그래프임을 보이면 충분하다. 이를 증명해 보자.

먼저 그래프 G가 연결그래프인 경우를 살펴보자. G의 임의의 점 A를 잡자. 이때, G가 연결그래프이므로, G의 임의의 점은 A와 경로를 통해 연결된다. 이때, 어떤 점 B가 점 A로부터 길이가 홀수인 경로로 연결되면서 동시에 길이가 짝수인 경로로 연결되면 길이가 홀수인 회로가 생김을 직관적으로 생각할 수 있다. 하지만 두 경로가 같은 점을 지나거나 더 나아가 같은 변을 포함할 수도 있기 때문에 증명은 이런 까다로운 경우를 잘 고려하여야 한다. 이 기술적인 부분은 뒤에 연습문제로 남긴다. 따라서 어떤 점과 A를 연결하는 모든 경로들의 길이는 기우성이 같다는 것을 알 수 있다. 이제 A에서 짝수길이의 경로로 연결된 점들의 집합을 V_1이라 하고, 홀수길이의 경로로 연결된 점들의 집합을 V_2라 하자. 물론 $A \in V_1$이라고 생각한다. 이때, V_1의 두 점 x, y 사이에 선분이 있다면 A에서 x로 가는 경로의 길이를 $2k$라 할 때, A에서 y로 가는 경로 중 길이가 $2k-1$ 또는 $2k+1$인 경로가 나타나므로 모순이 된다. 마찬가지로 V_2의 두 점 사이에도 변이 없게 되고 G는 이분그래프가 된다.

다음으로 G가 연결그래프가 아닌 경우에는 G를 연결그래프 G_1, G_2, $\cdots$, G_n들로 분할하자. 이때, G_1, G_2, $\cdots$, G_n는 길이가 홀수인 회로를 가지지 않는 연결그래프이므로 앞 부분에 의해 각각은 이분그래프이다. G_i가 점의 집합이 V_i와 W_i로 분할된 이분그래프라면 G는 점들이 $\bigcup_{i=1}^{n} V_i$와 $\bigcup_{i=1}^{n} W_i$로 분할된 이분그래프이다. ■

정리 3.3.2는 어떤 모든 그래프는 이분그래프이거나, 이분그래프가 아니면 길이가 홀수인 회로를 가짐을 의미한다. 이처럼 겉으로 보기에는 큰 관계가 없어 보이는 두 개념이 밀접하게 관계되어 있으며, 이는 그래프 이론에서 유용한 결과를 가져오는데 실제로 어떻게 활용되는지 몇 가지 어려운 조합론 문제를 통해 살펴보자.

예제 3.3.5

(IMO Shortlist 2004) 어떤 나라에 $n(\geq 4)$개의 도시가 있다. 이 나라의 도시들 사이에는 도로가 전혀 없는데, 도시들 사이에 도로를 건설하려고 한다. 이때, 두 도시 A와 B를 연결하는 도로를 건설하려면 다음 [조건]을 만족시키는 A, B가 아닌 서로 다른 두 도시 X와 Y가 존재해야 한다.

> [조건] A와 X, X와 Y, Y와 B를 연결하는 도로가 존재하지 않는다.

이때, 건설할 수 있는 도로의 최대 개수를 구하여라. (단, 도로들이 도시 외의 지점에서 교차하는 것은 무시하며, 두 도시 사이를 연결하는 도로를 두 개 이상 건설할 수 없다.)

풀이 몇 개의 단계로 나누어 문제를 해결해 보자.

① 문제를 그래프로 나타내자.

이제 도시들을 점으로 생각하고, 두 도시를 연결하는 도로가 없는 경우에 두 도시를 해당하는 점들을 변으로 연결하여 그래프를 만들자. 즉 일반적으로 그래프로 만드는 과정을 반대로 한 것인데 이는 도로를 건설하는 과정을 선을 그리는 것으로 생각하는 것보다 선을 지우는 것으로 생각하는 것이 문제 해결에 더 용이하기 때문이다. 이때, 문제는 다음과 같이 간단하게 그래프 이론의 용어로 서술할 수 있다.

> 완전그래프 K_n에서 시작하여 길이가 4인 회로가 있으면 이 회로의 한 개의 변을 지우는 것을 반복할 때, 최대 몇 개의 변을 지울 수 있는지 구하여라.

② 그래프 문제를 해결하는 전략을 어떻게 세울지 생각해 보자.

이 문제를 해결하기 위해서는 마지막에 남는 그래프가 가장 적은 개수의 변을 가지는 경우를 찾아야 한다. 이를 위해서는 마지막에 남은 그래프가 어떤 특성을 가지는지 그 특성을 찾아내야 한다. 그러한 특성을 찾기 위해서는 그래프에서 길이가 4인 회로를 찾아 이 회로의 한 변을 지우는 시행을 할 때, 변하지 않는 특성을 찾으면 된다. 이와 같은 특성을 K_n이 가지고 있다면 마지막에 남은 그래프 역시 이 특성을 가질 것이기 때문이다.

③ 첫 번째 특성: 연결그래프

먼저 이 시행은 그래프의 연결성을 변화시키지 않는다는 것을 쉽게 알 수 있다. 이를 보기 위해 G가 연결그래프라 가정하고, 길이가 4인 회로 a, b, c, d, a를 찾아 변 ab를 지워 만든 그래프를 G'이라 하자. 이때 G에서 임의의 두 점 x, y를 연결하는 경로가 변 ab를 지나지 않았다면 이 경로는 G'에도 여전히 남아 있고, 이 경로가 변 ab를 지났다면 이 부분을 a, d, c, b로 바꾸어 해결하면 된다. 즉, G'도 여전히 연결그래프가 된다. 따라서 K_n이 연결그래프이므로 마지막에 남은 그래프도 연결그래프여야 한다. 즉, 정리 3.2.2에 의해 남은 변의 개수는 $n-1$개 이상이다.

④ 두 번째 특성을 찾는 접근 방법을 탐색해 보자.

만약 남은 선분의 개수가 정확히 $n-1$개이면 정리 3.2.5에 의해 이 그래프는 수형도여야 한다. 하지만, 실제로 여러 시행을 직접 해보면 $n-1$개의 변만 남기는 것은 어려움을 추측할 수 있으므로, 이제 이 그래프가 수형도가 아님을 보여서 남은 선분의 개수는 n개 이상임을 증명하여야 한다.

이를 위해서 가장 쉽게 생각할 수 있는 접근은 마지막에 남은 부분이 회로를 가짐을 증명하는 것이다. 즉, 그래프가 회로를 가지면 위와 같이 하나의 변을 지워도 여전히 회로를 가지는 것을 보이는 것인데, 이는 변을 하나 지우는 행위가 모든 회로를 제거하는 경우를 배제하기 쉽지 않아 좋은 접근이 아니다. 이를 해결하기 위해서 바로 이분그래프 개념이 필요하다.

⑤ 두 번째 특성: 이분그래프가 아니다.

이분그래프가 아닌 그래프 G의 길이가 4인 회로 a, b, c, d, a를 잡아 변 ab를 지워 얻은 그래프 G'이 점들이 V_1과 V_2로 이분된 이분그래프라고 가정하자. 일반성을 잃지 않고 $a \in V_1$이라 하면 순서대로 $d \in V_2$, $c \in V_1$, $b \in V_2$임을 알 수 있다. 이때, a와 b는 다른 집합 V_1과 V_2의 원소이므로 변 ab를 추가해도 여전히 이분그래프가 된다. 즉, G도 이분그래프이므로 모순이다.

따라서 K_n이 이분그래프가 아니므로 최종 그래프 역시 이분그래프가 아니고, 따라서 정리 3.3.2에 의해 길이가 홀수인 회로를 가지므로 수형도일 수 없다. 즉 최종 그래프는 변을 n개 이상 가진다.

실제로 n개의 변을 제외한 모든 변을 지우는 예는 쉽게 잡을 수 있다. 점들을 v_1, v_2, $\cdots$, v_{n-3}, x, y, z라 할 때, 먼저 길이가 4인 회로 v_i, x, y, v_j, v_i를 잡아 변 v_iv_j들을 모두 지운다. 이때, $\binom{n-3}{2}$개의 변이 지워진다. 다음으로 길이가 4인 회로 x, y, z, v_i, x를 잡아 변 xv_i들을 모두 지우고 다시 길이가 4인 회로 y, x, z, v_i, y에서 yv_i들을 모두 지워주면 각 단계에서 $n-3$번씩 모두 $2(n-3)$개의 선분이 지워진다. 남은 선분은

$$\binom{n}{2}-\binom{n-3}{2}-2(n-3)=n$$

개이다. 종합하면 구하는 답은 $\binom{n}{2}-n=\dfrac{n^2-3n}{2}$이다. ■

예제 3.3.6

n명의 사람이 연회에 초대되었는데, 임의의 두 명은 서로 알거나 모른다고 한다. 이때, 임의의 3명을 선택하여도 그 3명 중 서로 모르는 두 명이 있다고 한다. 또한, 이들을 2개의 연회장에 적절히 분배하여 연회를 개최하려는데, 어떻게 분배하여도 한 쪽 연회장에는 서로 아는 두 사람이 포함된다고 한다. 이때, 어떤 사람은 아는 사람이 $\frac{2}{5}n$명 이하임을 증명하여라.

풀이 n명의 사람을 점으로, 서로 아는 사이는 변으로 연결한 그래프를 생각하자. 이때, 문제의 두 조건은 이 그래프가 길이가 3인 회로를 가지지 않으며 이분그래프가 아님을 의미한다. 따라서 정리 3.3.2에 의해 이 그래프에는 홀수 길이의 회로가 존재하는데 그 길이는 5 이상이어야 한다. 이제 홀수 길이의 회로 중 길이가 가장 짧은 것을 $v_1, v_2, \cdots, v_l, v_1$이라 하자.

① 회로의 두 점 v_i와 v_j는 서로 인접하지 않음을 알 수 있다. v_i와 v_j를 변으로 연결하면 길이 l인 회로가 길이가 더 작은 회로 둘로 나누어지는데 둘 중 하나의 길이는 홀수가 되기 때문에 l의 최소성에 위배되기 때문이다.

② 이 회로에 속하지 않는 점 x가 $v_1, v_2, \cdots, v_l$ 중 두 점 v_i, v_j와 인접하다면 v_i와 v_j는 회로에서 점을 하나 건너뛴 두점임을 즉, $|i-j| \equiv 2 \pmod{l}$임을 쉽게 알 수 있다. 그렇지 않으면 길이가 l 미만인 홀수인 회로[23])가 생기기 때문이다. 이로부터 이 회로에 속하지 않는 점 x는 $v_1, v_2, \cdots, v_l$ 중 세 점과는 인접할 수 없음을 확인할 수 있다.

이제 v_i의 차수를 d_i라 하면 $\sum_{i=1}^{l} d_i \leq 2n$임을 보이자. 그러면 비둘기집의 원리에 의해 d_i 중 하나는 $\frac{2n}{l}$ 이하이고, $l \geq 5$이므로 증명이 끝난다. 이를 위해 회로의 l개의 점과 나머지 $n-l$개 변 사이에 놓인 변의 개수를 이중 세기하면 된다. 이를 위해 그래프에서 이 변들을 지운 뒤 나머지 변들은 모두 제거하고 남은 변의 개수를 세면 된다.

---

23) $x, v_i, v_{i+1}, \cdots, v_j, x$와 $x, v_i, v_{i-1}, \cdots, v_j, x$ 중 하나의 길이는 홀수이다.

- 회로에 속하는 l개의 점의 관점에서 살펴보면, 각 점 v_i의 차수는 d_i-2가 되고 정리 3.3.1의 관점에서 남은 변의 개수는 $\sum_{i=1}^{l}(d_i-2)$이다.
- 회로 밖의 $n-l$개의 점의 관점에서 살펴보면 각 점의 차수는 ②에 의해 2 이하이므로 역시 정리 3.3.1에 의해 남은 변의 개수는 $2(n-l)$ 이하이다.

따라서 $\sum_{i=1}^{l}(d_i-2) \le 2(n-l)$이 성립하고 증명이 끝난다. ■

연습문제

1. 정칙그래프 G의 점의 개수가 홀수이면 이 그래프는 이분그래프가 아님을 증명하여라.

2. 어떤 그래프 G에 두 점 u, v를 연결하는 길이가 홀수인 경로와 길이가 짝수인 경로가 있다면 이 그래프에 길이가 홀수인 회로가 존재함을 증명하여라.

3. 토론회에 25개의 학급에서 4명씩 모두 100명의 학생이 참가하였다. 이들은 큰 원탁에 섞여서 둘러앉아 토론을 하려고 한다. 이때, 100명의 학생들을 4묶음으로 나누어 각 묶음에는 같은 학급의 학생도 없고, 서로 이웃해 앉은 학생도 없게 할 수 있음을 증명하여라.

4. $\frac{3}{2}n$ 이하의 자연수 m에 대해 $S=\{1, 2, \cdots, n\}$의 서로 다른 m개의 부분집합 $A_1, A_2, \cdots, A_m$이 주어져 있다. 이때, 어떤 $k \in S$가 존재하여 $B_i = A_i - \{k\}$라 정의할 때, $B_1, B_2, \cdots, B_m$ 중 서로 다른 집합이 $m-1$개 이상이 되도록 함을 증명하여라.

5. 점들이 A, B로 분할된 이분그래프 G가 주어져 있다. 이때, $|A|=|B|=n$이고 각 점의 차수 중 가장 큰 값은 $d < \frac{n}{2}$이라고 한다. 이때, A의 점과 B점 사이가 인접하지 않은 경우를 찾아 변으로 연결하는 시행을 반복하여 모든 점의 차수가 $2d$가 되도록 할 수 있음을 증명하여라.

6. (IMO, Longlist 1983) 어느 나라에는 1983개의 도시가 있는데 임의의 두 도시 사이에는 정확히 하나의 왕복 (직항)항공노선이 있다고 한다. 이 항공노선은 10개의 항공사가 나누어 가지고 있다고 한다. 이때, 어떤 항공사는 홀수개의 도시들을 순환하는 항공노선을 가지고 있음을 증명하여라.

3.4 극단 그래프 이론의 기초

이번 단원에서는 극단 그래프 이론에 대해 살펴보고자 한다. 극단 그래프 이론은 어떤 특성을 가지는 그래프 중 가장 극단적인 경우를 탐구하는 그래프 이론의 한 영역이다. 예를 들어 n개의 점으로 이루어진 그래프가 회로를 포함하지 않는다면 변의 개수가 가장 많은 경우는 $n-1$개임을 앞서 살펴보았는데 이러한 문제가 예가 된다. 이러한 특성 중 가장 직관적으로 접근할 수 있는 것은 그래프의 일부분이 어떤 특정한 모양을 가지거나 가지지 않는다는 특성이다. 앞의 예에서는 그래프의 일부분이 회로의 모양을 가지지 않는다는 특성을 살펴본 것이다. 엄밀하게 이런 특성들을 정의하기 위해서는 먼저 그래프의 '일부분'을 좀 더 엄밀하게 정의할 필요가 있다. 그래프의 '일부분'은 다음과 같이 부분그래프라고 부른다.

정의 3.4.1 부분그래프

그래프 $G=(V,E)$에서 $V_1 \subseteq V$와 $E_1 \subseteq E$로 이루어진 그래프 $G_1=(V_1,E_1)$를 G의 **부분그래프(subgraph)**라고 한다. (단, E_1에 속하는 변들의 양 끝점은 모두 V_1에 속하는 점이어야 한다.)

예

다음 그래프 G를 살펴보자.

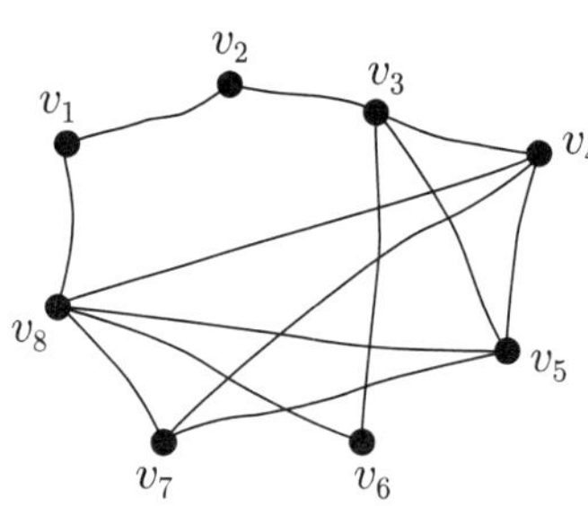

[그림 3.25]

① $V_1 = \{v_1, v_2, v_3, v_5, v_8\}$, $E_1 = \{v_1v_2, v_2v_3, v_3v_5, v_5v_8, v_8v_1\}$를 선택하면 그래프 G는 길이 5인 회로를 부분그래프로 가짐을 알 수 있다.

② $V_2 = \{v_1, v_2, v_3, v_4, v_5\}$, $E_2 = \{v_1v_2, v_2v_3, v_3v_4, v_4v_5\}$를 선택하면 그래프 G는 길이 4인 경로를 부분그래프로 가짐을 알 수 있다.

③ $V_3 = \{v_4, v_5, v_7, v_8\}$, $E_3 = \{v_4v_5, v_4v_7, v_4v_8, v_5v_7, v_5v_8, v_7v_8\}$를 선택하면 그래프 G는 완전그래프 K_4를 부분그래프로 가짐을 알 수 있다.

④ $V_3 = \{v_3, v_4, v_5, v_7, v_8\}$, $E_2 = \{v_3v_4, v_3v_5, v_4v_7, v_4v_8, v_5v_7, v_5v_8\}$를 선택하면 그래프 G는 완전이분그래프 $K_{2,3}$을 부분그래프로 가짐을 알 수 있다.

극단 그래프 이론의 문제 중에서 가장 전형적인 것은 어떤 그래프의 점의 개수가 정해져 있을 때, 이 그래프에 특정 모양의 부분그래프가 있는지, 있다면 몇 개가 있는지 판별하는 문제이다. 특히 이 그래프의 변의 개수가 많아지면 많아질수록 우리가 원하는 모양의 부분그래프가 있을 가능성이 높아진다. 점의 개수가 n으로 주어져 있을 때, 어떤 부분그래프가 항상 존재하기 위한 최소의 변의 개수 $F(n)$을 구하는 것이 흥미로운 문제인데, Turán의 정리가 대표적인 예이다. Turán의 정리는 극단 그래프 이론의 시발점으로 간주되고 있고 Paul Erdős를 위시한 많은 그래프 이론 학자들에 의해 발전되어왔다.

(1) 튜란의 정리

가장 간단하게 생각할 수 있는 것은 그래프에 삼각형이 있는지의 여부를 판별하는 것이다. 이 문제는 비교적 잘 알려져 있는데, 다음 예제를 통해 알아보도록 하자.

예제 3.4.1

(Mantel, 1907) n개의 점으로 이루어진 그래프 G에 삼각형이 부분그래프로 존재하지 않는다면, 변의 개수는 $\left[\frac{n^2}{4}\right]$개 이하임을 증명하여라.

풀이 수학적 귀납법을 이용하자. 먼저 $n=1,\ 2,\ 3$인 경우는 자명하게 성립한다. 이제, 명제가 n일 때 성립하면 $n+2$일 때도 성립함을 증명하겠다.

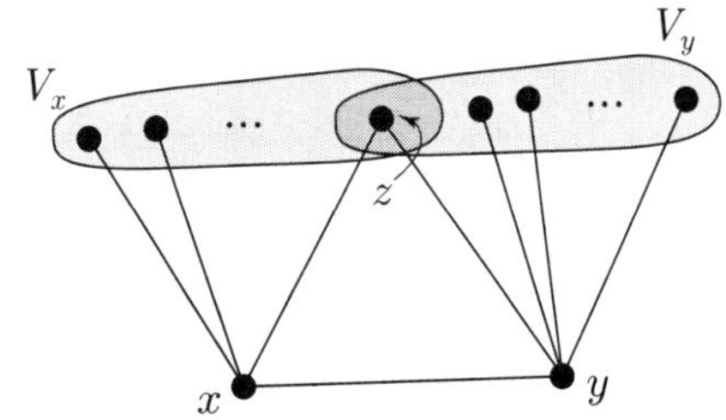

[그림 3.26]

$n+2$개의 점으로 이루어진 그래프 G에 삼각형이 없으며 변의 개수는 m개라 하자. 그래프에서 서로 인접한 두 점 x와 y를 임의로 선택하여 x와 인접한 점의 집합을 V_x라 하고 y와 인접한 점의 집합을 V_y라 하자. 이때, [그림 3.26]처럼 어떤 점 z가 V_x와 V_y에 모두 속하면 x, y, z가 삼각형을 이루므로 모순이다. 따라서 $|V_x|+|V_y| \le (n+2)-2=n$이 된다.

그래프 G에서 점 x, y 및 이 두 점과 연결된 변을 모두 지우면 점은 2개가 줄어들어 n개가 되고 변은 $|V_x|+|V_y|+1$개가 지워지므로 $m-(|V_x|+|V_y|+1)$개가 된다. 이 그래프에는 삼각형이 없으므로 귀납법 가설에 의해

$$m-(|V_x|+|V_y|+1) \le \left[\frac{n^2}{4}\right]$$

가 성립하고 따라서

$$m \le |V_x|+|V_y|+1+\left[\frac{n^2}{4}\right] \le n+1+\left[\frac{n^2}{4}\right] = \left[\frac{(n+2)^2}{4}\right]$$

이 되어 명제가 증명된다. ■

위의 예제의 결과를 해석하면 점의 개수가 n개인 그래프의 변의 개수가 $\left[\frac{n^2}{4}\right]$개 보다 많으면 이 그래프에는 반드시 그래프에 삼각형이 있음을 의미한다. 실제로 그래프에 $\left[\frac{n^2}{4}\right]$개의 변만 있으면 그래프에 삼각형이 없는 경우가 존재한다. 예를 들어 $n=2m$이면 완전이분그래프 $K_{m,m}$이 그 예이고 $n=2m+1$이면 $K_{m,m+1}$이 그 예임을 확인할 수 있다.

이 결과는 n개의 점으로 이루어진 그래프가 부분그래프로서 완전그래프 K_t를

가지지 않을 때, 변의 개수가 가장 많은 그래프는 어떤 그래프인지에 대한 질문으로 확장할 수 있다. 이와 같은 확장된 질문에 대한 정확한 답은 헝가리 수학자 Paul Turán에 의해 1941년에 명확하게 밝혀졌다. $t=3$인 경우는 이는 n개의 점이 완전이분그래프를 이루는 경우였다면 일반적인 t에 대해서는 n개의 점이 $t-1$ **차 완전다분그래프**를 이루는 경우에 그 최댓값이 나타난다. 여기서 **다분(多分)그래프**는 이분그래프를 확장한 개념이다. 이분그래프가 점들을 두 개의 집합으로 분할했다면 r차 다분그래프는 점들을 r개의 집합으로 분할하여 각 집합의 두 점 사이에는 변이 없는 것을 뜻한다. 즉, 이분그래프는 2차 다분그래프이다. 엄밀한 정의는 다음과 같다.

정의 3.4.2 다분그래프와 완전다분그래프

그래프 G의 점들을 r개의 집합 $V_1, V_2, \cdots, V_r$로 분할하여 각 V_i의 점들 사이에는 변이 없으면 G를 r차 **다분그래프**(r-partite graph)라고 한다. 만약 임의의 $i \neq j$에 대해 V_i의 임의의 점과 V_j의 임의의 점이 모두 변으로 연결되어 있다면 이 그래프를 r차 **완전다분그래프**(complete r-partite graph)라고 한다. 또한 각 i에 대해 V_i의 점의 개수가 n_i이면 이 r차 완전다분그래프를 $K_{n_1, n_2, \cdots, n_r}$로 나타낸다.

예

다음은 다분그래프 $K_{2,2,2}$와 $K_{2,3,3}$이다. 왼쪽 그래프가 왜 $K_{2,2,2}$인지 잘 생각해 보자.

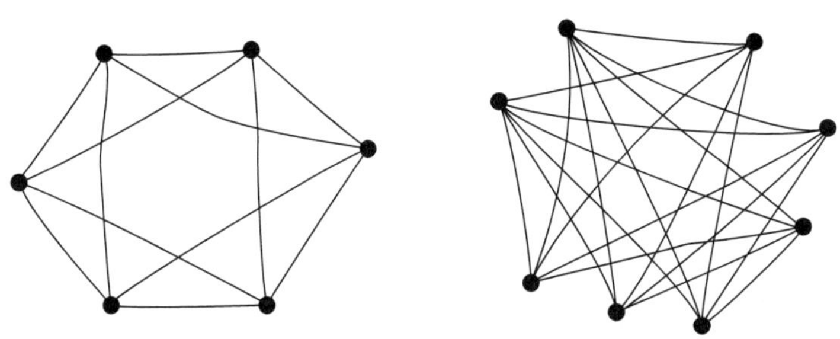

[그림 3.27] 다분그래프 $K_{2,2,2}$와 $K_{2,3,3}$

n을 $t-1$로 나눈 몫과 나머지를 q와 r이라 하자. 이때, n개의 점으로 이루어진 $t-1$차 완전다분그래프 $K_{q,\,q,\,\cdots,\,q,\,q+1,\,q+1,\,\cdots,\,q+1}$($q$가 $t-1-r$개, $q+1$이 r개[24])를 **튜란 그래프** $T_{n,t}$라 한다.

예제 3.4.2

튜란 그래프 $T_{n,t}$는 $\frac{t-2}{t-1}\frac{(n^2-r^2)}{2}+\binom{r}{2}$개의 변을 가지며 K_t를 부분그래프로 가지지 않음을 증명하여라.

풀이 $t-1$차 완전다분그래프는 자명히 K_t를 부분그래프로 가지지 않는다. 이 그래프의 점들이 $V_1,\ V_2,\ \cdots,\ V_{t-1}$로 분할되었다 할 때, 이 그래프에서 t개의 점을 선택하면 비둘기집의 원리에 의해 어떤 두 점은 같은 V_i에 포함되고 따라서 인접하지 않기 때문이다. 변의 개수는 직접 세어보면 $\frac{t-2}{t-1}\frac{(n^2-r^2)}{2}+\binom{r}{2}$임을 쉽게 확인할 수 있다. ■

튜란의 정리는 다음과 같다.

정리 3.4.3 Turán, 1941

$t\le n$일 때, K_t를 부분그래프로 가지지 않으면서 n개의 점으로 이루어진 그래프 중 변의 개수가 가장 많은 그래프는 튜란 그래프 $T_{n,t}$이다.

증명 두 단계를 거쳐 증명해 보자. n개의 점으로 이루어진 그래프 G가 K_t를 부분그래프로 가지지 않는다고 하자. 먼저 첫 번째 단계는 G보다 변의 개수가 많거나 같은 $(t-1)$차 완전다분그래프를 찾는 것이다. 그 다음 단계로는 $(t-1)$차 완전다분그래프 중 변의 개수가 가장 많은 것은 튜란 그래프 $T_{n,t}$임을 증명하겠다.

① 변의 개수가 G보다 많은 $(t-1)$차 완전다분그래프 H가 존재한다. (단, H의 점의 개수 역시 n개다.)

24) $q(t-1-r)+(q+1)r=q(t-1)+r=n$이다.

이 부분은 t에 대한 수학적 귀납법으로 간단히 증명된다. 초기조건은 자명하므로 명제가 $t=s-1$에 대해 성립한다고 가정하고 $t=s$인 경우를 살펴보자.

그래프 G에서 차수가 가장 높은 점을 v라 하고 v의 차수를 k라 하자. 이때, v와 인접한 k개의 점들의 집합을 V_1이라 하고, 나머지 $n-k$개의 점들을 V_2라 하자. 그래프 G 중 V_1의 점들로 이루어진 부분을 G_1이라 하고 이 부분의 변의 개수를 g_1이라 하자. 이때, G_1은 K_{s-1}을 부분그래프로 포함하지 않아야 하므로 귀납법 가설에 의해 V_1의 점들로 이루어진 어떤 $s-2$차 완전다분그래프 H_1이 존재하여, H_1의 변의 개수 h_1이 g_1 이상이 된다. 그래프 H를 $s-2$차 완전다분그래프 H_1의 $s-2$개의 점의 묶음에 한 묶음 V_2를 더 추가하여 만든 $s-1$차 완전다분그래프라 하자. 이때, G의 점들의 차수는 k 이하이므로

$$G\text{의 변의 개수} \le (n-k)k+g_1 \le (n-k)k+h_1 = H\text{의 변의 개수}$$

가 됨을 쉽게 확인할 수 있다.

② $(t-1)$차 완전다분그래프 중 변의 개수가 가장 많은 것은 $T_{n,t}$이다.

$(t-1)$차 완전다분그래프 H의 점의 집합이 $x_1,\ x_2,\ \cdots,\ x_{t-1}$개로 분할되었다고 하자. 이때 H의 변의 개수는 K_n에서 빠진 변들을 중심으로 세면

$$\binom{n}{2}-\sum_{i=1}^{t-1}\binom{x_i}{2}=\frac{n^2}{2}-\frac{1}{2}\sum_{i=1}^{t-1}x_i^2$$

이 된다. 따라서 $\sum_{i=1}^{t-1}x_i=n$일 때, $\sum_{i=1}^{t-1}x_i^2$가 최소인 경우를 찾으면 된다. 만약 $x_i \ge x_j+2$인 $i,\ j$가 있으면 x_i와 x_j를 x_i-1과 x_j+1로 바꿀 때, $x_i^2+x_j^2>(x_i-1)^2+(x_j+1)^2$가 되어 제곱의 합이 감소한다. 이 시행을 반복하면 $\sum_{i=1}^{t-1}x_i^2$가 최소인 경우는 각 x_i들이 어떤 두 수 q과 $q+1$중 하나인 경우이다. 이때, q이 $(t-1)-r$개, $q+1$이 r개 (단, $0 \le r \le t-2$)라 하면,

$$n=\sum_{i=1}^{t-1}x_i=q((t-1)-r)+(q+1)r=(t-1)q+r$$

이 된다. 즉 q와 r은 각각 n을 $t-1$로 나눈 몫과 나머지이므로 튜란 그래프의 정의에 의해 변의 개수가 최대인 경우는 H가 튜란 그래프인 경우임을 알 수 있다. H가 튜란 그래프가 아니면 변의 개수는 최대가 아님 또한 증명의 과정으로부터 자명하다. ■

이때, $T_{n,t}$의 변의 개수가 $\frac{t-2}{t-1}\frac{(n^2-r^2)}{2}+\binom{r}{2}$개이므로 튜란의 정리는 다음과 같이 재해석할 수 있다.

따름정리 3.4.4

그래프 G가 n개 점으로 이루어져 있고, 변의 개수가 $\frac{t-2}{t-1}\frac{(n^2-r^2)}{2}+\binom{r}{2}$개보다 많다면 그래프 G는 K_t를 부분그래프로 가진다. (단, r은 n을 $t-1$로 나눈 나머지)

이제 튜란의 정리와 관련된 예제 두 개를 살펴보자.

예제 3.4.3

(FKMO, 2004) 2004대의 컴퓨터를 케이블로 연결하여 컴퓨터 연결망을 구성하였다. 이 컴퓨터들의 집합의 부분집합 S에 대하여 S의 어떤 두 컴퓨터도 하나의 케이블로 직접 연결되지 않았을 때 S를 독립집합이라 하자. 임의의 독립집합의 원소의 개수가 50을 넘지 않도록 하고, 이때 사용된 케이블의 개수를 최소로 하였다.

(1) 컴퓨터 L에 장착된 케이블의 수를 $c(L)$로 나타낼 때, 두 컴퓨터 A와 B에 대하여, 그 둘이 하나의 케이블로 직접 연결되어 있으면 $c(A)=c(B)$이고, 서로 직접 연결되지 않았다면 $|c(A)-c(B)|\le 1$임을 보여라.

(2) 이때 사용된 케이블의 총 개수를 구하여라.

풀이 2004대의 컴퓨터를 점으로 나타내고 서로 케이블로 연결되지 않은 두 컴퓨터에 해당하는 두 점을 변으로 연결하자. 이때, 문제의 조건은 K_{50}이 부분 그래프로 없으면서 변의 개수가 가장 많은 그래프를 그린 것이므로, 튜란의 정리에 의해 $T_{2004,50}$에 대해 질문을 답하기만 하면 충분하다.

(1) $2004 = 49 \times 40 + 44$이므로 $T_{2004,50}$은 $K_{40,\ 40,\ \cdots,\ 40,\ 41,\ 41,\ \cdots,\ 41}$(40이 5개, 41이 44개)이다. 따라서 컴퓨터 A가 점의 개수가 40개인 묶음에 속하면 $c(A) = 39$이고, 점의 개수가 41개인 묶음에 속하면 $c(A) = 40$이다. 문제에서 요구하는 내용은 이로부터 얻을 수 있다.

(2) 2004를 49로 나눈 나머지는 44이므로 $T_{2004,50}$의 변의 개수는 $\frac{t-2}{t-1}\frac{(n^2-r^2)}{2}+\binom{r}{2}$에 $n=2004,\ t=50,\ r=44$을 대입하여 구할 수 있다. 이는 1967026이 얻어지는데 이때, 케이블의 개수는 $\binom{2004}{2}-1967026=39980$이다. ■

예제 3.4.4

(KMO Winter Program, 2006) $2n$개의 건전지가 있는데 이 중 n개는 충전되어 있고, 나머지 n개는 다 써버린 건전지라고 한다. 어떤 라디오가 있는데 이 라디오는 충전되어있는 건전지 2개를 넣어야 작동한다고 한다. 이때, 준수는 2개의 건전지를 선택하여 라디오에 넣어보고, 라디오가 작동하는지 확인하는 시행을 라디오가 작동될 때까지 반복하려고 한다. 이때, 준수가 반드시 라디오를 작동시키기 위해 필요한 시행의 수의 최솟값을 구하여라.

풀이 ① $n=2$인 경우 6번의 시행이 필요함은 쉽게 확인할 수 있다.

② $n \geq 3$인 경우, $2n$개의 건전지를 점으로 나타내고 임의의 두 점을 연결하여 K_{2n}을 만들자. 이 중 라디오에 함께 넣어 작동되는지 확인을 해 본 두 건전지에 해당하는 두 점을 연결하는 변을 지운다고 생각하자. 이때, 그래프에 K_n이 있다면, 이 K_n의 n개의 점의 해당하는 건전지들이 충전된 n개의 건전지인 경우 준수는 라디오를 작동시키지 못한다. 반대

로 그래프에 K_n이 없다면 어떤 n개의 건전지가 충전되어 있어도 이 중 2개를 준수가 이미 라디오에 넣어봤음을 알 수 있다. 따라서 $2n$개의 점으로 이루어진 그래프에 K_n이 없을 때의 변의 개수의 최댓값을 e라 하면 $\binom{2n}{2}-e$가 구하는 답이 된다. 그런데 e의 값은 튜란의 정리로부터 쉽게 구할 수 있다. $2n=2(n-1)+2$이므로

$$e=\frac{n-2}{n-1}\left(\frac{4n^2-4}{2}\right)+1=2n^2-2n-3$$

이고, 따라서 우리가 해야 하는 시행의 횟수의 최솟값은

$$\binom{2n}{2}-(2n^2-2n-3)(2n^2-2n-3)=n+3$$

회이다. 이 경우 어떻게 시행을 해야 하는지 역시 튜란의 정리에서 쉽게 알 수 있다. ■

(2) 여러 가지 극단 그래프 이론의 문제들

앞 단원에서는 극단 그래프 이론의 기초의 가장 전형적인 문제라고 할 수 있는 튜란의 정리를 학습하였다. 여기서는 다양한 유형의 극단 그래프 이론의 기초의 문제들을 해결해 본다. 먼저 앞의 단원의 시작점이 되었던 예제 3.4.1로 돌아가 보자. 이 예제는 튜란의 정리에서 $t=3$인 간단한 경우로, n개의 점으로 이루어진 그래프 G의 선분의 개수가 $\left[\frac{n^2}{4}\right]$개 보다 많으면 삼각형이 반드시 있다는 것을 의미하였다. 첫 번째 가질 수 있는 질문은 선분의 개수가 $\left[\frac{n^2}{4}\right]$개 보다 많게 주어졌다면 이 그래프에 있는 삼각형의 개수는 몇 개인지 질문을 할 수 있다. 다음은 이 질문에 대해 첫 번째 답을 준다.

예제 3.4.5

(Moon–Moser, 1962) 그래프 G의 점과 변의 개수가 각각 n과 e이면 이 그래프에는 $\frac{4e}{3n}\left(e-\frac{n^2}{4}\right)$개 이상의 삼각형이 존재한다.

풀이 그래프의 삼각형의 개수를 T라 하자. n개의 점을 $v_1, v_2, \cdots, v_n$이라 하고 이 점들의 차수를 각각 $d_1, d_2, \cdots, d_n$이라 하자. 이제 서로 인접한 점 v_i, v_j에 대해 v_i와 v_j를 모두 포함하는 삼각형의 개수를 T_{ij}라 하자. 이때, v_i와 v_j가 인접하다는 것을 $v_i \sim v_j$로 나타낼 때, 다음이 성립한다.

$$\sum_{i<j,\ v_i \sim v_j} T_{ij} = 3T \qquad \cdots\cdots\cdots \text{①}$$

각 삼각형 $v_i v_j v_k (i<j<k)$는 T_{ij}, T_{jk}, T_{ik}에서 세 번 세어지기 때문이다.

이제 T_{ij}를 살펴보자. v_i와 v_j를 제외한 $n-2$개의 점 중 v_i와 인접한 점은 $(d_i - 1)$개이고 v_j와 인접한 점은 $(d_j - 1)$개다. 따라서 포함배제의 원리에 의해 적어도 $(d_i - 1) + (d_j - 1) - (n-2) = d_i + d_j - n$개의 점은 v_i와 v_j에 공통으로 연결되어 있고 $T_{ij} \ge d_i + d_j - n$이 된다. ①에 이를 적용하면

$$3T = \sum_{i<j,\ v_i \sim v_j} T_{ij} \ge \sum_{i<j,\ v_i \sim v_j} (d_i + d_j - n) = \sum_{i<j,\ v_i \sim v_j} (d_i + d_j) - ne \ \cdots \text{②}$$

한편 $\sum_{i<j,\ v_i \sim v_j} (d_i + d_j)$에서 d_i는 v_i와 인접한 점의 개수만큼 등장하므로, 모두 d_i번 등장한다. 따라서 코쉬-슈바르츠 부등식과 정리 3.1.3에 의해

$$\sum_{i<j,\ v_i \sim v_j} (d_i + d_j) = \sum_{i=1}^{n} d_i^2 \ge \frac{\left(\sum_{i=1}^{n} d_i\right)^2}{n} = \frac{4e^2}{n}$$

가 되는데 이를 ②에 대입하면 $T \ge \frac{4e}{3n}\left(e - \frac{n^2}{4}\right)$를 얻는다. ■

위의 예제를 좀 더 자세히 살펴보자. 편의상 n이 짝수인 경우에 한정하여 $n = 2m$이라 하자. 이때, $e = m^2 + 1$개의 선분이 있다면, 즉, 튜란의 정리에 의해 삼각형이 없는 그래프가 가질 수 있는 변의 개수의 최댓값에서 정확히 1개를 더 가진다면 삼각형은 몇 개가 생기는지 생각해 보자. 앞선 예제는 $\frac{4(m^2+1)}{6m} \times (m^2 + 1 - m^2) = \frac{2}{3}m + \frac{2}{3m}$개 이상이 생김을 말하고 있는데 이로부터 $\frac{2}{3}m + 1$

개 이상의 삼각형이 생기게 됨을 알 수 있다. 하지만 이와 관련해서는 다음과 같이 더 좋은 결과를 얻을 수 있다.

예제 3.4.6

n은 2 이상의 자연수로 G는 $2n$개의 점과 n^2+1개의 변으로 이루어진 그래프이다. 이때 G는 삼각형을 n개 이상 가짐을 증명하여라.

풀이 n에 대한 수학적 귀납법을 사용하자. 먼저 $n=2$인 경우는 자명하다. 이제 $n-1$에 대해 명제가 성립하면 n에 대해 명제가 성립함을 보이자.

튜란의 정리에 의해 $2n$개의 점과 n^2+1개의 변으로 이루어진 그래프에는 어떤 삼각형 XYZ가 있다. 이때, 나머지 $2n-3$개의 점 중 X와 인접한 점의 개수를 x라 하고 마찬가지로 y, z를 정의하자. 또한 나머지 $2n-3$개의 점 중 X, Y, Z 중에서 $k(0 \le k \le 3)$개와 인접한 점의 개수를 a_k라 하자. 이때,

① $a_0+a_1+a_2+a_3=2n-3$

② $a_1+2a_2+3a_3=x+y+z$[25)]

가 성립함은 쉽게 알 수 있고 그래프의 삼각형의 개수를 T라 하면 $T \ge 1+a_2+3a_3$이 됨을 쉽게 확인할 수 있다. ②에서 ①을 빼주면 $a_2+2a_3-a_0=x+y+z-(2n-3)$을 얻는데, 이로부터

$$T \ge 1+a_2+3a_3 \ge 1+(a_2+2a_3-a_0)=x+y+z-(2n-4)$$

를 얻는다. 이제 $x+y+z \ge 3n-4$임을 보이면 충분하다.

이 부분이 이 문제에서 어려운 부분이다. 만약 $x+y \le 2n-4$라면 그래프 G에서 점 X, Y 및 이 두 점에 연결된 선분을 모두 지웠을 때, $n^2+1-(2n-4)-3=(n-1)^2+1$개 이상의 선분이 남게 되므로 귀납법 가설에 의해 $n-1$개의 삼각형이 있게 된다. 이 삼각형과 세 점 X, Y, Z를 포함하는 삼각형을 합하면 모두 n개의 삼각형이 있게 된다. 따라서 $x+y \ge 2n-3$인 경우만 생각하면 충분한데 마찬가지로 $y+z \ge 2n-3$,

25) 정리 3.3.1을 적용하였다.

$z+x \geq 2n-3$인 경우만 생각해 주면 된다. 이 세 부등식을 더하여 2로 나누면 $x+y+z \geq 3n-4$를 얻는다. ■

앞선 두 예제는 n개의 점과 e개의 변을 가지는 그래프에 대해 삼각형이 몇 개 이상인지 구한 것이다. 반대로 그래프의 삼각형은 몇 개 이하인지에 대해서도 생각해 볼 수 있다.

예제 3.4.7

그래프 G의 점과 변의 개수가 각각 n, e이고 삼각형의 개수를 T라 하자. 이때, 다음 부등식이 성립함을 증명하여라.

(1) $T \leq \dfrac{n-2}{3}e$

(2) $T \leq \dfrac{\sqrt{2}}{3}e^{\frac{3}{2}}$

풀이 점들을 v_1, v_2, $\cdots$, v_n이라 하고 v_i의 차수를 d_i, v_i를 포함하는 삼각형의 개수(삼각형 차수)를 t_i라 하자. 이때, 예제 3.1.4에 의해 $3T=\sum_{i=1}^{n} t_i$임을 알 수 있다. 이제, 각 t_i를 살펴보자. v_i와 인접한 점의 집합을 $N(v_i)$라 할 때, t_i는 $N(v_i)$의 점들 사이의 변의 개수와 같다. 따라서 두 가지 자연스러운 부등식을 얻을 수 있다.

$$① \ t_i \leq \binom{d_i}{2} \qquad\qquad ② \ t_i \leq e-d_i$$

부등식 ①은 $N(v_i)$가 d_i개의 점들로 이루어져 있으므로 자명하고, 부등식 ②는 원래 그래프의 변 e개 중 v_i와 연결된 d_i개를 이미 사용하였기 때문에 남은 선분이 모두 $e-d_i$개여서 성립한다. 이 두 부등식을 이용하여 문제를 해결해 보자.

(1) 정리 3.1.3과 부등식 ②에 의해 다음과 같이 원하는 부등식을 얻을 수 있다.

$$3T = \sum_{i=1}^{n} t_i \le \sum_{i=1}^{n} (e - d_i) = en - \sum_{i=1}^{n} d_i = en - 2e = (n-2)e$$

(2) 이번에는 부등식 ①을 이용해야 하는데 ①을 모든 i에 대해 더하면 $\sum_{i=1}^{n} d_i^2$와 같은 항이 나와 최댓값을 구하기 힘들어진다. 대신 두 부등식 ①과 ②를 곱하면 $t_i^2 \le (e-d_i)\binom{d_i}{2}$이고 이로부터

$$t_i \le \sqrt{e-d_i}\sqrt{\binom{d_i}{2}} \le \sqrt{e}\sqrt{\frac{d_i^2}{2}} = \sqrt{\frac{e}{2}}\, d_i$$

를 얻는데 이 식들을 i에 대해 더하면,

$$3T = \sum_{i=1}^{n} t_i \le \sum_{i=1}^{n} \sqrt{\frac{e}{2}}\, d_i = \frac{\sqrt{e}}{\sqrt{2}} 2e = \sqrt{2}\, e^{\frac{3}{2}}$$

가 되어 원하는 부등식을 얻을 수 있다. ■

앞선 예제의 아이디어를 활용하면 다음 예제를 해결할 수 있다.

예제 3.4.8

(IMO Shortlist, 2004) 그래프 G에 대해 G의 부분그래프 중 삼각형의 개수를 T라 하고, K_4의 개수를 S라 정의하자. 이때, $\frac{S^3}{T^4} \le c$가 모든 그래프 G에 대해 성립하는 최소의 c를 구하여라.

풀이 앞선 예제의 표기법을 계속 사용하자. 점 v_i를 포함하는 K_4의 개수를 s_i라 하면 $4S = \sum_{i=1}^{n} s_i$임은 쉽게 확인할 수 있다. 이제 s_i는 $N(v_i)$의 점들을 세 꼭짓점으로 하는 삼각형의 개수인데, $N(v_i)$의 점들 사이의 변의 개수는 앞서 본 것과 같이 t_i라 하면 앞의 예제의 결과를 $N(v_i)$의 점들로 이루어진 부분그래프에 적용하면 $s_i \le \frac{\sqrt{2}}{3} t_i^{\frac{3}{2}}$가 성립한다. 이 식을 i에 대해 더하여도 원하는 결과를 얻을 수 없기 때문에, 다른 부등식이 하나 더 필요하다. 단순히 생각하여 s_i는 $N(v_i)$의 점들 사이에 삼각형의 개수와 같으므로

$s_i \le T$가 성립한다. 두 식에 의해

$$s_i = s_i^{\frac{2}{3}} s_i^{\frac{1}{3}} \le \left(\frac{\sqrt{2}}{3} t_i^{\frac{3}{2}}\right)^{\frac{2}{3}} T^{\frac{1}{3}} = \left(\frac{2T}{9}\right)^{\frac{1}{3}} t_i$$

가 된다. 이제 이 식을 i에 대해 더하면

$$4S = \sum_{i=1}^{n} s_i \le \left(\frac{2T}{9}\right)^{\frac{1}{3}} \sum_{i=1}^{n} t_i = \left(\frac{2T}{9}\right)^{\frac{1}{3}} 3T$$

가 된다. 한편, 완전그래프 K_n의 부분그래프 중 삼각형과 K_4의 개수를 각각 S_n과 T_n이라 하면 $\lim_{n\to\infty} \frac{S_n^3}{T_n^4} = \frac{3}{32}$임을 쉽게 확인할 수 있으므로 c의 최솟값은 $\frac{3}{32}$이 된다. ■

앞의 예제의 아이디어를 그대로 적용하면 다음과 같은 문제를 해결할 수 있다. 풀이는 크게 다르지 않으므로 연습문제로 남긴다.

예제 3.4.9

그래프 G가 포함하는 완전그래프 K_t의 개수를 N_t라 정의할 때, 다음 부등식을 증명하여라.

$$\frac{N_{t+1}^t}{N_t^{t+1}} \le \frac{t!}{(t+1)^t}$$

이때, 예제 3.4.9처럼 N_t를 정의하면, 다음과 같은 부등식이 잘 알려져 있다.

예제 3.4.10

k는 2 이상 $n-1$ 이하인 자연수일 때 다음 부등식이 성립함을 증명하여라.

$$k^2 \frac{N_k}{N_{k-1}} - (k^2-1)\frac{N_{k+1}}{N_k} \le n$$

풀이 N_{k-1}개의 K_{k-1}을 각각 $A_1,\ A_2,\ \cdots,\ A_{N_{k-1}}$이라 하고 마찬가지로 N_k개의 K_k를 $B_1,\ B_2,\ \cdots,\ B_{N_k}$라 하자. 이때, A_i에 속하는 점 $k-1$개를 제외한 나머지 $n-(k-1)$개의 점 중 A_i의 모든 점과 인접한 점의 개수를 a_i라 하자. 마찬가지로 B_i의 모든 점과 인접한 점의 개수를 b_i라 하자. 즉, A_i에 1개의 점을 추가하여 K_k가 되는 경우는 a_i개이고, K_k가 되지 않는 경우는 $(n-(k-1)-a_i)$개다. 따라서 간단한 이중세기에 의해 다음 식이 성립함을 쉽게 확인할 수 있다.

$$\sum_{i=1}^{N_{k-1}} a_i = kN_k,\quad \sum_{i=1}^{N_k} b_k = (k+1)N_{k+1} \qquad \cdots\cdots\cdots \boxed{1}$$

다음으로 그래프의 K_{k-1}인 부분그래프 H와 H에 속하지 않는 두 점 $x,\ y$에 대해 H에 x를 추가하면 K_k가 되지만 y를 추가하면 K_k가 되지 않는 순서쌍 $(H,\ x,\ y)$의 개수를 이중세기 해보자.

① 먼저 H가 A_i인 경우 x는 a_i개, y는 $(n-(k-1)-a_i)$개가 가능하므로

$$\sum_{i=1}^{N_{k-1}} a_i(n-(k-1)-a_i)$$

개의 순서쌍이 있음을 알 수 있다.

② 다음으로 H에 x를 추가한 K_k가 B_i인 경우의 수를 세어 보자.
$(H,\ x,\ y)$가 원하는 순서쌍이면 H에 $x,\ y$를 추가하면 K_{k+1}이 되지 않으므로 먼저 y는 B_i의 모든 점과 연결되지 않은 $(n-k-b_i)$개의 점 중 하나이다. 이때 편의상 B_i를 이루는 k개의 점을 $v_1,\ v_2,\ \cdots,\ v_k$라 하고 이중 y와 연결되지 않은 점을 v_k라 하자. 이때, x를 $v_1,\ v_2,\ \cdots,\ v_{k-1}$로 할 수 있으므로 ($x$가 정해지면 H는 B_i에서 x를 제외한 것이 된다.) 순서쌍이 최소 $k-1$개가 있다. 따라서 이와 같은 순서쌍은 $(k-1)(n-k-b_i)$개 이상이고 전체적으로 구하는 순서쌍은

$$\sum_{i=1}^{N_k} (k-1)(n-k-b_i)$$

개 이상이 된다.

①과 ②를 종합하면

$$\sum_{i=1}^{N_{k-1}} a_i(n-(k-1)-a_i) \geq \sum_{i=1}^{N_k}(k-1)(n-k-b_i)$$

를 얻고, 여기에 코시-슈바르츠 부등식을 $\sum_{i=1}^{N_{k-1}} a_i^2 \geq \frac{1}{N_{k-1}}\left(\sum_{i=1}^{N_{k-1}} a_i\right)^2$ 로 적용한 뒤 [1]의 결과들을 대입하면 문제의 부등식을 얻음을 확인할 수 있다. ■

이제 그래프 G가 회로나 완전이분그래프 등의 그래프를 부분그래프로 가지지 않는 경우의 부분그래프 문제를 생각해 보자.

예제 3.4.11

n개의 점으로 이루어진 그래프 G가 길이가 4인 회로를 가지지 않는다. 이때, G의 변의 개수는 $\frac{n(\sqrt{4n-3}+1)}{4}$개 이하임을 증명하여라.

풀이 n개의 점을 $v_1, v_2, \cdots, v_n$라 하고 v_i의 차수를 d_i라 하자. 이때, 오른쪽 그림과 같이 거리가 2인 경로의 개수를 이중세기 해보자.

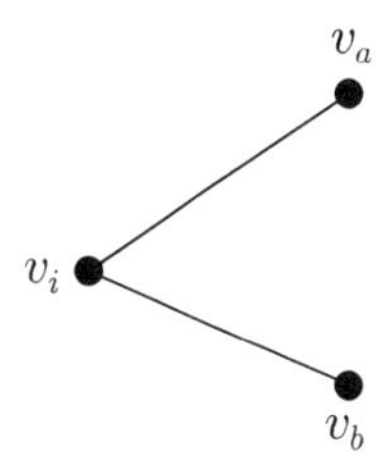

[그림 3.28]

① 경로의 가운데 점 v_i를 기준으로 세어보자.

v_i가 가운데 점이 되는 경우는 v_i와 연결된 d_i개의 선분 중 2개를 선택하면 되므로 $\binom{d_i}{2}$가지가 있다. 따라서 이와 같은 경로의 개수는 $\sum_{i=1}^{n}\binom{d_i}{2}$이다.

② 경로의 양 끝점 $\{v_a, v_b\}$를 기준으로 세어보자.

만약 경로의 양 끝점이 v_a와 v_b인 경우가 두 경우 이상 있으면 길이가 4인 회로가 생기므로 모순이다. 따라서 $\binom{n}{2}$개의 각 $\{v_a, v_b\}$쌍에 대해 경로의 양 끝점이 v_a와 v_b인 경우는 많아야 한 개이므로 그래프에서 이와 같은 경로의 개수는 $\binom{n}{2}$개 이하이다.

①과 ②에서 $\binom{n}{2} \geq \sum_{i=1}^{n} \binom{d_i}{2}$를 얻는데, 변의 개수를 e라 하면 정리 3.1.3에 의해

$$\binom{n}{2} \geq \sum_{i=1}^{n} \binom{d_i}{2} = \frac{1}{2}\sum_{i=1}^{n} d_i^2 - \frac{1}{2}\sum_{i=1}^{n} d_i \geq \frac{1}{2n}\left(\sum_{i=1}^{n} d_i\right)^2 - e = \frac{2e^2}{n} - e$$

에서 e에 관한 이차 부등식 $\frac{2e^2}{n} - e \leq \frac{n(n-1)}{2}$를 얻는다. 이를 풀면 $e \leq \frac{n(\sqrt{4n-3}+1)}{4}$이 증명된다. ■

앞선 예제의 아이디어를 그대로 적용하면 다음과 같이 $K_{2,3}$을 포함하지 않는 부분그래프 문제도 쉽게 해결할 수 있다. 풀이는 직접 해보길 바란다.

예제 3.4.12

n개의 점으로 이루어진 그래프 G가 부분그래프로 $K_{2,3}$을 포함하지 않을 때, G의 선분의 개수는 많아야 $\frac{n + n\sqrt{8n-7}}{4}$개임을 증명하여라.

(3) 완전매칭과 결혼정리

이번 단원에서는 어떤 그래프 G가 주어졌을 때, 오른쪽 그림의 진한 부분과 같이 두 점씩 짝을 지을 수 있는지 여부를 판단하는 문제에 대해 살펴보도록 한다. 앞선 정의 3.1.13에서 살펴보았듯이 이와 같이 짝을 짓는 것은 그래프에 매칭인 부분그래프가 있는지를 판단하는 것이므로 부분그래프 문제의 하나로 생각할 수 있다. 이와 관련된 여러 결과들을 살펴보기 위해 다음 정의를 먼저 살펴보자.

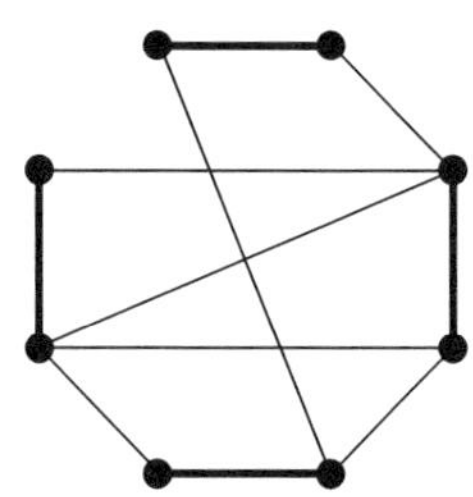

[그림 3.29] 완전매칭

정의 3.4.5 매칭과 완전매칭

그래프 G의 1차 정칙그래프[26)]인 부분그래프를 **매칭**(matching)이라고 한다. 만약 어떤 매칭이 그래프 G의 모든 점을 포함한다면 이 매칭을 **완전매칭**(perfect matching)이라고 한다.

우리의 관심사는 어떤 그래프에 완전매칭이 있는지 여부를 판단하는 것이다. 어떤 그래프에 완전매칭이 있다면 물론 이 그래프는 짝수개의 점을 가져야 한다. 그 중에서도 우리가 쉽게 접근할 수 있는 것은 이분그래프이다. $2n$개의 점을 가지는 이분그래프의 경우 점의 집합이 X, Y로 분할되었고 $|X|=|Y|=n$이라면, 완전매칭을 찾는 질문은 X의 점과 Y의 점을 서로 인접한 것들로 짝을 지을 수 있지 묻는 것이 된다. 다음 그림을 살펴보자.

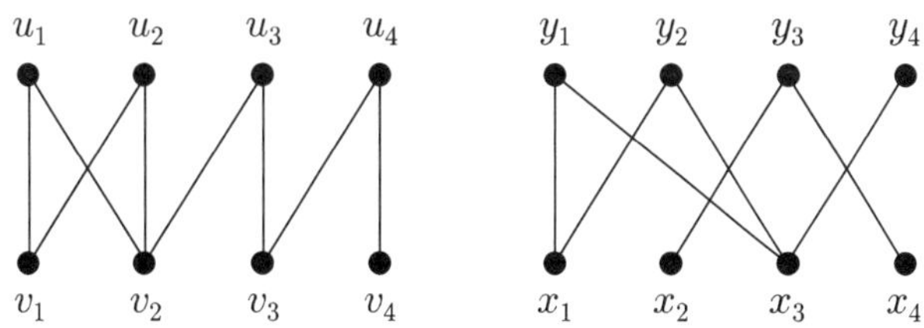

[그림 3.30]

먼저 위의 그림의 왼쪽 그래프에서는 $\{u_1v_1,\ u_2v_2,\ u_3v_3,\ u_4v_4\}$가 완전매칭이 된다. 오른쪽 그래프에서 $\{x_1y_1,\ x_2y_3,\ x_3y_4\}$나 $\{x_1y_1,\ x_3y_2,\ x_4y_3\}$는 매칭이지만 이 매칭들은 8개의 모든 점을 포함하지는 않으므로 완전매칭은 아니다. 실제로 오른쪽 그래프는 완전매칭이 존재하지 않는데 이를 어떻게 증명할 수 있을까? 이분그래프에서 완전매칭이 존재하는지 판별하는 원리를 제공해 주는 원리는 잘 알려져 있다. 이분그래프 G의 점들의 부분집합 X에 대해 X의 점들 중 적어도 하나와 인접한 점들의 집합을 $N(X)$라 정의하자. 다음 정리는 원리를 발견한 수학자 Phillip Hall의 이름을 따서 Hall의 정리라고 부르거나 또는 결혼정리[27)]라고

26) 모든 점의 차수가 1인 그래프이다.

27) 이분그래프 두 점의 집합 X, Y를 각각 남자들의 집합, 여자들의 집합으로 생각하고 변으로 연결된 두 남자와 여자는 서로 호감을 가진다고 하자. 그러면 이 정리의 $|X|=|Y|$인 경우는 모든 사람이 호감을 가지는 이성과 결혼을 할 수 있는지 여부를 판별하는 것이 된다. Hall의 motivation이 된 이 설정으로 인해 이 정리를 결혼정리라고도 부른다.

불린다.

정리 3.4.6 Hall의 정리(결혼정리), 1935

그래프 G는 점들의 집합이 X와 Y로 이분된 이분그래프일 때, G에 X의 모든 원소를 포함하는 매칭이 존재하기 위한 필요충분조건은 모든 $S \subseteq X$에 대하여 $|N(S)| \geq |S|$인 것이다. 만약 $|X| = |Y|$이면 이는 완전매칭이 존재하기 위한 필요충분조건이다.

증명 먼저 X의 모든 원소를 포함하는 매칭이 있으면, $|N(S)| \geq |S|$가 모든 $S \subset X$에 대해 성립함은 자명하다. $N(S)$에는 S의 각 원소와 매칭된 $|S|$개의 원소가 반드시 포함되어야 하기 때문이다.

반대로 모든 $S \subset X$에 대하여 $|N(S)| \geq |S|$이 만족하면 X의 모든 점을 포함하는 매칭이 존재함을 $|X|$에 대한 수학적 귀납법으로 증명하자. 초기조건으로 $|X| = 1$인 경우는 자명하므로, $|X| < m$인 모든 이분그래프에 대하여 명제가 성립함을 가정하고 $|X| = m$인 경우를 두 가지 경우로 나누어 증명하자.

① **모든 $S \subset X(S \neq X)$에 대하여 $|N(S)| > |S|$인 경우**

이 경우는 서로 인접한 두 점 $u \in X$와 $v \in Y$를 선택하여 그래프 G에서 u, v 및 이들과 연결된 모든 점을 제거하여 얻은 그래프를 G'이라 하자. 그러면 모든 G'는 점들이 $X' = X - \{u\}$, $Y' = Y - \{v\}$로 이분된 이분그래프이다. 이때, G'도 정리의 조건을 만족시킴은 쉽게 확인할 수 있으므로 G'에 귀납법 가설을 적용하면 X'의 점들을 모두 포함하는 매칭이 존재하고 여기에 uv를 추가하면 된다.

② **어떤 $S \subset X(S \neq X)$에 대하여 $|N(S)| = |S|$인 경우**

이 경우는 먼저 그래프 G에서 S의 점들과 $N(S)$의 점들만 남기고 모두 지우면 여전히 정리의 가정이 성립함을 알 수 있고 따라서 귀납법 가설에 의해 이 부분에는 S의 점들을 모두 포함하는 매칭이 존재한다.

이제 반대로 그래프에서 S의 점 들과 $N(S)$의 점 들을 모두 지우면 남은 부분을 $X - S$와 $Y - N(S)$로 점이 이분된 이분그래프라고 생각할 때, 여기서도 정리의 가정이 여전히 성립하는지 확인하기만 하면 된다. 이는 임의의 부분집합 $T \subset X-S$에 대하여 그래프의 남은 부분에서 T의 점 들과 인접한 점의 집합은 $N(T \cup S)-N(S)$로 생각할 수 있는데

$$|N(T \cup S)-N(S)| = |N(T \cup S)|-|N(S)| \geq |T \cup S|-|S| = |T|$$ [28]

가 된다. 따라서 이 부분에도 $X-S$의 점들을 모두 포함하는 매칭이 존재하므로 구한 두 매칭을 합하면 문제의 조건을 만족하는 매칭이 되므로 증명이 끝난다.

마지막으로 $|X| = |Y|$인 경우 앞서 구한 매칭이 완전매칭임은 자명하다. ■

결혼정리는 특히 X의 모든 점의 차수와 Y의 모든 점의 차수가 같은 즉, 정칙 그래프인 경우에 유용하게 활용된다. 결혼정리의 조건이 이 그래프에서는 자명하게 성립하기 때문이다.

따름정리 3.4.7

이분그래프의 모든 점의 차수가 같다면 완전매칭이 존재한다.

증명 이분그래프의 점의 집합이 X, Y로 이분되었다고 하자. 이때, 모든 점의 차수를 k라 하면, 정리 3.3.1에 의해 $k|X| = k|Y|$이므로 $|X| = |Y|$가 성립한다.

이제 이 그래프가 결혼정리의 조건을 만족함을 보이면 된다. 임의의 $S \subset X$에 대하여 그래프에서 S의 점들과 $N(S)$의 점들을 제외하고 모두 지우고 남은 그래프를 생각하자. 이 그래프에서 S의 점들을 $v_1, v_2, \cdots, v_s$라 하고 $N(S)$의 점들을 $w_1, w_2, \cdots, w_t$라 할 때, v_i의 차수들은 모두 k이고 w_i의 차수는 d_i라 하면 $d_i \leq k$여야 한다. 다시 정리 3.3.1에 의해 $sk = \sum_{i=1}^{t} d_i \leq tk$이므로 $s \leq t$가 된다. 즉 $|S| \leq |N(S)|$가 된다. ■

28) $N(S) \subset N(T \cup S)$임을 활용하였다.

앞선 결과는 다음과 같이 좀 더 세밀한 결과로 확장할 수 있다.

따름정리 3.4.8

이분그래프의 모든 점의 차수가 k로 같다면 이 그래프는 k개의 완전매칭으로 분할할 수 있다.

증명 k에 대한 귀납법으로 쉽게 증명할 수 있다. $k=1$일 때는 자명하고, 모든 점의 차수가 k로 같으면 따름정리 3.4.7에 의해 완전매칭이 존재하는데, 이 완전매칭을 그래프에서 제거하면 모든 점의 차수가 $k-1$로 같게 되어 귀납법 가설에 의해 남은 부분을 $k-1$개의 완전매칭으로 분할할 수 있다. 즉 모두 k개의 완전매칭으로 분할된다. ■

다시 앞의 [그림 3.30]의 오른쪽 그래프를 살펴보면 $S=\{x_2, x_4\}$로 선택했을 때, $N(S)=\{y_3\}$이므로, $|N(S)|<|S|$가 되어 결혼정리의 조건을 만족하지 않아 완전매칭이 없음을 알 수 있다. 몇 가지 예제를 살펴보자. 먼저 가장 표준적으로 결혼정리가 사용되는 예를 살펴보자. 기존의 예들과 그래프를 만드는 방식이 조금 다름에 주목하자.

예제 3.4.13

(System of distinct representatives) 학생 수가 n명인 어떤 학교에서 n개의 동아리가 있다. 이 중 임의로 동아리들을 선택했을 때, 이 동아리 중 적어도 하나에 속한 학생의 수는 선택된 동아리의 수 이상이라고 한다. 이때, 각각의 동아리에서 1명의 동아리 회장을 선택하여 n개의 동아리의 회장이 모두 다르게 할 수 있음을 보여라.

풀이 이분그래프 G는 점들이 $X=\{v_1, v_2, \cdots, v_n\}$과 $Y=\{w_1, w_2, \cdots, w_n\}$로 이분되어 있는데 각 v_i는 동아리를, w_i는 학생을 의미한다. v_i에 해당하는 동아리가 w_j에 해당하는 학생을 포함하고 있으면 v_i와 w_j가 변으로 연결되어 있다고 하자. 이때, 문제의 조건은 임의의 X의 부분집합 S에 대해 $|N(S)|\geq|S|$가 성립함을 뜻한다. 따라서 이 그래프에는 완전매칭이 존재한

다. 완전매칭에서 v_i가 w_j와 인접하다면 v_i에 대응되는 동아리의 회장으로 w_j에 해당하는 학생을 선택하면 된다. ■

다음은 따름정리 3.4.7이 적용되는 상황의 예이다.

예제 3.4.14

(FKMO, 2005) 서로 다른 2005개의 소수들로 이루어진 집합 P를 생각하자. 집합 A는 서로 다른 1002개의 P의 원소들의 곱으로 나타낼 수 있는 모든 양의 정수들의 집합이고, 집합 B는 서로 다른 1003개의 P의 원소들의 곱으로 나타낼 수 있는 모든 양의 정수들의 집합이다. 다음의 조건을 만족시키는 일대일 함수 $f: A \to B$가 존재함을 보여라.

[조건] 모든 $a \in A$에 대하여 a는 $f(a) \in B$의 약수이다.

풀이 A의 원소들과 B의 원소들을 점으로 하는 이분그래프를 설명하자. $a \in A$가 $b \in B$의 약수이면 a와 b를 변으로 연결하면 이분그래프가 되며 A의 각 점의 차수와 B의 각 점의 차수는 모두 1003으로 같다. 따라서 따름정리 3.4.7에 의해 이 그래프에는 완전매칭이 존재한다. A의 각 원소 a에 대해 이 완전매칭에서 변으로 연결된 점을 $f(a)$라 하면 f가 구하는 함수이다. ■

마지막으로 따름정리 3.4.7이 변형되어 적용되는 예를 살펴보자. 이 책에서는 임의의 두 점 사이에 변이 1개 이하인 단순그래프만 생각하고 있지만 이 문제에서는 그래프를 그리면 어떤 두 점 사이에 여러 개의 변(다중 변)이 놓일 수 있는데 큰 문제가 되지는 않는다.

예제 3.4.15

52장의 트럼프를 4장씩 13묶음으로 나누었다. 각 묶음에서 한 장씩 모두 13개의 카드를 선택하여 선택된 카드가 A, 2, 3, 4, 5, 6, 7, 8, 9, 10, J, Q, K를 한 장씩 포함하게 할 수 있음을 증명하여라. (단, 트럼프는 A부터 K까지 13가지의 숫자가 4장씩 모두 52장으로 구성되어 있다.)

풀이 13개의 카드의 묶음을 13개의 점으로 나타내고 A부터 K까지의 13가지의 숫자 역시 13개의 점으로 나타낸 26개의 점으로 이루어진 이분그래프 G를 생각하자. 각 카드의 묶음에 해당하는 점은 네 숫자와 변으로 연결하는데, 그 묶음에 같은 수가 여러 번 들어있으면 그 수에 해당하는 점과는 반복하여 연결하도록 한다. (즉, 다중변을 허용한다.) 이때, 이 그래프에서 결혼정리의 조건이 성립함을 보이면 된다. 원리는 따름정리 3.4.7과 동일한데, X에서 점 $S=\{v_1, v_2, \cdots, v_s\}$를 선택하여 $N(S)=\{w_1, w_2, \cdots, w_t\}$라 하자. 이때, S의 각 점은 4개의 변과 연결되어 있으므로 S의 점과 $N(S)$의 점 사이에는 모두 $4s$개의 점이 연결되어 있다.[29] w_i와 연결된 변의 개수를 d_i라 하면 $d_i \le 4$이므로

$$4s = \sum_{i=1}^{t} d_i \le 4t$$

가 되어 $s \le t$가 된다. 따라서 결혼정리를 적용하여 완전매칭을 찾을 수 있는데 각 묶음에서는 이 완전매칭에서 연결된 수를 선택하면 된다. ■

마지막으로 완전매칭이 실제로 어떤 응용이 가능한지 간단히 살펴보고 넘어가자. 기본적으로 이분그래프에서 완전매칭은 두 가지 속성을 지니는 개체들의 집합 X와 Y 사이에 적절히 짝을 지을 수 있음을 의미한다. 예를 들어, X는 직업을 구하는 사람들의 모임이고, Y는 직업의 종류일 때, 개인별로 원하는 직업의 종류가 다르다고 하자. 단 개개인은 단 하나의 직업만 선택할 수 있고, 각각의 직업은 한 사람만 선택할 수 있다고 한다. 이때, 어떻게 하면 모든 사람이 자신이 원하는 직업을 할 수 있도록 배분할 수 있을까? 이 문제를 해결할 때 완전매칭은 좋은 모델

29) 다중변을 허용하였으므로 차수의 개념을 혼동을 막기 위해 사용하지 않았다.

이 된다. X와 Y를 부분집합으로 하는 이분그래프를 구성하는데, X에 있는 사람을 Y에 있는 선호하는 직업들과 변으로 연결하는 이분그래프를 만든다. 그러면 모든 사람이 만족하는 직업의 선택은 완전매칭으로 해결할 수 있다. 예를 들어 직업을 구하는 사람을 v_1, v_2, v_3, v_4로 나타내고, v_1이 원하는 직업을 u_1 또는 u_2, v_2이 원하는 직업을 u_1 또는 u_3, v_3이 원하는 직업을 u_3 또는 u_4, 그리고 v_4이 원하는 직업을 u_4인 경우에, 이것을 이분그래프로 나타내면 앞의 [그림 3.30]의 왼쪽 그래프가 된다. 이때, 완전매칭을 이용하여 v_1, v_2, v_3, v_4에게 직업을 배정하면 된다.

이와 같이 이분그래프에서 완전매칭은 서로 다른 두 속성을 지니는 개체들 사이에 짝을 짓는 문제를 해결하는 것인데 개체들이 모두 한 가지 속성을 지니는 경우라면 문제는 이분그래프가 아닌 일반 그래프에서의 완전매칭으로 해결해야 한다. 일반 그래프에서 완전매칭의 존재성 여부는 훨씬 어려운 문제인데 그 결과는 Tutte의 정리로 잘 알려져 있다. 관심이 있는 독자는 심화 자료를 참조하기 바란다.

심화 자료 Tutte의 정리

Tutte의 정리는 임의의 그래프 G에 대해 G에 완전매칭이 존재하는지의 여부를 판별하는 방법을 알려준다. 정리를 서술하기에 앞서 두 가지 정의를 해보자.

① 그래프 G의 연결성분 중 점의 개수가 홀수인 것의 개수를 $o(G)$라 나타내자.

② 그래프 G의 점들의 부분집합 X에 대해 G에서 X 및 X와 연결된 선분을 모두 지운 그래프를 간단히 $G-X$라 나타내자.

이때, Tutte의 정리는 다음과 같다.

정리 3.4.9 Tutte의 정리, 1947

그래프 G에 매칭이 존재할 필요충분조건은 G의 점들의 임의의 부분 집합 X에 대해 $o(G-X) \le |X|$인 것이다.

증명 그래프 G의 점의 집합을 V라 하고, 충분조건과 필요조건을 나누어 증명을 해보자.

① G에 완전매칭이 있으면 임의의 $X \subset V$에 대해 $o(G-X) \le |X|$이다.

$G-X$의 연결성분 중 점의 개수가 홀수인 것을 $G_1, G_2, \cdots, G_t$라 하자. 이때, 원래 그래프 G에서도 $i \neq j$에 대해 G_i의 점과 G_j점 사이에는 변이 없음을 주목하자. 따라서 각 G_i 내부에서 매칭이 되고 점이 하나 이상씩 남는데 이 점들은 모두 X의 점들과 연결이 되어야 한다. 이때, 각 G_i들에서 하나 이상씩 모두 t개 이상이 남으므로 X에는 t개 이상의 점이 있어야 한다. 따라서 $|X| \ge t = o(G-X)$이다.

② G에 완전매칭이 없으면 어떤 $X \subset V$에 대해 $o(G-X) > |X|$이다.

그래프 G에 완전매칭이 없다면 완전매칭이 없는 상태를 유지하면서 G에 변을 추가로 그어 더 이상 그을 수 없을때까지 긋자. 이 상태의 그래프는 임의의 변을 추가하면 완전매칭이 생기므로 특별한 특징이 있는데 다음 보조정리로 그 내용을 정리해 보자.

보조정리

어떤 그래프 G에 완전매칭이 없지만, 서로 연결되지 않은 임의의 두 점을 연결하면 완전매칭이 생긴다고 한다. 이때, G의 점들 중 자신을 제외한 모든 점과 연결된 점들을 좋은 점이라고 하자. G에서 좋은 점들 및 그 점들에 연결된 변을 모두 제거하면 남은 부분에 있는 임의의 연결성분은 완전그래프가 된다.

보조정리의 증명 G에서 좋은 점들 및 이들과 연결된 변을 모두 제거하였을 때, 어떤 점 a에 대해 a와 b가 연결되고 a와 c가 연결되었다면 b와 c도 연결되었음을 증명해주면 충분하다. 귀류법을 이용하여 b와 c가 연결되어 있지 않다고 가정하자.

G에서 a는 좋은 점이 아니므로 a와 연결되지 않은 점 d가 있음을 알 수 있다. 이때, 그래프 G에 변 bc를 추가하면 보조정리의 조건에 의해 완전매칭이 생기는데 이를 F_1이라 하고 마찬가지로 변 ad를 추가하여 생기는 완전매칭을 F_2라 하자.[30)]

이제 그래프 G에 모든 변을 지우고 F_1과 F_2의 변들만 남기는데. 이때, F_1과 F_2에 겹치는 변들도 모두 지우자. 남은 그래프를 H라 하자. H에서 임의의 점 v를 생각할 때, 만약 F_1에서 v와 연결된 변이 F_2에서 v와 연결된 변과 같으면 v의 차수는 0이지만 두 변이 다르면 v의 차수는 2이며 F_1의 변과 F_2의 변이 하나씩 연결되어 있다. 이로부터 H는 몇 개의 겹치지 않는 회로들로 이루어져 있음을 알 수 있으며 각 회로에서는 F_1의 변과 F_2의 선분이 번갈아가며 나옴을 알 수 있다.

그래프 H에 ad와 bc는 확실히 그려졌음을 쉽게 알 수 있다. 이제 ad와 bc가 다른 회로 위에 있을 때와 같은 회로 위에 있을 때로 나누어 생각하자.

① ad와 bc가 다른 회로에 놓이는 경우

bc가 놓이는 회로를 C_{bc}라 하자. 이때, F_1의 원소 중 C_{bc}위에 놓인 것을 모두 빼고 대신 C_{bc}위의 F_2의 변들을 추가하면 역시 완전매칭이 된다. 그런데 이 완전매칭은 ad와 bc를 포함하지 않으므로 G의 완전매칭이 되어 모순이다.

② ad와 bc가 같은 회로에 놓이는 경우

이 회로가 $a,\ d,\ \cdots$로 시작했을 때 일반성을 잃지 않고 b에 먼저 도착했다 하자. 여기까지를 $a,\ d,\ v_{1},\ \cdots,\ v_k,\ b$라 하면 마지

30) F_1과 F_2는 완전매칭을 이루는 변들의 집합으로 생각한다.

막에 b에서 a로 되돌아가는 회로를 C_{ab}라 하자. 이때 F_2의 원소 중 C_{ab} 위에 놓인 것을 모두 빼고 대신 C_{ab}위의 나머지 변들을 추가하면 역시 완전매칭이 된다. 그런데 이 완전매칭은 ad와 bc를 포함하지 않으므로 G의 완전매칭이 되어 모순이다.

따라서 보조정리는 증명되었다. ■

다시 Tutte의 정리의 증명으로 되돌아 가자. 만약 G의 점의 개수가 홀수면 $X = \phi$로 하면 되므로 G의 점의 개수가 짝수라 가정하자. 완전매칭이 없는 상태를 유지하면서 G에 변을 추가로 그어 더 이상 그을 수 없을 때 까지 긋고 이 그래프를 G_1이라 하자. G_1에서 모든 점들과 연결된 점들의 집합을 V_1이라 하고 V_1 및 V_1에 연결된 변을 모두 제거하면 보조정리에 의해 완전그래프들이 남는다. 이 중 점의 개수가 짝수개인 것들은 자체적으로 매칭이 가능하다. 완전그래프 중 점들의 개수가 홀수인 것을 H_1, H_2, $\cdots$, H_t라 하자.

만약 $t \le |V_1|$이면 각 H_i에서 점을 하나씩 빼놓고 매칭을 한 뒤 남은 한 점은 V_1의 한 점과 연결하여 매칭을 만들 수 있다. G_1의 점들이 짝수개이므로 V_1에는 짝수개의 점이 남고 이들끼리 매칭을 하면 된다. 그런데 G_1에 완전매칭이 존재하므로 모순이고 $t > |V_1|$임을 알 수 있다.

이제 G_1에서 변을 지워 G로 되돌아가보자. 이때, $G_1 - V_1$에서 시작하여 $G - V_1$으로 되돌아가면서 각 H_i는 여러 개의 연결성분으로 나뉠 수 있는데 이 연결성분 중 적어도 한 개는 점의 개수를 홀수개로 가져야 한다. 따라서 $o(G - V_1) \ge t$가 된다.

따라서 $o(G - V_1) \ge t > |V_1|$이므로 필요조건의 대우 명제가 증명되었다. ■

예제 3.4.16

Tutte의 정리가 결혼정리의 일반화임을 설명하여라.

예제 3.4.17

(Petersen의 정리) 3차 정칙그래프 G는 G에서 임의의 변을 제거하여도 여전히 완전그래프가 된다고 한다. 이 그래프는 완전매칭을 가짐을 증명하여라.

연습문제

1. n개의 점으로 이루어진 그래프가 K_t를 부분그래프로 가지지 않으면 이 그래프에 있는 변의 개수의 최댓값은, n을 $t-1$로 나눈 나머지를 r이라 할 때, $\frac{t-2}{t-1}\frac{(n^2-r^2)}{2}+\binom{r}{2}$로 구해진다는 것을 튜란의 정리를 직접 이용하지 않고 다음과 같이 수학적 귀납법을 이용하여 직접 증명해 보아라.

   (1) $n<t$인 경우 명제가 성립함을 증명하여라.

   (2) $n-(t-1)$에 대해 명제가 성립하면 n에 대해 명제가 성립함을 보이자. 먼저 그래프에 K_{t-1}이 부분그래프로 있는 경우만 살펴보면 됨을 설명하고 K_{t-1}이 부분그래프로 있는 경우에는 이 $t-1$개의 점과 나머지 $n-(t-1)$개의 점으로 나누어 변의 개수가 $\frac{t-2}{t-1}\frac{(n^2-r^2)}{2}+\binom{r}{2}$ 이하임을 증명하여라.

2. G는 $2n$개의 점과 n^2+1개의 변으로 이루어진 그래프이다. 이때, G는 오른쪽 그림과 같이 K_4에서 변이 하나 빠진 부분그래프를 포함함을 증명하여라.

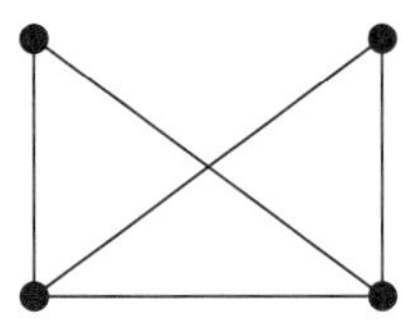

3. (KMO, 2010) 정보기관에서 테러리스트 용의자 2,000명 사이에 휴대전화 통화가 있었는지 여부를 조사하였다. 그런데 서로 겹치지 않는 3명씩 두 모임 A, B를 뽑아보면 A와 B 사이에는 반드시 통화하지 않았던 쌍이 있었다. 이때, 통화한 적이 있는 쌍의 개수는 201,000보다 작음을 보여라.

4. 그래프 G의 모든 점의 차수는 7이고 이 그래프에 있는 길이가 가장 짧은 회로의 길이는 5라고 한다. 이때, G의 점의 개수는 50개 이상임을 증명하여라.

5. 어떤 모임에 n명의 사람들이 참가하였다. 참가자 중 임의의 2명은 서로 아는 사이이거나 서로 모르는 사이라고 한다. 참가자 중 일부의 집합 A가 좋은 집합이라 함은 A에 속하는 사람들끼리는 모두 서로 알지만, A에 속하지 않는 사람들 중에 A에 있는 사람들을 모두 아는 경우는 없음을 뜻한다. 이때, 좋은 집합의 개수의 최댓값을 구하여라.

6. 그래프 G에서 임의의 점을 선택하여 그 점 및 그 점과 연결된 변을 모두 지워도 연결그래프가 된다고 한다. 그래프 G의 회로 중 그 길이가 가장 긴 것의 길이를 l이라 하면 G의 임의의 경로의 길이는 $\frac{l^2}{4}$ 이하임을 증명하여라.

7. 그래프 G의 점의 집합을 V라 하자. V의 공집합이 아닌 부분집합 S에 대해 $f(S)$는 S의 점들 중 적어도 하나와 연결된 점들 중 S의 원소가 아닌 것의 집합으로 정의하자. 이때, $|S| \le k$인 모든 S에 대해 $|f(S)| \ge 2|S|-1$이 성립한다. 이때, G에는 길이가 $3k-2$ 이상인 경로가 있음을 증명하여라.

8. K_{2n}의 변들은 $2n-1$개의 완전매칭들로 분할이 가능함을 증명하여라.

9. 집합 $S=\{1, 2, 3, \cdots, kn\}$에 대해 $A_1, A_2, \cdots, A_n$과 $B_1, B_2, \cdots, B_n$는 각각 S를 k개의 원소를 가지는 n개의 집합으로 분할한 것이다. 이때, n개의 원소를 가지는 S의 부분집합 T가 존재하여 임의의 i에 대해 $T \cap A_i$와 $T \cap B_i$는 모두 1개의 원소만으로 이루어지도록 할 수 있음을 증명하여라.

10. n개의 점으로 이루어진 그래프 G의 변의 개수가 $\frac{k(n-1)}{2}$개 보다 많다고 한다. 이때, 이 그래프에는 길이가 $k+1$ 이상인 회로가 존재함을 증명하여라. (단, $2 \leq k \leq n$)

11. 어떤 그래프 G에서 A와 B가 게임을 한다. A가 먼저 G의 점 중 하나를 점령하면, B는 A가 점령한 점과 인접한 점을 하나 점령한다. 이처럼 상대가 마지막에 점령한 점과 인접한 점을 번갈아가며 점령하는데 더 이상 점령할 수 있는 땅이 없으면 게임에서 지게 된다. 이때, G에 완전매칭이 없다면 A에게 필승전략이 있지만, G에 완전매칭이 있으면 B에게 필승전략이 있음을 증명하여라.

12. $2n$개의 점으로 이루어진 그래프 G에 완전매칭이 유일하게 존재한다고 한다. 이때, G의 변의 개수는 n^2개 이하임을 증명하여라.

13. (IMO Shortlist, 2002) 120명의 사람이 있는데 이 중 어떤 두 명은 서로 친구라고 한다. 120명 중 4명을 뽑았을 때, 4명 중 정확히 한 쌍만 친구라 하면 이를 좋은쌍이라 하자. 좋은쌍의 개수의 최댓값을 구하여라.

14. 어떤 대회에 참가한 100명의 참가자에게 주어질 서로 다른 100개의 상품이 있다고 한다. 각 참가자들은 적어도 3개 이상의 상품에 호감을 가지고 있고, 참가자들 중 임의로 여러 명을 선택하였을 때 이들 중 적어도 한 명이 호감을 가진 상품의 수는 선택한 참가자의 수보다 많다고 한다. 이때, 참가자들 각각에게 100개의 상품을 나눠주되, 모두가 자신이 호감을 가진 상품을 받도록 하려고 한다. 이와 같은 방법은 적어도 6가지가 존재함을 증명하여라.

15. n개의 점과 m개의 변으로 이루어진 그래프 G에서 길이가 가장 긴 회로의 길이를 l이라 하자. 만약 $m > \frac{n^2}{4}$라면 임의의 3 이상 l 이하인 자연수에 대해 길이가 k인 회로도 있음을 증명하여라. (10번에 의해 $l \geq \left[\frac{n+3}{2}\right]$이므로 길이가 3 이상 $\left[\frac{n+3}{2}\right]$ 이하인 회로가 모두 있게 된다.)

16. n개의 점으로 이루어진 그래프 G의 점들의 차수 중 가장 큰 것은 k이고 가장 긴 경로의 길이는 d라고 한다. 이때, 변의 개수는 $\frac{n(n-1)(k-2)}{2\{(k-1)^d-1\}}$개 이상임을 증명하여라.

17. n개의 점으로 이루어진 그래프 G에서 서로 점들이 겹치지 않는 두 회로가 존재하지 않는다고 한다. 이때, G의 변의 개수는 $3n-6$ 이하임을 증명하여라. (단, $n \geq 6$)

18. 예제 3.4.16과 3.4.17을 해결하여라.

4단원

그래프 이론의 응용

4.1 램지 이론과 그 활용

이번 단원에서는 그래프 이론 중 하나인 **램지 이론**(Ramsey theory)에 대해 알아본다. 램지 이론은 완전그래프 K_n의 변들을 두 가지 색으로 칠할 때, 부분그래프 중 변들이 모두 같은 색으로 색칠된 완전그래프가 존재하는지 여부를 판단하는 것이다. 이 단원에서는 특별한 언급이 없는 한 두 가지 색은 빨간색과 파란색이라고 하자. 또한 모든 변이 빨간색 또는 파란색인 완전그래프 K_m을 간단히 빨간색 K_m 또는 파란색 K_m이라고 하자.

이때, 주어진 두 자연수 p, q에 대해 n이 충분히 크면 K_n의 변들을 두 가지 색으로 색칠할 때 반드시 빨간색 K_p 또는 파란색 K_q가 존재할 것으로 예측할 수 있다. 이는 뒤의 정리 4.1.1에 의해 사실임을 증명할 수 있다. 램지 이론의 어려운 부분은 위의 성질이 참이 되는 최소의 n을 찾는 문제이다. 이러한 n을 $R(p, q)$로 나타낸다. 즉, 점의 개수가 $R(p, q)$개 보다 적으면 변을 적당히 칠하여 빨간색 K_p와 파란색 K_q가 모두 없게 할 수 있지만 점의 개수가 $R(p, q)$개 이상이면 변을 어떻게 칠해도 빨간색 K_p 또는 파란색 K_q가 있게 되는 것이다. '(1) 램지문제'에서는 이와 같은 램지 이론의 표준적인 문제를 학습하고 '(2) 램지문제의 일반화'에서는 이러한 램지문제가 그래프에서 여러 형태로 변형된 경우를 학습한다. '(3) 램지 유형의 문제'에서는 램지문제를 해결하는 방법론이 다른 여러 가지 조합론 문제에 적용되는 예를 살펴본다.

(1) 램지문제

램지 이론의 시작은 앞서 정의한 $R(p,q)$란 값이 실제로 존재하는지에 대한 질문에서 시작해야 한다. 이는 영국의 수학자 Frank P. Ramsey에 의해 1930년에 증명된 아래 결과에 기초한다. 램지 이론으로 유명한 Ramsey는 뛰어난 수학자이자 경제학자였지만 안타깝게도 1930년에 26살의 젊은 나이로 생을 마감했다.

[그림 4.1]
F. P. Ramsey
(1914~1930)

정리 4.1.1 Ramsey, 1930

임의의 자연수 p, q에 대하여 어떤 자연수 $R(p,\ q)$가 존재하여, 모든 $n \geq R(p,q)$에 대하여 K_n의 모든 변들을 빨간색 또는 파란색으로 색칠하면 빨간색 K_p 또는 파란색 K_q가 존재하지만 $n < R(p,\ q)$이면 K_n의 변들을 적당히 칠하여 빨간색 K_p와 파란색 K_q가 모두 없게끔 할 수 있게 된다.

증명 $p+q$에 대한 수학적 귀납법으로 $R(p,\ q)$가 유한한 값으로 존재함을 증명하자. 먼저 $R(1,\ q)=R(p,\ 1)=1$임은 쉽게 확인할 수 있으므로 초기조건은 쉽게 확인할 수 있다.

다음으로 $p'+q' < p+q$이면 $R(p',\ q')$가 존재함을 가정하고 $R(p,\ q)$도 존재함을 증명하자. 귀납법 가설에 의해 $R(p,\ q-1)$과 $R(p-1,\ q)$가 존재하므로

$$n = R(p,\ q-1)+R(p-1,\ q)$$

이라 하고 K_n의 각 변을 두 가지 색 중 하나로 칠했다고 하자.

임의의 점 x에 대해 x에 연결된 $n-1$개의 변 중 비둘기집의 원리에 의해 $R(p,\ q-1)$개의 파란색 변 또는 $R(p-1,\ q)$개의 빨간색 변이 있음을 알 수 있다. 이때 만약 x에 연결된 $R(p,\ q-1)$개의 파란색 변이 있다면 이 변들로 연결된 $R(p,\ q-1)$개의 점들로 이루어진 부분그래프를 생각할 때, 빨간색 K_p가 존재하거나 파란색 K_{q-1}이 존재해야 한다. 만약 파란색 K_{q-1}이 존재하면 여기에 x를 추가하여 파란색 K_q가 되므로 이 그래프에는 빨간색 K_p 또는 파란색 K_q가 존재한다. 마찬가지로 x에 연결된 $R(p-1,\ q)$개의 빨간색 변이 있는 경우도 빨간색 K_p 또는 파란색 K_q가 존재함을 쉽게 증명할 수 있다.

따라서 K_n의 각 변을 어떻게 색칠하여도 빨간색 K_p 또는 파란색 K_q가 존재한다. 이때, 이 성질을 가지는 자연수의 집합을 생각할 수 있고 이 집합이 공집합이 아니기 때문에 최소원이 존재한다. 이를 $R(p,\ q)$라 할 수 있으므로 증명이 끝난다. ■

따라서 $R(p,\ q)$는 언제나 유한한 값으로 존재하며 이를 **램지수**(Ramsey number)라고 한다. 이제 구체적으로 $R(p,\ q)$의 값이 실제로 어떤지에 대해 생각해 볼 수 있는데, 먼저 위의 증명으로부터 다음과 같이 램지수 $R(p,\ q)$에 대한 기초적인 부등식을 얻을 수 있다.

따름정리 4.1.2

$p, q \geq 2$에 대해 $R(p,\ q) \leq R(p,\ q-1)+R(p-1,\ q)$이다. 만약 $R(p,\ q-1)$과 $R(p-1,\ q)$이 모두 짝수이면 $R(p,\ q) \leq R(p,\ q-1)+R(p-1,\ q)-1$도 성립한다.

증명 먼저 $R(p,\ q) \leq R(p,\ q-1)+R(p-1,\ q)$임은 정리 4.1.1의 증명에서 자명하므로 $R(p,\ q-1)$와 $R(p-1,\ q)$이 모두 짝수인 경우만 살펴보자. 만약 $n = R(p,\ q-1)+R(p-1,\ q)-1$에 대해 K_n의 각 변을 빨간색 또는 파란색으로 칠했다고 하자.

이때, 어떤 점에 $R(p,\ q-1)$개의 빨간변이나 $R(p-1,\ q)$개의 파란변이 연결되어 있으면 정리 4.1.1과 마찬가지로 증명이 된다. 그렇지 않으면 모든 점에서는 $R(p,\ q-1)-1$개의 빨간변이나 $R(q,\ p-1)$개의 파란변이 연결되어야 하는데, 이때, 그래프에서 빨간 변만 남기고 생각하면 점의 개수도 홀수이고 점의 차수도 모두 홀수이므로 따름정리 3.1.4에 모순이다. ■

이 결과는 다음과 같이 $R(p,\ q)$의 값의 상계를 알려준다.

따름정리 4.1.3

$p, q \geq 1$에 대해 $R(p,\ q) \leq \binom{p+q-2}{p-1}$이다.

증명 $p+q$에 대한 귀납법과 파스칼의 공식 $\binom{p+q-1}{p-1}+\binom{p+q-1}{q-1}=\binom{p+q}{p}$을 사용하면 쉽게 증명된다. ■

이 따름정리와 같이, $R(p, q) \le M$과 같이 램지수의 상계를 증명하기 위해서는 K_M의 변들을 두 가지 색으로 칠했을 때, 빨간색 K_p 또는 파란색 K_q가 존재함을 증명하면 되는데, 반대로 $R(p, q) \ge m$과 같이 램지수의 하계를 증명하려면, K_{m-1}의 변들을 두 가지 색으로 적당히 칠하여 빨간색 K_p와 파란색 K_q가 모두 없음을 증명해야 한다. 일반적으로 이 두 과정은 서로 분리되어 진행되어야 한다. 즉, $R(p, q) = n$을 보이기 위해서는 $R(p, q) \le n$과 $R(p, q) \ge n$을 각각 증명해야 하는데 이 과정은 뒤에 나올 예제 4.1.1, 4.1.2 등에서도 찾아볼 수 있다.

실제로 $R(p, q)$의 값은 아주 제한적으로 알려져 있는데 이를 정리한 다음 표[31]를 살펴보자.

p \ q	3	4	5	6	7	8	9	10
3	6							
4	9	18						
5	14	25	43-49					
6	18	36-41	58-87	102-165				
7	23	49-61	80-143	113-298	205-540			
8	28	58-84	101-216	132-495	217-1031	282-1870		
9	36	73-115	126-316	169-780	241-1713	317-3583	565-6588	
10	40~42	92-149	144-442	179-1171	289-2826	331-6090	581-12677	798-23556

[표 4.1] 램지수

$R(1, n) = R(n, 1) = 1$과 $R(2, n) = R(n, 2) = n$과 같이 자명한 경우[32]를 제외하고 $R(p, q)$의 값이 정확히 알려진 경우는 위의 색칠한 9개의 칸에 불과하다. $R(5, 5)$나 $R(6, 6)$에 대해서도 표에서 알 수 있듯이 $43 \le R(5, 5) \le 49$와 $102 \le R(6, 6) \le 165$만 알려져 있고 구체적인 값은 알 수가 없는데, 유명한 수학자 Paul Erdős는 만약 외계인이 지구를 침략하여 $R(5, 5)$를 계산하지 않으면 지구를 멸망시킬 것이라고 하면, 지구상의 모든 컴퓨터를 동원하여 계산하면 계산이 가능할 수도 있지만, 만약 $R(6, 6)$을 계산하라고 요구하면 차라리 과학기술을 발

31) $R(p, q) = R(q, p)$임이 자명하므로 중복을 피해 표의 우상단은 비워놓았다. 이 표의 결과는 이 책이 쓰여진 2015년 3월까지의 결과이다.

32) 쉽게 증명되므로 확인해 보길 바란다.

전시켜 외계인을 물리치는 것이 낫다는 말을 한 적이 있다. 이는 램지수의 정확한 값을 구하는 것이 얼마나 어려운지를 상징적으로 잘 나타낸다.

이제 간단한 램지수에 대한 예들을 살펴보자.

예제 4.1.1

$R(3,\ 3) = 6$임을 증명하여라.

풀이 따름정리 4.1.3에 의해 $R(3,\ 3) \le \binom{4}{2} = 6$이다. 또한 K_5에서 길이가 5인 회로를 잡아 이 회로의 변들을 빨간 색으로 칠하고 나머지 5개를 파란색으로 칠하면 빨간색 K_3 및 파란색 K_3이 모두 없음을 확인할 수 있고 이로부터 $R(3,\ 3) \ge 6$이 된다. 따라서 $6 \le R(3,\ 3) \le 6$이므로 $R(3,\ 3) = 6$이다. ■

예제 4.1.2

$R(3,\ 4) = 9$임을 증명하여라.

풀이 $R(2,\ 4) = 4$이고 $R(3,\ 3) = 6$으로 모두 짝수이므로 따름정리 4.1.2에 의해 $R(3,\ 4) \le 4 + 6 - 1 = 9$이다. 다음으로 K_8의 점들을 $v_1,\ v_2,\ \cdots,\ v_8$이라 할 때, 회로 $v_1,\ v_2,\ \cdots,\ v_8,\ v_1$의 8개의 변과 네 개의 변 $v_1v_5,\ v_2v_6,\ v_3v_7,\ v_4v_8$을 빨간색으로 칠하고 나머지 변들을 파란색으로 칠하면 빨간색 K_3과 파란색 K_4가 모두 없음을 확인할 수 있다. 따라서 $R(3,\ 4) \ge 9$가 되고 이로부터 $R(3,\ 4) = 9$임을 증명할 수 있다. ■

일반적인 경우에 $R(p,\ q) > n$임을 증명하는 것은 앞서 언급한 바와 같이 K_n을 적당히 색칠하여 빨간색 K_p와 파란색 K_q가 없음을 증명해야 하기 때문에 쉽지 않다. 이와 관련해서는 **확률적 방법**(probabilistic method)이 한 가지 대안인데 여기서 자세히 다루지는 않을 것이다. 다음은 그와 같은 결과의 가장 간단한 예로, 여기서는 직접적으로 확률적 방법은 사용하지 않고 다른 방식으로 설명하겠다.

예제 4.1.3

자연수 p, q에 대해 어떤 자연수 n이 부등식 $\binom{n}{p}\frac{1}{2^{\binom{p}{2}}}+\binom{n}{q}\frac{1}{2^{\binom{q}{2}}}<1$을 만족하면, $R(p, q)>n$임을 증명하여라.

풀이 n이 주어진 부등식을 만족한다고 하자. 이때, K_n의 각 변을 2가지 색 중에 하나로 색칠하면 모두 $2^{\binom{n}{2}}$가지 색칠 방법이 있다. 어떤 p개의 점을 잡았을 때, 이 p개의 점이 빨간색 K_p를 이루는 것은 이 $2^{\binom{n}{2}}$가지 방법 중 $2^{\binom{n}{2}-\binom{p}{2}}$가지가 있음은 쉽게 확인할 수 있다. ($p$개의 점 사이에는 모두 빨간 변이고 나머지 $\binom{n}{2}-\binom{p}{2}$개의 변은 자유롭게 색칠될 수 있기 때문이다.) 따라서 색칠 방법 중 빨간색 K_p를 포함하는 것은 많아야 $\binom{n}{p}2^{\binom{n}{2}-\binom{p}{2}}$개다. 마찬가지로 색칠 방법 중 파란색 K_q를 포함하는 것은 많아야 $\binom{n}{q}2^{\binom{n}{2}-\binom{q}{2}}$개다. 따라서 $2^{\binom{n}{2}}$가지 방법 중 빨간색 K_p나 파란색 K_q중 적어도 하나를 포함하는 것은 많아야 $\binom{n}{p}2^{\binom{n}{2}-\binom{p}{2}}+\binom{n}{q}2^{\binom{n}{2}-\binom{q}{2}}$개인데 주어진 부등식에 의해 이 값은 $2^{\binom{n}{2}}$보다 작음을 알 수 있다. 따라서 색칠 방법 중 빨간색 K_p와 파란색 K_q를 모두 포함하지 않는 것이 반드시 존재한다. ■

다음으로 램지수를 활용한 조합 문제의 예를 살펴보자.

예제 4.1.4

10개의 도시가 2개의 항공사에 의해서 항공기 운항이 제공되고 있다. 임의의 두 도시 사이에는 한 개의 항공노선이 있다고 한다. 이때, 한 도시에서 출발하여 한 항공사의 노선만을 이용하여 다시 원래 도시로 돌아오는 노선 중, 홀수개의 도시만 포함하는 것을 좋은 노선이라고 하자. 어떤 항공사는 서로 도시가 겹치지 않는 두 개의 좋은 노선을 가지고 있음을 증명하여라.

풀이 문제 상황을 점이 10개인 그래프로 생각하여 각 항공사의 노선을 빨간색과 파란색 변으로 색칠한다고 생각할 수 있다. 그러면 서로 점이 겹치지 않는,

변들이 모두 같은 색이면서 길이가 홀수인 회로가 두 개 있음을 증명하면 된다.

먼저 램지수 $R(3,\ 3)=6$에 의하여 6개의 점을 잡으면 같은 색으로 이루어진 삼각형이 존재한다. 또한 이 같은 색으로 이루어진 삼각형을 제외한 나머지 7개의 꼭짓점에서 또한 같은 색의 삼각형이 있다. 만약 이 두 개의 삼각형이 같은 색이면 증명은 끝난다.

이제 이 두 개의 삼각형이 다른 색이면 일반성을 잃지 않고 세 점 $v_1,\ v_2,\ v_3$으로 이루어진 삼각형이 파란색이고, 세 점 $v_4,\ v_5,\ v_6$으로 이루어진 삼각형이 빨간색이라고 가정하자. 이 두 삼각형 $v_1,\ v_2,\ v_3$과 $v_4,\ v_5,\ v_6$ 사이에 9개의 변이 존재하는데, 비둘기집의 원리에 의하여 같은 색의 5개의 변이 존재한다. 일반성을 잃지 않고 파란색이 변이 5개 있다고 가정할 수 있다. 그러면 다시 비둘기집의 원리에 의해 이 5개 중 2개는 $v_4,\ v_5,\ v_6$ 중 한 점과 연결되어야 한다. 일반성을 잃지 않고 v_1v_4와 v_2v_4가 파란색이라 하자. 그러면 다섯 점 $v_1,\ v_2,\ v_4,\ v_5,\ v_6$에는 파란색 삼각형과 빨간색 삼각형이 한 개씩 존재한다.

이제 나머지 5개의 점에서 같은 색을 가지는 길이가 홀수인 회로가 존재하면 증명이 끝난다. 빨간색으로 이루어진 부분만 생각할 때, 길이가 홀수인 빨간색 회로가 존재하지 않으면 정리 3.3.2에 의해 이는 이분그래프가 된다. 이때, 5개의 점을 두 묶음으로 나누면 한 쪽에는 3개 이상이 있게 되는데 이들 사이에는 파란색 변만 있어야 하므로 파란색 삼각형이 존재하게 되어 증명이 끝난다. ■

램지 이론은 다른 의미로도 해석이 가능하다. 이를 살펴보기 위해 먼저 독립집합의 개념을 살펴보자.

정의 4.1.4 독립집합

그래프 G의 점들의 부분집합 X가 **독립집합**(independent set)이라 함은 X의 점들 사이에 변이 하나도 없는 경우를 뜻한다. 그래프 G의 독립집합들 중 그 원소가 가장 많은 독립집합의 점의 개수를 $\alpha(G)$로 나타낸다.

이때, 어떤 그래프 G의 점의 개수가 $R(p, q)$개 이상이면 이 그래프의 부분집합으로 K_p가 있거나 q개의 점으로 이루어진 독립집합이 있게 즉, $\alpha(G) \geq q$가 된다. G의 변을 모두 빨간색으로 생각하고 G의 인접하지 않은 두 점은 파란색 변으로 연결하면 이 결과를 이해할 수 있다.

(2) 램지문제의 일반화

앞서 살펴본 기본적인 램지문제는 여러 가지의 비슷한 유형의 문제들로 발전될 수 있다. 가장 쉽게 생각할 수 있는 것은 두 가지 색보다 많은 여러 가지의 색으로 칠하는 경우이다. 이러한 일반화는 역시 Ramsey에 의해 연구되었는데 간단히 살펴보도록 하자.

정리 4.1.5 Ramsey, 1930

자연수 $k \geq 2$와 자연수 $p_1, p_2, \ldots, p_k$가 주어져있다. 이때, 어떤 M이 존재하여 $n \geq M$인 모든 양의 정수 n에 대하여 K_n의 모든 변들을 k개의 색[33]중 하나로 색칠하면, 어떤 i에 대하여 i번째 색으로 모든 변들이 색칠된 K_{p_i}가 반드시 존재하게 된다.

증명 k에 대한 귀납법으로 증명하자. 먼저 초기조건인 $k=2$인 경우는 앞선 정리 4.1.1의 내용이다. 이제, $k=m$일 때 성립한다고 가정하고 $k=m+1$일 때 성립함을 증명하자. 증명에 앞서 $k=m$일 때, 주어진 자연수 $p_1, p_2, \cdots, p_m$에 대해 정리의 조건을 만족하는 자연수 M 중 최소인 것을 램지수 $R(p_1, p_2, \cdots, p_m)$으로 나타내자.

이제 $k=m+1$인 경우 주어진 자연수 $m+1$개를 $p_1, p_2, \cdots, p_{m+1}$이라 하자. 아이디어는 먼저 m번째 색과 $m+1$번째 색을 같은 색으로 간주하는 것이다. 이 두 색을 모두 빨간색으로 간주하자. 이제, $M=R(p_1, p_2, \cdots, p_{m-1}, R(p_m, p_{m+1}))$로 하자. 이때, $n \geq M$이면 R의 정의에 의해 어떤

33) k개의 색을 각각 1번째 색, 2번째 색, $\cdots$, k번째 색으로 간단히 나타낸다.

$1 \le i \le m-1$에 대해 i번째 색으로 모든 변이 색칠된 K_{p_i}가 존재하거나 빨간색으로 모든 변이 색칠된 $K_{R(p_m,\ p_{m+1})}$이 존재한다. 전자의 경우 증명이 자명하게 끝나며, 후자의 경우 $R(p_m,\ p_{m+1})$의 정의에 의해 빨간색으로 간주했던 변들을 각각 m번째 색과 $m+1$번째 색으로 되돌리면 m번째 색으로 색칠된 K_{p_m}이나 $m+1$번째 색으로 색칠된 $K_{p_{m+1}}$이 존재하게 되므로 증명이 끝난다. ■

증명 과정에서 살펴보았듯이 자연수 $p_1,\ p_2,\ \cdots,\ p_k$가 주어졌을 때, K_n의 변들을 k개의 색들로 색칠하면 어떤 i에 대해 i번째 색으로 색칠된 K_{p_i}가 반드시 존재하는 최소의 자연수 n을 찾을 수 있고 이를 일반화된 램지수 $R(p_1,\ p_2,\ \cdots,\ p_k)$로 나타낼 수 있다. 특히 모든 p_i가 p로 같으면 $R(\underbrace{p,\ p,\ \cdots,\ p}_{k\text{개}}) = R_k(p)$로 나타낸다.

다음 예제를 살펴보자.

예제 4.1.5

$R_3(3) = R(3,\ 3,\ 3) = 17$임을 증명하여라.

풀이 먼저 $R(3,\ 3,\ 3) \le 17$임을 증명하자. K_{17}의 변들을 세가지 색(빨간색, 파란색, 노란색)으로 색칠 하였다고 하고 임의의 점 v를 선택하자. 이때, 비둘기집의 원리에 의해 v에 연결된 16개의 변 중 6개의 변은 같은 색으로 색칠되어 있어야 한다. 일반성을 잃지 않고 이 색을 빨간색이라고 하자. v와 빨간색 변으로 연결된 6개의 점 사이에 빨간색 변이 있다면 빨간색 K_3이 생기므로 자명하게 증명된다. 그렇지 않다면 6개의 점 사이는 파란색과 노란색 변들만 있는데 $R(3,\ 3) = 6$이므로 파란색 K_3 또는 노란색 K_3이 있게 된다. 따라서 $R(3,\ 3,\ 3) \le 17$이다.

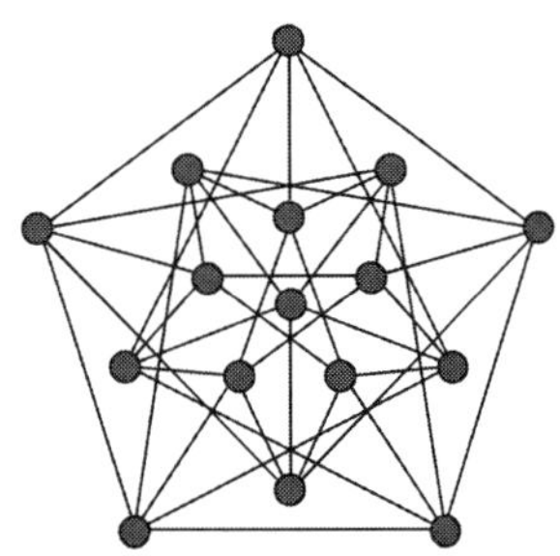

[그림 4.2] Clebsch 그래프

$R(3, 3, 3) \ge 17$임을 보이기 위해 K_{16}을 3가지 색으로 잘 색칠하면 같은 색으로 색칠된 삼각형이 없게 할 수 있음을 보여야 하는데 이는 K_{16}을 [그

림 4.2]와 같은 Clebsch 그래프 3개로 분할하여 각각을 빨간색, 파란색, 노란색으로 칠하면 된다. ■

이와 같이 일반화된 램지수 $R(p_1, p_2, \cdots, p_k)$의 값을 구하는 것은 사실 매우 어려운 문제로 앞서 살펴본 $R(3, 3, 3)=17$이 이 책이 쓰여지는 시점에는 유일하게 알려진 값이다. 이 외에도 $R(3, 3, 4)$의 값은 30 또는 31임이 알려져 있으며,

$$51 \le R_4(3) \le 62,\ 45 \le R(3, 3, 5) \le 57,\ 55 \le R(3, 4, 4) \le 79$$

등이 알려져 있다.

이제 일반화된 램지수가 활용되는 예를 살펴보자.

예제 4.1.6

임의의 양의 정수 k에 대하여 충분히 큰 n이 존재하여 집합 $\{1, 2, \cdots, n\}$을 k개의 부분집합으로 임의로 분할했을 때, $x+y=z$를 만족시키는 세 자연수 x, y, z를 포함하는 부분집합이 존재함을 증명하여라.

풀이 $n=R_k(3)$이라 하고 $\{1, 2, \cdots, n\}$을 k개의 집합 $A_1, A_2, \cdots, A_k$로 분할했다 하자. 이제 $1, 2, \cdots, n$을 점으로 하는 K_n을 생각하자. 변들을 k개의 색으로 칠하는데 $|x-y| \in A_i$라면 변 xy는 i번째 색으로 색칠한다고 하자. 이때, $n=R_k(3)$이므로 어떤 같은 색 c로 색칠된 삼각형이 존재한다. 이 삼각형의 세 꼭짓점을 $x<y<z$라 하면 $y-x,\ z-x,\ z-y$는 같은 A_c에 속하며 $(y-x)+(z-y)=(z-x)$가 되므로 증명이 끝난다. ■

위의 예제로부터 자연수 전체집합을 유한개의 집합으로 분할하여, 어떠한 집합도 $x+y=z$를 만족시키는 세 정수 x, y, z를 포함하지 않게는 할 수 없음을 알 수 있다. 다음 예제는 앞의 예제를 활용하여 해결할 수 있는, 조합론과 정수론의 아름다운 연결을 살펴볼 수 있는 문제이다.

예제 4.1.7

임의의 자연수 m에 대해 어떤 자연수 n이 존재하여 n보다 큰 임의의 소수 p

에 대해 다음 합동식을 만족시키는 자연수의 해 $(x,\ y,\ z)$가 존재하게 함을 증명하여라.

$$x^m + y^m \equiv z^m \pmod p$$

풀이 역시 $n = R_k(3)$라 하자. $p > n$이면 g를 법 p에 관한 원시근이라 하자. 집합 $S_p = \{1,\ 2,\ \cdots,\ p-1\}$를 m개의 집합 $A_0,\ A_1,\ \cdots,\ A_{m-1}$으로 분할하는데, $i \in S_p$를 $i \equiv g^t \pmod p$, $1 \le t \le p-1$로 나타내었을 때, t를 m으로 나눈 나머지가 r이면 $i \in A_r$이 되도록한다. 그러면 예제 4.1.6에 의해 어떤 A_s에 $x+y=z$인 세 원소 $x,\ y,\ z$가 있게 되는데 $x \equiv g^{ma+s}$, $y \equiv g^{mb+s}$, $z \equiv g^{mc+s} \pmod p$라 하면 $(g^a,\ g^b,\ g^c)$가 구하는 해가 된다. ■

이어서 램지문제의 또 다른 일반화를 살펴보자. 램지문제는 K_n의 변들을 두 가지 색으로 칠할 때, 반드시 빨간색 K_p 또는 파란색 K_q가 있는 최소의 n을 구하는 문제이다. 여기서 K_p나 K_q 대신 다른 그래프를 생각할 수 있다. 예를 들어 길이가 m인 회로나 길이가 m인 경로 등이 그 예이다. 편의상 길이가 m인 회로를 C_m이라 하고 길이가 $m-1$인(즉, m개의 점을 지나는) 경로를 P_m이라 하자. 이때, K_n의 변들을 두 가지 색으로 칠할 때, 반드시 빨간색 C_m이나 파란색 C_n이 존재하는 최소의 자연수 n을 $R(C_m,\ C_n)$으로 나타내고 비슷하게 $R(C_m,\ P_n)$등을 정의할 수 있다. 이들은 램지수 $R(m,\ n)$에 비해 더 많은 결과가 알려져 있다.

예제 4.1.8

$R(C_3,\ C_4) = 7$임을 증명하여라.

풀이 먼저 K_7의 각 변을 두 색으로 칠했을 때, 빨간색 C_3와 파란색 C_4가 모두 없다고 가정하자. 먼저 $C_3 = K_3$이므로 $R(3,\ 3) = 6$에 의해 파란색 삼각형 xyz가 있게 된다. 이때, 7개의 점 중 x를 제외한 나머지 6개를 보아도 이 중 파란색 삼각형이 있는데 이 삼각형이 $y,\ z$를 모두 포함하면 파란색 C_4가 생김은 자명하다. 이 삼각형이 삼각형 xyz와 0개의 점을 공유할 때와 1개의 점을 공유할 때의 경우로 나누어 생각하자.

① 0개의 점을 공유할 때

이 파란색 삼각형을 abc라 하자. 또한 $a,\ b,\ c,\ x,\ y,\ z$가 아닌 점을 v라 하자. v가 $a,\ b,\ c$ 중 두 개와 파란색으로 연결되면 파란색 C_4가 생기므로 v는 이 중 두 개와는 빨간색으로 연결되어야 하는데 일반성을 잃지 않고 va와 vb가 빨간색이라 하자. 마찬가지로 vx와 vy가 빨간색이라 하면 빨간색 C_3이 없기 위해 ax와 by는 파란색이어야 하는데 $a,\ b,\ y,\ x,\ a$가 파란색 C_4가 되어 모순이다.

② 1개의 점을 공유할 때

일반성을 잃지 않고 공유하는 점을 z라 하고 이 삼각형을 ybc라 하자. 그러면 $xa,\ xb,\ ya,\ yb$ 중 하나만 파란색으로 연결되어도 파란색 C_4가 생김을 쉽게 확인할 수 있으므로 이들은 모두 빨간색이다. 이제 $a,\ b,\ x,\ y,\ z$가 아닌 점 v를 생각할 때, $vx,\ vy$가 모두 파란색이면 파란색 C_4가 생기므로 하나는 빨간색인데 이를 일반성을 잃지 않고 vx라 하자. 마찬가지로 va가 빨간색이라 하면 vax가 빨간색 삼각형이 되므로 모순이다.

이로부터 $R(C_3,\ C_4) \le 7$임을 알 수 있다. 반대로 6개의 점으로 이루어진 그래프에 $K_{3,3}$을 빨간색으로 그리고 나머지 변들을 파란색으로 하면 빨간색 C_3과 파란색 C_4가 없음은 자명하므로 $R(C_3,\ C_4) = 7$이 된다. ■

실제로 $3 \le p \le q$이고 $(p,\ q) = (3,\ 3)$인 경우에[34] $R(C_p,\ C_q) = 2p-1$임이 알려져 있다. 이는 뒤의 연습문제에서 살펴보도록 하자. 다음으로 경로와 회로가 함께 나오는 램지수를 살펴보자.

예제 4.1.9

$R(C_3,\ P_4) = 7$임을 증명하여라.

---

34) $R(C_3,\ C_3) = R(3,\ 3) = 6$이다.

풀이 먼저 P_4는 C_4의 일부분이므로 $R(C_3,\ P_4) \le R(C_3,\ C_4) = 7$이다 실제로, 앞의 예제 4.1.8과 마찬가지로 빨간색 $K_{3,\ 3}$을 그리고 나머지 부분을 파란색으로 색칠한 6개의 점으로 이루어진 그래프를 생각하면 $R(C_3,\ P_4) = 7$이 된다. ■

예제 4.1.9에서 사용한 방법은 실제로 $3 \le p \le q$이고 $(p,\ q) \ne (3,\ 3)$인 경우에 $R(C_p,\ C_q) = 2q-1$임을 이용하여 $R(C_p,\ P_q) = 2q-1$임을 증명하는 아이디어로 사용할 수 있어 보이는데, 이는 p가 홀수인 경우에만 가능하다. p가 짝수인 경우에는 $R(C_p,\ P_q) = q-1+\frac{p}{2}$임이 알려져 있다.

(3) 램지 유형의 문제

앞서 살펴본 램지문제와 유사하게 점이나 숫자의 개수가 n개이면 두 가지 성질 A, B 중 하나가 반드시 성립하게 되는 n을 찾거나, n의 범위를 구하는 유형의 문제는 그래프뿐만 아니라 수열이나 조합기하와 관련된 여러 주제에도 등장하는 문제이다. 이와 같은 램지 유형의 문제에 대해 접근하는 방법을 여러 예제를 통해 살펴보자. 이들 예제를 해결하는 방법은 근본적으로 정리 4.1.1, 따름정리 4.1.2, 4.1.3의 방법론과 유사하다.

먼저 수열과 관련된 잘 알려진 예를 살펴보자. 수열 $a_1,\ a_2,\ \cdots,\ a_m$이 주어졌을 때, 길이가 k인 부분수열이라 함은 어떤 $1 \le i_1 < i_2 < \cdots < i_k \le m$에 대해 수열 $a_{i_1},\ a_{i_2},\ \cdots,\ a_{i_k}$와 같은 것을 뜻한다. 이 부분수열이 증가수열이나 감소수열이면 이를 각각 **증가부분수열** 또는 **감소부분수열**이라고 부르자. 이때, 다음 예제를 살펴보자.

예제 4.1.10

길이가 m인 임의의 수열 $a_1,\ a_2,\ \cdots,\ a_m$이 주어지면 길이가 $p+1$인 증가부분수열 또는 길이가 $q+1$인 감소부분수열이 반드시 존재하는 최소의 자연수 m을 $f(p,\ q)$라 하자. 이때, $f(p,\ q) = pq+1$임을 증명하여라.

풀이 램지문제와 유사하게 $f(p,\ q) \le pq+1$과 $f(p,\ q) \ge pq+1$을 나누어서 증명하자.

① $f(p,\ q) \le pq+1$임을 보이자.

만약 $f(p,\ q) \le f(p,\ q-1)+p$를 보일 수 있다면 귀납적으로

$$f(p,\ q) \le f(p,\ q-1)+p \le p(q-1)+1+p = pq+1$$

이 되므로 초기조건 $f(1,\ 1)$만 확인해 주면 되는데 이는 자명하게 성립한다. 따라서 부등식 $f(p,\ q) \le f(p,\ q-1)+p$가 성립함을 증명하자. 즉, $f(p,\ q-1)=m$이라 할 때, $m+p$개의 수로 이루어진 수열 $a_1,\ a_2,\ \cdots,\ a_{m+p}$가 있다면 이 수열에 길이 $p+1$인 증가부분수열이나 길이 $q+1$인 감소부분수열이 있음을 보이면 충분하다.

귀류법을 이용하여 그렇지 않다고 가정하자. 먼저 $m+p \ge m = f(p,\ q-1)$이므로 $a_1,\ a_2,\ \cdots,\ a_{m+p}$에는 길이 $p+1$인 증가부분수열이나 길이 q인 감소부분수열이 존재해야 한다. 그런데 위의 귀류법 가정에 의해 길이 $p+1$인 증가부분수열은 없으므로 길이 q인 감소부분수열이 존재한다. 이제 이 길이 q인 감소부분수열의 첫 항을 x_1이라 하자. 이제 수열 $a_1,\ a_2,\ \cdots,\ a_{m+p}$에서 x_1을 빼자 그러면 길이 $m+p-1$인 수열이 남으므로 여기서 마찬가지 방법으로 길이 q인 감소부분수열을 찾을 수 있다. 이 감소부분수열의 첫 항을 x_2라 하자. 이를 $p+1$번 반복하면 $a_1,\ a_2,\ \cdots,\ a_{m+p}$의 $p+1$개의 감소부분수열이 얻어지며 이들의 첫 항은 $x_1,\ x_2,\ \cdots,\ x_p,\ x_{p+1}$이 된다. 이제 $\{x_1,\ x_2,\ \cdots, x_p,\ x_{p+1}\} = \{a_{i_1},\ a_{i_2},\ \cdots,\ a_{i_{p+1}}\}$(단, $i_1 < i_2 < \cdots < i_{p+1}$)라 하자. 만약 $a_{i_t} > a_{i_{t+1}}$이면 $a_{i_{t+1}}$에서 시작하는 길이 q인 감소수열을 $a_{i_{t+1}} \ge a_{j_1} \ge a_{j_2} \ge \cdots \ge a_{j_{q-1}}$라 하면, 앞에 a_{i_t}를 추가하여 길이 $q+1$인 감소수열을 만들 수 있어 모순이다. 따라서 임의의 t에 대해 $a_{i_t} \le a_{i_{t+1}}$이 되고 $a_{i_1} \le a_{i_2} \le \cdots \le a_{i_{p+1}}$이 길이 $p+1$인 증가부분수열이 되어 모순이다.

② $f(p,\ q) \ge pq+1$임을 보이자.

다음과 같이 길이가 pq인 수열을 정의하자.

$$a_1 = p,\ a_2 = p-1,\ \cdots,\ a_p = 1$$
$$a_{p+1} = 2p,\ a_{p+2} = 2p-1,\ \cdots,\ a_{2p} = p+1$$
$$\vdots$$
$$a_{kp+1} = (k+1)p,\ a_{kp+2} = (k+1)p-1,\ \cdots,\ a_{(k+1)p} = kp+1$$
$$\vdots$$
$$a_{(q-1)p+1} = pq,\ a_{(q-1)p+2} = pq-1,\ \cdots,\ a_{pq} = (q-1)p+1$$

이때, 길이 $p+1$인 증가부분수열이나 길이 $q+1$인 감소부분수열이 존재하지 않음은 쉽게 확인할 수 있다. 따라서 $f(p,\ q) \geq pq+1$이 된다.

이제 ①과 ②를 종합하면 $f(p,\ q) = pq+1$임을 알 수 있다. ■

이제 이 원리를 더 응용한 조합기하의 문제를 해결해 보자. 한 평면 위에 m개의 점을 어떤 세 점도 한 직선 위에 있지 않도록 배치하면 반드시 이 중 n개의 점을 선택하여 볼록 n각형이 되도록 할 수 있는 최소의 m을 $K(n)$이라 하자. 이때, $K(n)$에 대해 다음과 같은 상계를 얻을 수 있다.

예제 4.1.11

$n \geq 3$이면 $K(n) \leq \binom{2n-4}{n-2} + 1$임을 증명하여라.

풀이 $\binom{2n-4}{n-2} + 1$개의 점이 주어졌다고 생각하고 상황을 좌표평면으로 옮기자. 이때, 좌표평면의 x축과 y축을 적당히 설정하여 주어진 점들의 x좌표와 y좌표를 모두 다르게 하자. 이때, 편의상 $P_1,\ P_2,\ \cdots,\ P_k$의 순서로 x좌표가 커지는 k개의 점이 $P_1P_2,\ P_2P_3,\ \cdots,\ P_{k-1}P_k$의 순서로 기울기가 커질 때, $P_1,\ P_2,\ \cdots,\ P_k$를 아래로 볼록한 k개의 점이라 하고 반대로 기울기가 작아지면 위로 볼록한 k개의 점[35]이라고 하자. 이때, 아래로 볼록한 n개의 점이나 위로 볼록한 n개의 점은 볼록 n각형의 꼭짓점을 이루게 됨을 쉽게 알

35) 좌표평면에 그리면 실제로 각각 아래로 볼록한 모양과 위로 볼록한 모양임을 알 수 있다.

수 있다. 따라서 좌표평면 위에 $\binom{2n-4}{n-2}+1$개의 점이 주어지면 아래로 볼록한 n개의 점 또는 위로 볼록한 n개의 점이 존재함을 증명하면 충분하다. 이를 램지문제와 비슷하게 다음 보조정리를 거쳐서 해결할 수 있다.

보조정리 4.1.6

좌표평면 위에 x좌표와 y좌표가 서로 다르고 어떤 3개도 한 직선위에 있지 않은 N개의 점이 주어져 있을 때, 아래로 볼록한 m개의 점이나 위로 볼록한 n개의 점 최소의 N을 $f(m, n)$이라 하자. 이때, $f(m, n) \le f(m, n-1)+f(m-1, n)-1$이 성립한다.

만약 이 보조정리가 성립하면 따름정리 4.1.3과 같이 $f(m, n) \le \binom{m+n-4}{m-2}+1$임을 수학적 귀납법과 파스칼의 공식으로 설명할 수 있고 $f(n, n) \le \binom{2n-4}{n-2}+1$이므로 증명이 끝나게 된다. ■

보조정리를 증명해 보자.

보조정리 4.1.6의 증명 $N=f(m, n-1)+f(m-1, n)-1$개의 점이 있으면 아래로 볼록한 m개의 점이나 위로 볼록한 n개의 점이 있음을 보이면 충분하다. 귀류법을 사용하여 그렇지 않다고 가정하자.

먼저 $N \ge f(m, n-1)$이므로 아래로 볼록한 m개의 점이나 위로 볼록한 $n-1$개의 점이 있어야 한다. 그런데 귀류법 가정에 의해 전자는 불가능하므로 위로 볼록한 $n-1$개의 점이 있게 된다. 이 $n-1$개의 점 중 x좌표가 가장 작은 점을 시작점이라고 하고 이 점을 빼자. 이때, 남은 점의 개수는 $N-1 \ge f(m, n-1)$이므로 역시 같은 원리로 위로 볼록한 $n-1$개의 점이 있게 되고 이 점 중 x좌표가 가장 작은 점을 시작점이라고 하고 이 점을 빼자. 이와 같은 시행을 모두 $f(m-1, n)$번 반복할 수 있으므로 $f(m-1, n)$개의 시작점이 생긴다.

이제 $f(m-1, n)$개의 시작점들로 이루어진 점의 집합에서 위로 볼록한 n개의 점은 귀류법 가정에 의해 있을 수 없으므로 아래로 볼록한 $m-1$개의 점이 있게 된다. 이를 x좌표가 커지는 순으로 P_1, P_2, $\cdots$, P_{m-1}이라 하자. 이때, P_{m-1}은 위의 시행중에 얻어진 시작점이므로 P_{m-1}에서 시작하는 위로 볼록한 $n-1$개의 점이 있는데 이를 P_{m-1}, Q_2, Q_3, $\cdots$, Q_{n-1}이라 하자. 이때, P_1P_2, P_2P_3, $\cdots$, $P_{m-2}P_{m-1}$의 순서로 기울기가 커지고 $P_{m-1}Q_2$, Q_2Q_3, $\cdots$, $Q_{n-2}Q_{n-1}$의 순서로 기울기가 작아진다. 그런데 $P_{m-2}P_{m-1}$의 기울기보다 $P_{m-1}Q_2$의 기울기가 크다면 P_1, P_2, $\cdots$, P_{m-1}, Q_2가 아래로 볼록한 m개의 점이 되고, 반대로 $P_{m-2}P_{m-1}$의 기울기가 $P_{m-1}Q_2$의 기울기보다 크면 P_{m-2}, P_{m-1}, Q_2, Q_3, $\cdots$, Q_{n-1}이 위로 볼록한 n개의 점이 되는데 두 경우 모두 모순이다. ■

위와 같이 조합기하의 문제를 전혀 상관없어 보이는 램지 이론과 비슷한 방법으로 해결할 수 있는데 실제로 $K(n)$의 값은 n이 작은 경우에는 구체적으로 구해져 있다. 또한 $K(n)$의 하계 또한 구해져 있는데, 이와 관련해서는 이 단원의 내용과 직접적인 연관은 없으므로 증명은 생략하고 연습문제로 남긴다.

예제 4.1.12

(서울과학고등학교, 2009) $K(4)=5$, $K(5)=9$임을 증명하여라.

예제 4.1.13

$K(n) \geq 2^{n-2}+1$임을 증명하여라.

연습문제

1. $R(3,\ 5)$의 값에 대해 알아보려고 한다. 다음 물음에 답하여라.

   (1) $R(3,\ 5) \le 14$임을 증명하여라.

   (2) $R(3,\ 5) \ge 14$임을 보이기 위해 K_{13}의 각 점을 $v_1,\ v_2,\ \cdots,\ v_{13}$이라고 하고 $i-j$를 13으로 나눈 나머지가 1, 5, 8, 12인 경우[36]에는 v_iv_j를 빨간색으로 칠하고 나머지 경우에는 파란색으로 칠하자. 이 그래프에는 빨간색 K_3과 파란색 K_5가 모두 없음을 증명하여라.

2. K_n의 모든 변을 두 가지 색 중 하나로 칠하였다. 이때, 이 그래프에 세 변의 색이 모두 같은 삼각형의 개수는 $\dfrac{n(n-1)(n-5)}{6}$개 이상임을 증명하여라. (따라서 K_6의 모든 변을 두 가지의 색으로 칠하면 세 변의 색이 모두 같은 삼각형은 2개 이상이 된다. 이는 $R(3,\ 3)=6$보다 강력한 결과이다.)

3. k는 3 이상의 자연수일 때, $R(k,\ k) > 2^{\frac{k}{2}}$임을 증명하여라.

4. $m \le n$일 때, $R(C_m,\ C_n)$ 및 $R(C_m,\ P_n)$의 값에 대해 알아보자. 다음 물음에 답하여라.

   (1) $n \ge 4$일 때, $R(C_3,\ C_n) = 2n-1$임을 증명하여라.

   (2) $(m,\ n) \ne (3,\ 3)$일 때, $R(C_m,\ C_n) = 2n-1$임을 증명하여라.

   (3) m이 홀수일 때, $R(C_m,\ P_n) = 2n-1$임을 증명하여라.

36) 1, 5, 8, 12는 $x^3 \equiv a \pmod{13}$의 해 x가 있는 a의 값들이다.

5. $R(P_n,\ P_n) = n-1+\left[\frac{n}{2}\right]$임을 증명하여라.

6. 자연수 p에 대해 n은 $\binom{2p-2}{p-1}$보다 큰 자연수이다. n 이하의 자연수 $i,\ j$에 대해 $f(i,\ j)$의 값을 실수로 정의하려고 한다. 이때, $f(i,\ j)$의 값들을 어떻게 정의하여도 $p+1$개의 자연수 $x_1 < x_2 < \cdots < x_{p+1} \le n$이 존재하여

$$f(x_1,\ x_2) \le f(x_2,\ x_3) \le \cdots \le f(x_p,\ x_{p+1})$$
$$f(x_1,\ x_2) \ge f(x_2,\ x_3) \ge \cdots \ge f(x_p,\ x_{p+1})$$

중 하나가 성립함을 증명하여라.

7. $n \ge 5$일 때, K_{2n}의 모든 변을 빨간색 또는 파란색으로 색칠하였을 때, 빨간색 K_3과 파란색 K_n이 없었다고 한다. 이때, 빨간색 변의 개수의 최솟값은 $n+5$임을 증명하여라.

8. (IMO, 1978) 어떤 국제 학회에 6개 국가에서 모두 1978명의 사람이 참가하였다. 이때, 주최측에서는 1978명의 사람에게 1번부터 1978번까지의 수를 부여했다고 할 때, 참가자 중 어떤 사람의 번호는 자신과 같은 나라에서 온 다른 두 명의 번호의 합이 됨을 증명하여라.

9. K_n의 각 변을 여러 개의 색으로 칠하였는데, 한 가지의 색으로 $n-2$개 보다 많은 변을 칠하지는 않았다고 한다. 이때, 세 변의 색이 모두 다른 삼각형이 존재함을 증명하여라.

10. 예제 4.1.12와 4.1.13을 해결하여라.

4.2 오일러회로와 해밀턴회로

이번 단원에서는 그래프 이론의 기원이 된 오일러회로와 아직도 완전히 해결되지 않는 문제인 해밀턴회로를 살펴보자.

(1) 오일러회로, 오일러경로와 한붓그리기

정의 3.1.8에서 살펴보았듯이 오일러회로(Euler circuit)는 그래프의 모든 변을 한 번씩만 지나는 회로(circuit)를 뜻한다. 이때의 회로(circuit)의 의미는 기존의 회로(cycle)와 다르게 같은 점을 여러번 지날 수 있음에 주의하면서 이번 소단원에 한정하여 회로는 한 점은 여러 번 지나는 것까지 허용하자. 마찬가지로 이 소단원의 경로(trail)도 한 점을 여러번 지날 수 있다. 먼저 오일러회로의 예를 살펴보자.

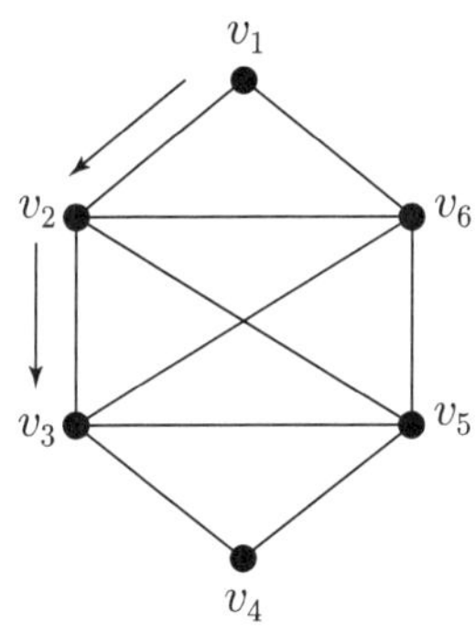

[그림 4.3] 오일러회로

이때, 위의 그래프는 오일러회로를 가지는데 v_1v_2에서 출발하여 v_1, v_2, v_3, v_4, v_5, v_6, v_3, v_5, v_2, v_6, v_1의 순서로 다시 v_1로 돌아오면 된다. 이때, 이 순서로 직접 그래프를 그린다고 생각하면, 오일러회로가 각 점 v를 방문할 때마다 v로 들어오는 변, v에서 나가는 변 두 개가 사용된다. 예를 들어 처음 v_2를 지나갈 때, v_1v_2로 들어와서 v_2v_3으로 나가기 때문에 이 두 변이 사용된다고 생각할 수 있다.

따라서 그래프에 오일러회로가 있다면 각 점의 차수는 모두 짝수여야 함을 쉽게 알 수 있다. 오일러회로에 대하여 가장 중요한 점은 그 역도 성립한다는 것이다. 즉, 모든 점의 차수가 짝수인 연결그래프[37]에는 오일러회로가 존재한다는 점인데 이 내용을 엄밀하게 기술하고 증명해 보자.

정리 4.2.1

그래프 G가 오일러회로를 가질 필요충분조건은 모든 점의 차수가 짝수이며, 연결그래프인 것이다.

증명 필요조건은 위에 살펴본 바와 같이 자명하므로 충분조건을 변의 개수에 대한 수학적 귀납법으로 증명해 보자. 초기조건은 자명하므로 생략하고, 그래프 G보다 변의 개수가 적으면 명제가 성립한다고 가정하자.

G의 모든 점의 차수가 짝수로 2 이상이므로 그래프의 점의 개수를 n개라 하면 정리 3.1.3에 의해 변의 개수는 $2 \times n \div 2 = n$개 이상이다. 따라서 정리 3.2.8에 의해 이 그래프에는 회로[38]가 있게 된다. 이제 이 그래프에 있는 회로 중 길이가 가장 긴 회로 C를 잡고 이 회로가 오일러회로가 아니라고 가정하자. 그래프에서 회로 C에 속하는 변들을 모두 지우면, 각 점에 연결된 변 중 짝수개의 변이 지워지게 되어 남은 점들의 차수도 모두 짝수이다. 이제 남은 부분에서 C가 지나는 점 중 차수가 2 이상인 점 v를 선택하고 (C가 지나는 모든 점의 차수가 0이면 G가 연결그래프임에 모순이다.) v를 포함하는 연결성분을 G_v라 하자. G_v의 모든 점의 차수가 짝수이고 연결그래프이므로 귀납법 가설에 의해 G_v에는 오일러회로 $v, v_1, v_2, \cdots, v_k, v$가 존재한다. 이제 회로 C가 v를 지날 때, 다음 점으로 가기 전에 $v, v_1, v_2, \cdots, v_k, v$를 거쳐서 다음 점으로 간다면 C보다 길이가 긴 회로가 되므로 최대성에 모순이다. 따라서 C는 오일러회로여야 한다. ■

주목할 점은 위의 결과를 증명하는데에 있어 다중변이 있어도 아무 상관이 없다는 점이다. 즉, 어떤 두 점 사이가 여러 개의 변으로 연결되어 있어도 여전히 위의

37) 그래프가 연결그래프가 아니면 오일러회로가 있을 수 없음은 자명하다.

38) 기존의 사용하던 의미의 회로(cycle)는 circuit이기도 하기 때문이다.

결과는 성립한다. 이 관찰을 통해 그래프 G에 오일러경로가 존재할 필요충분조건도 간단히 따름정리로 구할 수 있다.

따름정리 4.2.2

그래프 G가 오일러경로를 가질 필요충분조건은 차수가 홀수인 점이 2개이며, 연결그래프인 것이다.

증명 역시 필요조건은 자명하고 충분조건임을 보이려면 차수가 홀수인 두 점 u, v가 있을 때 변 uv를 연결하면 (이미 uv가 있다면 다중변으로 생각한다.) 이 그래프의 모든 점의 차수는 짝수가 되어 오일러회로가 있다. 이때, 오일러회로에서 uv를 빼고 u에서 시작하여 v에서 끝나는 것으로 생각하면 이는 오일러경로가 된다. ■

예제 4.2.1

그래프 G에 차수가 홀수인 점이 $2k$개라 하자. 이때, G의 변들은 k개의 경로(한 점을 여러번 지날 수 있는 경로)로 분할할 수 있음을 증명하여라.

풀이 차수가 홀수인 점을 $v_1, v_2, \cdots, v_{2k}$이라 할 때, 각 i에 대하여 v_{2i-1}와 v_{2i}을 변으로 연결하여 만들어진 새로운 그래프를 H라 하자. H의 모든 점의 차수는 짝수이므로 정리 4.2.1에 의해 오일러회로를 가진다. 이제 C를 H의 오일러회로라 할 때, C에서 변 $v_1v_2, v_3v_4, \cdots, v_{2k-1}v_{2k}$를 제거하면 회로가 k개의 경로로 나누어진다. ■

다시 앞의 오일러회로의 예를 살펴보자. 오일러회로를 그린다고 생각할 때, 아래 [그림 4.4]와 같이 변을 그리는 방향으로 화살표를 자연스럽게 나타낼 수 있다.[39)]

39) 이와 같은 그래프를 유향그래프라고 하며, '4.4 유향그래프'에서 자세히 살펴볼 것이다.

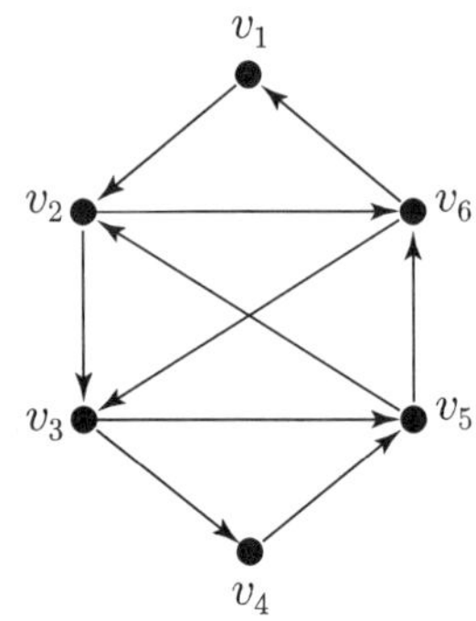

[그림 4.4] 오일러회로의 방향성

위의 그림은 오일러회로가 v_1에서 출발하여 다시 v_1으로 되돌아온다고 생각하고 회로가 진행되는 방향으로 화살표를 그린 것이다. 이때, 오일러회로가 각 점을 지나갈 때는 이 점으로 들어오는 화살표와 나가는 화살표가 각각 1개씩 생기므로 결과적으로 각 점으로 들어오는 화살표와 나가는 화살표의 개수가 같게 된다. 이 관찰과 앞의 정리 4.2.1을 활용하면 다음 유용한 결과를 증명할 수 있다.

따름정리 4.2.3

그래프 G의 모든 점의 차수가 짝수라면 그래프의 변들을 적당히 화살표로 바꾸어 각 점으로 들어오는 화살표와 나가는 화살표의 개수가 같게 할 수 있다.

증명 G의 각 연결성분별로 증명을 해주면 된다. G의 각 연결성분은 정리 4.2.1의 조건을 만족하므로 오일러회로가 존재한다. 이때, 위의 설명처럼 어떤 연결성분의 오일러회로가 v_1v_2, v_2v_3, $\cdots$, v_nv_1이라면 변 v_iv_{i+1}에 화살표를 $v_i \to v_{i+1}$로 주면 각 점에서 나가는 화살표와 들어오는 화살표의 개수가 같게 된다. ■

이제 따름정리 4.2.3이 활용되는 비슷한 예제를 두 개 살펴보자.

예제 4.2.2

어떤 축구프로리그에는 27개의 팀이 있고 각자 자신의 축구장을 가지고 있다고 한다. 한 시즌에 팀마다 어떤 팀과는 한 번 경기를 하고, 어떤 팀과는 경기를 하지 않아 팀마다 한 시즌에 16경기를 한다고 한다. 두 팀이 경기를 할 때는 한 팀이 다른 팀의 축구장을 방문하여 경기를 하는데, 형평성을 위하여 각 팀마다 자신의 구장에서 하는 경기의 수를 8경기로 같게 스케쥴을 조정하려고 한다. 어떤 팀끼리 경기를 하는 것이 이미 정해져 있을 때, 이와 같은 스케쥴 조정이 가능함을 증명하여라.

풀이 각 팀을 점으로 하고, 두 팀이 경기를 하면 두 팀 사이에 변으로 정의하여 그래프를 만들자. 그러면 모든 꼭짓점의 차수가 짝수이므로, 변들을 화살표로 바꾸어 각 점에서 나가는 화살표와 들어오는 화살표가 모두 8개가 되게 할 수 있다. 이제 두 팀 u, v에 대하여 $u \to v$이면 u가 v의 도시로 가서 경기를 하는 것으로 정의하면 된다. ■

예제 4.2.3

테니스 대회에 모두 n명이 참가하였으며 각 선수는 각자 정해진 $2d$명의 선수와 한 번씩 경기를 하도록 한다. 이때, 각 선수가 하루에 2경기씩 하도록 하여 d일간 대회가 진행되도록 일정을 짜려고 하는데, 이것이 가능함을 증명하여라. (단, n은 3 이상의 자연수이고 d는 $d < \frac{n}{2}$인 자연수이다.)

풀이 먼저 각 선수들을 점 $v_1, v_2, \cdots, v_n$으로 표현하고 두 선수가 경기를 치러야 하면 두 선수에 해당하는 두 점을 변으로 연결하여 그래프로 나타내어 G라고 하자. 이때, G는 $2d$차 정칙그래프가 된다. 이 그래프의 변들의 집합을 $E_1, E_2, \cdots, E_d$로 분할하여 각 점과 연결된 $2d$개의 변들이 각 E_i에 2개씩 있게 할 수 있음을 증명하면 된다.

먼저 모든 점들의 차수가 짝수이므로 따름정리 4.2.3에 의해 선분에 화살표를 적당히 주어 각 점에서 나가는 화살표와 들어오는 화살표가 모두 d가 되게 할 수 있다. 이제 이분그래프 H를 생각하자. H는 $2n$개의 점들이 $\{a_1, a_2, \cdots, a_n\}$과 $\{b_1, b_2, \cdots, b_n\}$으로 분할되어 있고 $v_i \to v_j$로 화살표가 주어져 있으면 a_i와 b_j를 연결하여 만든 이분그래프이다. 이처럼 모든 점의 차수가 짝수인 그래프를 이분그래프로 재해석하는 과정은 아래 [그림 4.5]를 보면 더 쉽게 이해할 수 있다.

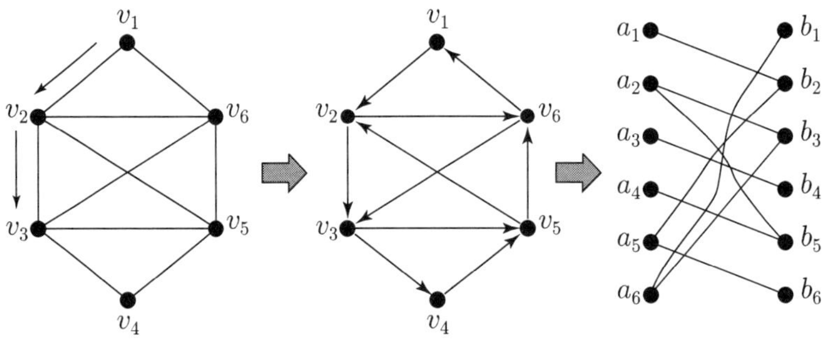

[그림 4.5] 모든 점의 차수가 짝수인 그래프의 이분그래프 표현

이제 H가 d차 정칙그래프이므로 정리 3.4.7에 의해 d개의 완전매칭 M_1, $M_2, \cdots, M_d$로 분할이 가능하다. 이제 각 $1 \le k \le d$에 대해 $M_k = \{a_{i_1}b_{j_1},\ a_{i_2}b_{j_2},\ \cdots,\ a_{i_n}b_{j_n}\}$이면 $E_k = \{v_{i_1}v_{j_1},\ v_{i_2}v_{j_2}, \cdots,\ v_{i_n}v_{j_n}\}$으로 하면 E_1, E_2, $\cdots$, E_d가 조건을 만족하는 분할이 된다. ■

참고자료 **쾨니히스베르크(Königsberg) 다리 문제와 그래프 이론**

지금은 칼리닌그라드라고 불리는 러시아의 도시는 18세기에는 쾨니히스베르크라고 불렸다. 이 도시에는 아래 그림과 같이 프레겔 강이 가운데에 흐르고 있고 그 강에는 두 개의 큰 섬이 있다. 과거 이 도시에는 아래 그림과 같이 섬들과 도시의 나머지 부분을 연결하는 7개의 다리가 있는데, 이 7개의 다리들을 한 번씩 건너면서 처음 시작한 위치로 돌아오는 방법이 존재하는지에 대한 문제가 바로 **쾨니히스베르크 다리 문제**이다.

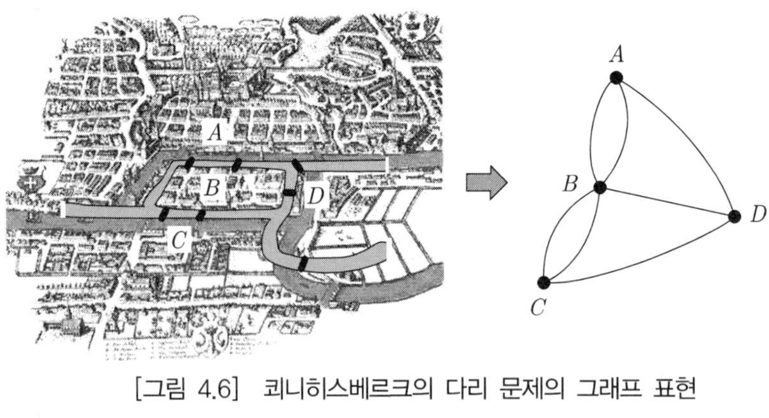

[그림 4.6] 쾨니히스베르크의 다리 문제의 그래프 표현

이 문제를 처음 해결한 사람이 바로 오일러(Leonard Euler)인데 그는 1735년에 발간된 논문에서 이처럼 다리를 건너는 것이 불가능하는 것을 증명하였다. 더 나아가 그는 1741년에 발간된 'Solutio problematis ad geometriam situs pertinentis'라는 논문에서 이 쾨니히스베르크의 다리 문제를 일반화하여 해결하였는데 이 논문에서 그는 현대적인 그래프라는 개념을 직접적으로 사용하지는 않았지만, 실제로 문제의 상황을 역사상 최초로 그래프와 유사한 개념으로 이해하여 정리 4.2.1과 따름정리 4.2.2와 같은 문제의 해결법을 제시하였다. 바로 그래프 이론이 처음 세상에 나타난 순간이다.

[그림 4.6]과 같이 네 개의 지역을 각각 네 개의 점으로 나타내고 다리로 연결된 두 점을 변으로 연결하되, 여러 개의 다리로 연결된 두 지역은 역시 여러 개의 변으로 연결한 다중 그래프로 그리면, 쾨니히스베르크의 문제는 이 그래프를 연필을 떼지 않고 모든 변들을 한 번씩 지나면서 그릴 수 있는지에 대한 문제로 이해할 수 있다. 이와 같은 문제는 잘 알려진 한붓그리기 문제로 그래프에 오일러회로나 오일러경로가 존재하는지에 대한 문제와 같다. 오일러회로가 있다면 시작점과 도착점이 같은 한붓그리기가 가능하며 오일러경로가 있다면 시작점과 도착점이 다른 한붓그리기가 가능하다. 앞서 정리 4.2.1과 따름정리 4.2.2에서 살펴보았듯이 한붓그리기가 가능하려면 그래프에 차수가 홀수인 점이 0개 또는 2개여야 한다. 홀수인 점이 2개이면 이 중 한 점에서 시작하여 다른점에서 끝나는 한붓그리기만 가능하다. 오일러는 이와 같은 사실을 증명함으로서 쾨니히스베르크의 다리 문제를 그래프로 나타내면 4개의 점 모두 차수가 홀수여서 한붓그리기가 불가능함을 증명하였다.

오일러가 문제를 해결한지 140년 뒤인 1875년에 이르러서 섬이 아닌 두 지역 사이에 다리가 하나 놓이면서 그래프에 차수가 홀수인 점이 2개가 되어 이 문제에 대한 해답은 '불가능'에서 '가능'으로 바뀌게 되었다. 하지만 아쉽게도 쾨니히스베르크는 세계 2차대전에서 격전지가 되면서 영국군의 폭격과 러시아군과 독일군 사이의 격심한 전투로 90% 이상이 파괴되어 지금은 과거의 모습을 전혀 찾아볼 수 없다.

(2) 해밀턴회로

정의 3.1.7에서 정의된 바와 같이 해밀턴회로는 그래프의 점들을 모두 한 번씩 지나는 회로[40]를 뜻한다. 어떤 그래프에 오일러회로나 경로가 존재하는지에 대해서는 18세기에 이미 해답을 얻었지만 해밀턴회로가 존재하기 위한 필요충분조건은 아직 완벽하게 밝혀지지 않고 있다. 따라서 해밀턴회로가 존재하기 위한 여러 가지 필요조건과 충분조건에 대한 연구가 활발히 진행되고 있고 특수한 그래프에 해밀턴회로가 존재하는지의 여부를 판별하는 문제는 일반적으로 매우 어려운 문제이다. 먼저 여러 그래프에서 해밀턴회로의 존재성을 판별하는 예를 살펴보자. 먼저 Petersen 그래프를 살펴보자. [그림 4.7]과 같은 3차 정칙그래프를 Petersen 그래프라고 한다. 이 그래프는 그래프 이론에서 많은 실례와 반례가 되어주는 그래프로 유명하다.

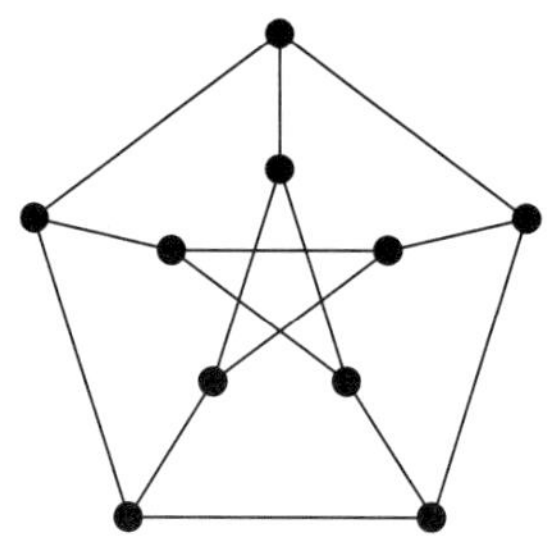

[그림 4.7] Petersen 그래프

예제 4.2.4

Petersen 그래프에는 해밀턴회로가 없음을 증명하여라.

풀이 Petersen 그래프 G는 다음과 같은 성질들을 가짐을 쉽게 관찰할 수 있다.

① 임의의 점은 길이가 5인 회로에 속한다.
② 길이가 3 또는 4인 회로가 없다.

이제 G에 해밀턴회로 v_1, v_2, $\cdots$, v_{10}, v_1이 있다고 가정하자. 모든 점의 차수가 3이므로 v_1은 v_2, v_{10}을 제외한 다른 점 중 하나와 인접해야 하는데 ②에 의해 그 점은 v_5, v_6, v_7 중 하나여야 한다. 만약 v_1과 v_5가 인접한 점이라 하자. 이때, v_6은 v_5, v_7을 제외한 다른 점 중 하나와 인접해야 하는데 이때, 어떤 점과 인접해도 길이 3 또는 4인 회로가 생기므로 모순임을 쉽게 확인할 수 있다. 마찬가지의 원리로 v_1과 v_7도 인접할 수 없고 v_1은 v_6과 인접하다. 같은 원리에 의해 v_2는 v_7과 인접해야 하는데 이때 길이가 4인

40) 이 단원부터는 다시 회로와 경로가 한 점을 여러 번 지날 수 없다고 하자.

회로 v_1, v_2, v_7, v_6, v_1가 생겨서 모순이다. ■

다음으로 예제 3.3.3에서 살펴본 초입방체 Q_n을 살펴보자.

예제 4.2.5

n차원 초입방체 Q_n은 해밀턴회로를 가짐을 증명하여라.

풀이 n에 대한 수학적 귀납법으로 증명할 수 있다. 초기조건은 자명하므로 Q_{n-1}이 해밀턴회로를 가지면 Q_n도 해밀턴회로를 가짐을 증명하자. Q_{n-1}의 2^{n-1}개의 점들이 해밀턴회로 v_1, v_2, $\cdots$, $v_{2^{n-1}}$, v_1을 이룬다고 하자. Q_{n-1}의 점 v에 대해 v는 $n-1$개의 0 또는 1로 이루어져 있는데 이때, Q_n의 점 $0v$와 $1v$는 각각 첫 자리가 0 또는 1이면서 뒤의 $n-1$자리는 v와 같은 것으로 생각하자. 그러면 Q_n에는

$$0v_1,\ 0v_2,\ \cdots,\ 0v_{2^{n-1}},\ 1v_{2^{n-1}},\ 1v_{2^{n-1}-1},\ \cdots,\ 1v_1,\ 0v_1$$

와 같은 해밀턴회로가 있게 된다. ■

마지막으로 예제 3.3.2에서 살펴본 격자판 L_n을 살펴보자.

예제 4.2.6

바둑판 L_{19}는 해밀턴회로를 가지지 않음을 증명하여라. 즉 바둑판의 선들을 따라 361개의 점들을 한 번씩 지나는 회로는 존재하지 않음을 증명하여라.

풀이 예제 3.3.2에서 증명했듯이 L_{19}는 이분그래프이다. 점들이 X, Y로 이분되었다 할 때, 해밀턴회로가 있다면 이 회로에는 X의 점과 Y점이 번갈아 가면서 나와야 하기 때문에 $|X|=|Y|$여야 한다. 그러나 L_{19}는 홀수개의 점이 있으므로 이것이 불가능하다. ■

예제 4.2.6의 방법은 좀 더 일반적으로 이분그래프에 해밀턴회로가 존재하는지를 판별할 수 있는 기준 하나를 마련해 주는데 이를 다음과 같이 정리할 수 있다.

증명은 예제 4.2.6의 풀이에 이미 포함되어 있으므로 생략한다.

정리 4.2.4

이분그래프 G가 해밀턴회로를 가지면 G의 점의 개수는 짝수이며 점들은 같은 개수로 분할되어야 한다.

앞서 언급했듯이 일반적인 그래프에서 해밀턴회로가 존재할 필요충분조건은 알려져 있지 않다. 따라서 해밀턴회로가 존재할 충분조건은 무엇이 있는지 살펴보자. 많은 충분조건들이 알려져 있는데, 다음은 그 중 한 예이다.

정리 4.2.5 Ore, 1960

$n \geq 3$개의 점으로 이루어진 그래프 G에서 인접하지 않은 임의의 두 점 x, y에 대해 $d(x)+d(y) \geq n$이라면 G는 해밀턴회로를 가진다.

증명 먼저 그래프 G가 연결그래프임은 자명하다. 인접하지 않은 두 점 x, y에 대해, 두 점의 차수의 합이 n 이상이므로 나머지 $n-2$개의 점 중 공통으로 인접한 점이 존재하기 때문이다.

이제 G에서 길이가 가장 긴 회로 C가 v_1, v_2, $\cdots$, v_m, v_1이라 하고 이 회로가 해밀턴회로가 아니라 가정하자. 이 회로에 속하지 않은 점들의 집합을 S라 할 때, G가 연결그래프이므로 S의 점들 중 이 회로의 한 점과 인접한 점이 반드시 존재한다. 일반성을 잃지 않고 S의 점 v와 v_m이 연결되었다 하자. 이때, 다음과 같이 두 가지 관찰을 할 수 있다.

① v는 v_1과는 인접하지 않다.

② v와 v_1이 공통으로 연결된 S의 점도 없다.

먼저 ①은 v와 v_1가 인접하면 길이 $m+1$인 회로 v_1, v_2, $\cdots$, v_m, v, v_1이 생겨 C의 최대성에 모순이기 때문이고, ②도 비슷하게 설명할 수 있다.

이제 v와 인접한 $d(v)$개의 점 중 v_1, v_2, $\cdots$, v_m에 속하는 것을 a개, S에 속하는 것을 b개라 하자. 마찬가지로 v_1과 인접한 $d(v_1)$개의 점 중

$v_1, v_2, \cdots, v_m$에 속하는 것과 S에 속하는 것을 각각 c개와 d개라 하자. 이때, ①과 문제 조건에 의해 $a+b+c+d \geq n$이다. 또한 관찰 ②에 의해 $b+d \leq |S|-1 = n-m-1$이다. 따라서 $a+c \geq n-(n-m-1) = m+1$이어야 한다.

$v_1, v_2, \cdots, v_m$중 v와 인접한 a개의 점 중 v_m을 뺀 나머지를 $v_{i_1}, v_{i_2}, \cdots, v_{i_{a-1}}$라 하자. 이때, v_1이 $v_{i_1+1}, v_{i_2+1}, \cdots, v_{i_{a-1}+1}$들[41] 중 하나와도 인접하지 않다면, 이 중 하나가 v_1인 경우를 감안하여도 $c \leq m-1-(a-1)$이 되어 $a+c \geq m+1$에 모순이다. 따라서 v_1은 어떤 v_{i_t+1}과 인접하고 이때, 길이 $m+1$인 회로 $v, v_m, v_{m-1}, \cdots, v_{i_t+1}, v_1, v_2, \cdots, v_{i_t}, v$가 있게 되어 모순이 된다. ■

특히, 마지막에 사용한 아이디어는 자주 사용되는 아이디어이므로 그 결과를 보조정리로 요약해 보자.

보조정리 4.2.6

그래프 G에 경로 $x, v_1, v_2, \cdots, v_m, y$가 주어졌을 때, 어떤 $2 \leq i \leq m$에 대해 x와 v_i가 인접하고 y와 v_{i-1}이 인접하면 이 $m+2$개의 점으로 이루어진 회로가 존재한다.

증명 회로 $x, v_i, v_{i+1}, \cdots, v_m, y, v_{i-1}, v_{i-2}, \cdots, v_1, x$가 있게 된다. ■

정리 4.2.5의 따름정리로 다음과 같은 간단한 형태를 얻을 수 있는데 이 따름정리의 조건을 Dirac의 조건이라고 한다.

따름정리 4.2.7 Dirac의 조건

$n \geq 3$개의 점으로 이루어진 그래프 G에서 모든 점의 차수가 $\frac{n}{2}$ 이상이면, G는 해밀턴회로를 가진다.

41) 단, $v_{m+1} = v_1$라 간주한다.

이제 앞선 예제들과 달리 해밀턴회로와 관련된 좀 더 심오한 예제들을 살펴보자. 먼저 첫 번째 예제는 Dirac의 조건에 거의 근접하지만 조건이 정확히 성립하지는 않는 경우이다. 특히, 가상의 점을 추가하여 이 조금의 차이를 극복하는 아이디어는 많이 사용되는 아이디어이다.

예제 4.2.7

$2n+1$개 점으로 이루어진 n차 정칙그래프 G는 해밀턴회로를 가짐을 증명하여라.

풀이 G에 $2n+2$번째 점 v를 추가하여 v와 나머지 $2n+1$개의 점을 모두 연결하자. 이때, 이 그래프는 Dirac의 조건을 만족하므로 해밀턴회로가 있게 된다. 이를 v, x_0, x_1, $\cdots$, x_{2n}, v라 하면 x_0, x_1, $\cdots$, x_{2n}는 G에서 해밀턴경로가 된다. 이제 G에 해밀턴회로는 없다고 가정하자.

이때, x_0과 x_{2n}은 연결되어 있을 수 없다. x_0과 인접한 점들을 x_1, x_{i_1}, x_{i_2}, $\cdots$, $x_{i_{n-1}}$이라 하면, 보조정리 4.2.6에 의해 x_{i_t-1}꼴의 점 $n-1$개는 x_{2n}과 인접할 수 없다. 이제 다음과 같은 관찰이 가능하다.

> [관찰] $2 \le p \le 2n-1$에 대해 x_p가 x_0과 인접하지 않으면 x_{p-1}은 x_{2n}와 인접해야 한다.

이유는 만약 x_{p-1}과 x_{2n}가 인접하지 않다면 x_1, x_2, $\cdots$, x_{2n-2} 중 x_{2n}과 인접할 수 없는 점이 앞서 x_{i_t-1}꼴의 점 $n-1$개에 x_{p-1}까지 n개가 되어 x_{2n}의 차수가 $n-1$ 이하가 되기 때문이다. 이제 두 가지 경우로 나누어 살펴보자.

① x_0과 x_{i+1}이 인접하지만 x_0과 x_i는 인접하지 않은 i가 있는 경우
이 경우는 위의 [관찰]에 의해 x_{2n}은 x_{i-1}과 인접해야 하는데 이로부터 길이 $2n$인 회로

$$x_0,\ x_1,\ \cdots,\ x_{i-1},\ x_{2n},\ x_{2n-1},\ \cdots,\ x_{i+1},\ x_0$$

이 생긴다. 이제, 길이 $2n$인 회로를 $v_1, v_2, \cdots, v_{2n}, v_1$이라 하면, 이 회로 밖의 점을 v라 할 때, v의 차수는 n이면서 회로의 연속한 두 점과 인접해서는 안 되므로 일반성을 잃지 않고 v는 $v_1, v_3, \cdots, v_{2n-1}$에 인접하다고 가정할 수 있다. 이제 임의의 v_{2k}에 대해 v_{2k}를 제외한 길이 $2n$인 회로 $v_1, v_2, \cdots, v_{2k-1}, v, v_{2k+1}, \cdots, v_{2n}, v_1$이 있는데 앞서와 같은 이유로 v_{2k}역시 $v_1, v_3, \cdots, v_{2n-1}$와 인접하게 된다. 즉 v_1은 $v_2, v_4, \cdots, v_{2n}$ 및 v와 연결되어야 하므로 차수가 $n+1$ 이상이 되어 모순이다.

② x_0과 x_{i+1}이 인접하지만 x_0과 x_i는 인접하지 않은 i가 없는 경우

이 경우는 x_0은 $x_1, x_2, \cdots, x_n$과 인접해야 하고 위의 [관찰]에 의해 x_{2n}은 $x_n, x_{n+1}, \cdots, x_{2n-1}$과 인접해야 한다. 이때, x_n이 $x_1, x_2, \cdots, x_{n-1}$과 모두 인접하면 x_n은 x_{n+1} 및 x_{2n}과도 인접하므로 차수가 $n+1$ 이상이 되어 모순이다. 따라서 어떤 $1 \le i \le n-1$에 대해 x_i와 x_n은 인접하지 않는다. 한편 x_i가 $x_{n+1}, x_{n+2}, \cdots, x_{2n-1}$과 모두 인접하지 않으면 x_i가 인접하지 않은 점이 x_n과 x_{2n}까지 모두 $n+1$개가 생겨 차수가 $n-1$ 이하가 되므로 모순이다. 즉 어떤 $0 < i < n < j < 2n$가 있어 x_i와 x_j가 인접한데 이때 해밀턴회로

$$x_0, x_1, \cdots, x_i, x_j, x_{j+1}, \cdots, x_{2n}, x_{j-1}, x_{j-2}, \cdots, x_{i+1}, x_0$$

이 있게 되어 모순이다. ■

다음 예제는 앞의 예제와 반대로 Dirac의 조건이 더 강하게 충족되면 해밀턴회로가 단순히 존재할 뿐만 아니라 주어진 여러 개의 변을 지나는 해밀턴회로가 반드시 존재한다는 의미이다. 풀이에 처음 사용되는 아이디어 역시 그래프 이론 뿐만 아니라 많은 조합문제에 활용되는 아이디어이다. 앞서 Tutte의 정리를 증명할 때 역시 비슷한 아이디어를 사용하였다.

예제 4.2.8

$n \geq 3$개의 점으로 이루어진 그래프 G에서 모든 점의 차수가 $\frac{n+r}{2}$ 이상이라고 한다. 이때, G의 변들 중 r개의 변 e_1, e_2, $\cdots$, e_r을 서로 양 끝점을 공유하지 않게 선택하면(즉, 매칭을 선택하면) 이 r개의 변을 모두 포함하는 해밀턴회로가 존재함을 증명하여라.

풀이 귀류법을 활용하여 e_1, e_2, $\cdots$, e_r를 포함하는 해밀턴회로가 없다고 가정하자. 이때, 이러한 해밀턴회로가 없는 조건을 만족시키면서 변을 더 추가하여 더 이상 변을 추가할 수 없을 때 까지 추가하자. 그러면 임의의 변을 추가하여도 e_1, e_2, $\cdots$, e_r를 포함하는 해밀턴회로가 생긴다. 이 그래프를 H라 하자. H역시 모든 점의 차수가 $\frac{n+r}{2}$이고, 이제 H에 변 xy를 추가하면 이러한 해밀턴회로가 생기므로 이 해밀턴회로에서 xy를 뺀 것은 e_1, e_2, $\cdots$, e_r를 포함하는 H의 해밀턴경로이다. 이를 x_1, x_2, $\cdots$, x_n이라 하자. 그러면 x_2, x_3, $\cdots$, x_{n-1} 중 x_1과 인접한 점을 x_{i_1}, x_{i_2}, $\cdots$, x_{i_t}라 할 때, $x_{i_t}x_{i_t-1}$이 e_i꼴의 변이 아니면 보조정리 4.2.6에 의해 x_{i_t-1}은 x_n과 인접할 수 없다.

따라서 x_1, x_2, x_3, $\cdots$, x_{n-2}중 최소 $\frac{n+r}{2}-r$개는 x_{2n}과 인접할 수 없으므로 여기서 $n-2-\frac{n-r}{2}=\frac{n+r}{2}-2$개 까지 x_n과 인접할 수 있다. 여기에 x_{n-1}을 고려하여도 x_n의 차수는 $\frac{n+r}{2}$보다 작으므로 모순이다. ■

다음 마지막 예제는 해밀턴회로의 개수의 기우성에 대한 문제이다.

예제 4.2.9

3차 정칙그래프에서 임의의 변 e를 선택하였을 때, e를 포함하는 해밀턴회로의 개수는 짝수임을 증명하여라.

풀이 e의 양 끝점을 x와 y라 하자. 이때, e를 포함하는 해밀턴회로가 없다면 자명하게 증명된다. 만약 e를 포함하는 해밀턴회로가 있다면, x, $v_0(=y)$,

v_1, v_2, $\cdots$, v_n과 같이 나타내어지는 해밀턴경로가 반드시 있게 된다. 이와 같은 해밀턴경로를 P_1, P_2, $\cdots$, P_k라 하자.

이제 해밀턴경로 $P_i = x, v_0, v_1, v_2, \cdots, v_n$를 생각하자. v_n은 v_{n-1}을 제외하고도 두 점과 연결되어야 한다. 만약 v_n이 v_i와 연결된다면 $x, v_0, \cdots, v_i, v_n, v_{n-1}, \cdots, v_{i+1}$이 역시 x, y로 시작하는 해밀턴경로가 되므로 P_j의 꼴이 된다. P_1, P_2, $\cdots$, P_k를 k개의 점으로 하는 그래프를 생각하고 위와 같은 P_i와 P_j를 변으로 연결하자.[42] 이때, P_i에서 x와 v_n이 인접하면 P_i의 차수는 1이지만 x와 v_n이 인접하지 않다면 P_i의 차수는 2가 된다. 이때, 따름정리 3.1.4에 의해 이 그래프에 차수가 1인 점은 짝수 개인데, 차수가 1인 P_i의 개수는 e를 포함하는 해밀턴회로의 개수와 같다. P_i에서 x와 v_n을 연결한 것이 해밀턴회로가 되며 반대로 e를 포함하는 해밀턴회로에서 x에 연결된 두 변 중 xy가 아닌 것을 지우면 차수가 1인 P_i가 되기 때문이다. 따라서 증명이 끝난다. ■

참고 위의 풀이는 모든 점의 차수가 홀수인 그래프로도 쉽게 확장된다. 즉, 위의 예제의 성질은 3차 정칙그래프 뿐만이 아니라 모든 점의 차수가 홀수인 임의의 그래프에 대해서도 증명된다.

42) 이때, P_i와 P_j가 특정 성질을 만족할 때 P_i와 P_j를 연결하였는데 이것이 완벽하게 논리적이려면 P_j와 P_i도 그 특정 성질을 만족함을 증명하여야 한다. 이는 쉽게 확인할 수 있다.

연습문제

1. 어떤 원 위에 있는 2^n개의 점 위에 각각 A 또는 B를 적으려고 한다. 이때, 2^n개의 각점에서 시작하여 시계방향으로 연속한 n개를 읽었을 때의 결과들 2^n개가 모두 다르게 할 수 있음을 증명하여라.

2. (Japan, 2004) 어느 섬에는 여러 개의 관광지가 있는데, 각 관광지에서는 다른 3곳의 관광지로 이동하는 교통편이 있다고 한다. 어떤 사람이 한 관광지에서 출발하여 교통편을 따라 모든 관광지를 한 번씩만 보고 다시 처음 시작한 관광지로 돌아왔다고 한다. 이때, 다음 해에 이 사람이 이 섬을 다시 찾았는데 이번에도 한 관광지에서 출발하여 교통편을 따라 모든 관광지를 한 번씩 둘러보려 하는데 작년과는 다른 방법으로 하고 싶다고 한다. 이것이 가능함을 증명하여라.

3. 그래프 G의 n개의 점의 차수가 각각 $2d_1,\ 2d_2,\ \cdots,\ 2d_n$이라 하자. 이때, G의 오일러회로의 개수는 $(d_1-1)!(d_2-1)!\cdots(d_n-1)!$의 배수임을 증명하여라.

4.3 평면그래프와 채색문제

이번 단원에서는 4색 문제와 관련이 있는 평면그래프와 채색수에 대해 각각 알아보고 이를 통해 4색 문제는 어떻게 이해할 수 있는지 알아보려 한다.

(1) 평면그래프의 성질

먼저 평면그래프에 대해 알아보자. 정의 3.1.16에서 살펴본 바와 같이 어떤 그래프 G를 평면 위에 변들이 서로 교차하지 않게 그릴 수 있으면 이를 평면그래프라고 한다. 주의할 점은, 변들이 서로 교차하는 그래프여도 아래 그림과 같이 변들을 적당히 옮기거나 변형하여 서로 교차하지 않게 할 수 있다면 이 역시 평면그래프가 된다는 점이다.

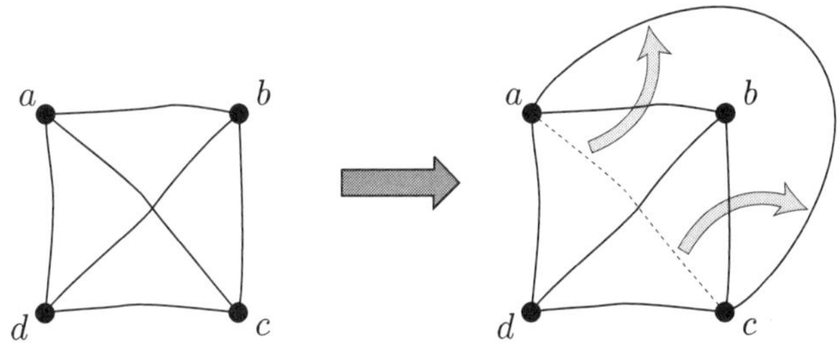

[그림 4.8]

평면그래프를 평면에 실제로 변들이 교차하지 않게 그리면 점과 변 이외의 면(face)이라는 개념을 정의할 수 있다. 이는 아주 직관적인 개념이지만 그래프의 변들이 서로 교차하는 일반 그래프에서는 정의할 수 없는 개념이다. 면은 그래프에 의해 평면이 나누어진 영역의 개수를 의미한다. 다음 평면그래프 G를 살펴보자.

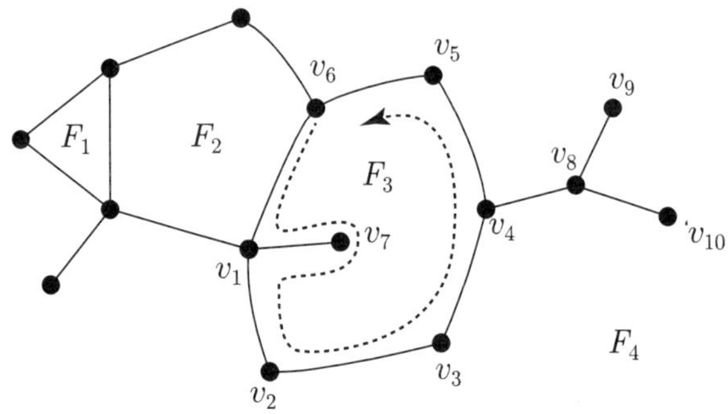

[그림 4.9] 평면그래프 G

먼저, G에 의해 평면은 4개의 영역 F_1, F_2, F_3, F_4로 나뉜다. 일반적으로 평면그래프에 의해 나누어진 영역 중 F_4와 같이 바깥쪽으로 무한한 영역이 정확히 하나 있는데 이를 이 책에서는 바깥쪽 영역이라고 하여 다른 영역들과 구분하자. 또한 각 면 F에 대해 $d(F)$를 F를 둘러싸고 있는 변의 개수로 정의하자. 이때 F_1과 F_2와 같은 면은 간단히 $d(F_1)=3$, $d(F_2)=5$로 구해지지만, $d(F_3)$이나 $d(F_4)$를 구할 때는 v_1v_7이나 v_4v_8, v_8v_{10}, v_8v_9와 같은 변은 두 번 세어줘야 한다. 예를 들어 F_3을 주어진 화살표와 같이 한 바퀴 돌면서 변을 센다고 생각하면 v_6v_1, v_1v_7, v_7v_1, v_1v_2, v_2v_3, v_3v_4, v_4v_5, v_5v_6과 같이 되기 때문이다. 따라서 $d(F_3)=8$, $d(F_4)=18$이 된다.

이제 평면그래프의 가장 기초적인 두 가지 결과를 살펴보자. 첫 번째는 정리 3.1.3과 유사한 결과로 증명 역시 비슷하게 할 수 있다.

정리 4.3.1

평면그래프 G의 면들이 $F_1, F_2, \cdots, F_f$라 하고 G의 변의 개수를 e라 하자. 이때, 다음 등식이 성립한다.

$$\sum_{k=1}^{f} d(F_k) = 2e$$

증명 정리 3.1.3과 같이 간단한 이중세기로 증명할 수 있다. 면 F와 변 xy에 대해 xy가 F의 테두리에 속하는 $(F,\ xy)$의 개수를 세는데 만약 xy가 오직 하나의 면 F의 테두리에만 속한다면 이 (F, xy)의 쌍은 두 번 세면된다. 이때, $d(F)$에 정의에 의해 이러한 쌍의 개수는 F를 기준으로 세면 $\sum_{k=1}^{f} d(F_k)$개, xy를 기준으로 세면 $2e$개이다. ■

다음으로 평면그래프에서 가장 기본이 되는 정리인 오일러공식을 알아보자. 오일러공식은 평면그래프에서 점, 변, 면의 개수 사이에 특정한 관계가 있음을 알려준다. 특히 이는 점과 선의 개수가 결정되면 평면그래프를 어떻게 그리던 면의 개수가 일정함을 알려준다.

정리 4.3.2 오일러공식

평면그래프 G의 점의 개수, 변의 개수, 면의 개수를 각각 v, e, f라 하자. G가 연결그래프이면 $v-e+f=2$이다.

증명 면의 개수 f에 대한 수학적 귀납법을 활용하자. 먼저 $f=1$이면 그래프는 면이 바깥쪽 영역 하나뿐이므로 회로가 없어야 한다. 즉, 회로가 없는 연결그래프로 수형도가 되어 $e=v-1$이 되므로, $v-e+f=v-(v-1)+1=2$가 된다. 이제 $f=m$인 경우 성립한다면 $f=m+1$인 경우에도 성립함을 확인해 보자.

그래프 G의 점, 변, 면의 개수가 각각 v, e, f개이며 $f=m+1 \geq 2$라 하자. 앞서 살펴본대로 회로가 없는 평면그래프에서 $f=1$이므로 이 그래프는 회로가 적어도 하나 있게 된다. 따라서 이 회로로 둘러싸인 면을 F_1이라 하자. F_1과 인접한 다른 면 F_2를 선택하여 두 면이 맞닿은 변 중 하나를 제거하자. 이때, 이 변은 F_1을 둘러싼 회로에 속하는 변이므로 이 변을 지워도 여전히 연결그래프가 됨은 자명하다. 이때, 변과 면이 1개씩 줄어들게 된다. 따라서 이 그래프의 점, 변, 면의 개수는 각각 $v, e-1, f-1$이며 귀납법 가설에 의해 오일러공식이 성립하므로 $v-(e-1)+(f-1)=2$ 즉, $v-e+f=2$가 된다. ■

앞선 오일러공식은 연결그래프인 평면그래프에 대한 것이다. 하지만 다음과 같이 연결그래프가 아닌 그래프에 대해서도 쉽게 일반화할 수 있다.

따름정리 4.3.3

평면그래프 G의 연결성분의 개수를 c라 하자. 이때, $v-e+f=1+c$이며 따라서 $v-e+f \geq 2$이다.

증명 G가 연결그래프가 아니면 각 연결성분에 대해 오일러공식이 성립하지만 각 연결성분은 바깥쪽 영역을 공유하므로 $v-e+f=1+c$가 됨을 쉽게 확인할 수 있다. 부등식은 이로부터 자명하다. ■

어떤 그래프가 주어졌을 때, 이 그래프가 평면그래프인지 아닌지 판별하는 것은 쉬운 문제는 아니다. 변들을 배열하는 모든 가능성을 따져서 평면그래프 여부를 판별하는 것은 매우 복잡한 문제이기 때문이다.

가장 간단하게 할 수 있는 것은 그래프가 평면그래프의 성질을 만족하는지 확인하는 것이다. 그런데 오일러공식이나 따름정리 4.3.3은 주어진 그래프가 평면그래프인지 판별해야 하는 상황에서는 v, e는 알아도 면의 개수 f를 알 수가 없기 때문에 도움이 되지 않는다. 이는 정리 4.3.1도 마찬가지이다. 하지만 이 두 결과를 합치면 다음 정리와 같이 v, e만으로 평면그래프의 한 성질을 나타낼 수 있고 이는 평면그래프인지 여부를 판별할 수 있는 좋은 판별기준이 된다.

정리 4.3.4

평면그래프 G는 $e \leq 3v-6$를 만족한다. 만약 G에 길이가 l보다 작은 회로가 없다면 $e \leq \frac{l}{l-2}(v-2)$를 만족한다.

증명 정리 4.3.1에서 $d(F_i) \geq 3$이므로 $2e \geq 3f$를 얻는다. 즉 $f \leq \frac{2}{3}e$인데 따름정리 4.3.3에서 $2 \leq v-e+f \leq v-e+\frac{2}{3}e$가 되므로 이를 정리하면 $e \leq 3v-6$이 된다. 만약 길이가 l보다 짧은 회로가 없다면 $d(F_i) \geq l$이므로 $2e \geq lf$가 되어 같은 계산으로 $e \leq \frac{l}{l-2}(v-2)$를 얻을 수 있다. ■

정리 4.3.4는 점의 개수가 정해졌을 때, 변의 개수가 너무 많으면 평면그래프일 수 없다는 직관적인 결론을 계량화한 것으로 생각할 수 있다. 이를 이용하면 어떤 그래프들은 평면그래프가 아니라는 것을 증명할 수 있다. 다음은 간단한 예들이다.

① 완전그래프 K_5는 $v=5$, $e=10$이므로 $e \le 3v-6$을 만족하지 않아 평면그래프가 아니다.

② 완전이분그래프 $K_{3,3}$은 $v=6$, $e=9$이므로 $e \le 3v-6$을 만족한다. 하지만 정리 3.3.2에 의해 이분그래프에는 길이가 홀수인 회로가 없으므로 정리 4.3.4에서 $l=4$인 경우에 해당하여 $e \le 2v-4$가 만족해야 한다. 하지만 이 식이 만족하지 않으므로 $K_{3,3}$은 평면그래프가 아니다.

③ 어떤 그래프 G의 부분그래프 G'가 평면그래프가 아니면 G도 평면그래프가 아님은 자명하다. 따라서 K_5나 $K_{3,3}$을 부분그래프로 가지는 그래프들 역시 평면그래프가 아니게 된다. 즉, K_n은 $n \ge 5$일 때 평면그래프가 아니고 $K_{m,\ n}$은 $m,\ n \ge 3$이면 평면그래프가 아니다.

④ 모든 점의 차수가 6 이상인 그래프의 경우 차수의 합이 $6v$ 이상이므로 정리 3.1.3에 의해 e는 $3v$ 이상이 된다. 이는 정리 4.3.4에 위배되므로 평면그래프가 아니다. 반대로 생각하면 임의의 평면그래프에는 차수가 5 이하인 점이 반드시 존재한다는 것을 알 수 있다.

평면그래프는 기하학적인 개체를 그래프로 이해한 경우가 많기 때문에 특히 조합기하의 영역에서 많이 활용되는데 간단한 예제들을 살펴보자.

예제 4.3.1

(2009년도 중등임용고사 1차시험) 사각형 R의 내부에 7개의 점이 찍혀있다. 사각형 R의 4개의 꼭짓점을 포함한 11개의 점들 중에서 두 점씩 적당히 선택하여 두 점을 양 끝점으로 하는 변을 그리되, 어떤 두 변도 교차되지 않게 하면서 사각형 R을 삼각형과 사각형만으로 분할하였다. 각 점과 연결된 변이 4개일 때, 분할의 결과로 생긴 삼각형의 개수를 구하여라.

풀이 이 문제는 주어진 그림을 평면그래프 G로 생각하자. 문제의 조건에서 G의 점의 개수 v는 11개이고 각 점의 차수는 4이다. 차수의 합은 44이므로 정리 3.1.3에 의해 $e=22$이다. 이제, 분할로 나타난 삼각형과 사각형의 개수를 각각 f_3과 f_4라 할 때, $f=f_3+f_4$이므로 오일러공식에 의해

$$11-22+(f_3+f_4)=2$$

를 얻는다. 또한, 정리 4.3.1에 의해

$$3f_3+4f_4=2\times 22$$

를 얻으므로 두 식을 연립하여 f_3과 f_4를 구할 수 있다. 구해보면 $f_3=8$, $f_4=5$가 된다. ■

예제 4.3.2

평면 위에 6개의 점 A_1, A_2, A_3, B_1, B_2, B_3이 주어져 있다. 이때, 임의의 $1\le i,\ j\le 3$에 대해 선분 A_iB_j의 길이는 $i+j$라고 한다. 이때, 6개의 점이 모두 한 직선 위에 있음을 증명하여라.

풀이 선분 A_iB_j들만 평면 위에 그리면 그래프 $K_{3,3}$이 되므로 위의 결과에 의해 이 그래프는 평면그래프가 아니다. 즉 어떤 A_iB_j와 A_kB_l이 서로 교차하게 되는데, 오른쪽의 [그림 4.10]과 같이 한 점 X에서 교차한다고 하면

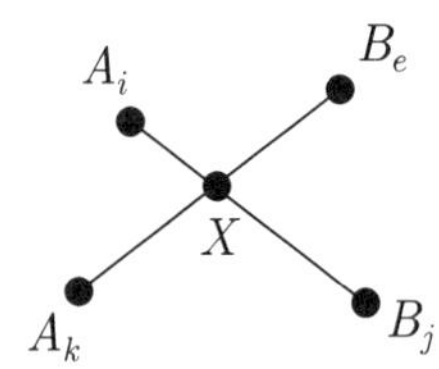

[그림 4.10]

$$\begin{aligned} i+j+k+l &= A_iB_j+A_kB_l \\ &= (A_iX+B_jX)+(A_kX+B_lX) \\ &= (A_iX+B_jX)+(A_kX+B_lX) > A_iB_l+A_kB_j \\ &= i+j+k+l \end{aligned}$$

이 되어 모순이다. 즉, A_i, B_j, A_k, B_l도 한 직선 l 위의 네 점이다. 이때, 남은 두 점도 이 직선위에 있음은 직선 l 위에 네 점이 배열되는 순서에 따라 경우를 나누어 삼각부등식으로 쉽게 증명할 수 있으므로 연습문제로

남긴다.

실제로 수직선 위에 A_i는 $-i$에 , B_i는 i에 위치하면 조건을 만족함을 알 수 있다. ■

평면그래프는 평면에서 뿐만이 아니라 공간에서도 유용하다. 먼저, 다면체는 평면그래프로 생각할 수 있다. 다면체에서 한 면만 비어있다고 생각하고 이 빈 공간을 크게 벌려서 다면체를 평면에 펼쳐 놓는다고 생각하면 되기 때문이다. 같은 원리로 구의 표면에 변들이 서로 교차하지 않게 그린 그래프도 평면그래프로 생각할 수 있다. 이와 같은 원리가 적용되는 예제들을 살펴보자.

예제 4.3.3

각 면이 모두 오각형인 십면체가 존재하는지 않음을 증명하여라.

풀이 그러한 십면체가 존재한다고 가정하자. 이 다면체를 10개의 면을 가지는 평면그래프로 생각하면 정리 4.3.1에 의해 변은 $10\times5\div2=25$개임을 알 수 있다. 점이 v개라 하면 오일러공식에서 $v-25+10=2$이므로 $v=17$이다. 각 점은 다면체의 꼭짓점이므로 차수는 3 이상이다. 따라서 차수의 합은 51 이상이고 변의 개수가 25개 보다 많아야 하므로 모순이다. 즉, 이러한 십면체는 존재하지 않는다. ■

다음으로 구면 위에서 평면그래프를 활용하는 예를 살펴보자.

예제 4.3.4

속이 꽉 찬 구를 구의 중심을 지나는 n개의 평면으로 잘랐다. 어떠한 세 평면도 구의 중심을 제외한 다른 점에서는 만나지 않을 때, 구가 쪼개진 개수를 R_n이라 하자. R_n을 구하여라.

풀이 구의 표면이 몇 개의 영역으로 나뉘었는지만 살펴보면 된다. 구의 중심을 지나는 평면으로 구를 자르면 구의 표면에는 대원(중심이 구의 중심과 같은 원)이 생긴다. 이때, 이 원들이 만나는 교차점들을 점으로 하고, 이 점들에 의해 나눠진 원호들을 변으로 하는 평면그래프를 생각하자. 먼저 임의의 두 원은 항상 두 점에서 교차한다. 따라서, $v = 2 \times \binom{n}{2} = n(n-1)$이다. 다음으로 문제의 조건에 의해 세 원이 한 점에서 만나는 경우는 없으므로 각 점의 차수는 4여야 하고, 차수의 합은 $4n(n-1)$이 되어 $e = 2n(n-1)$이다. 이제 오일러공식에서 $n(n-1) - 2n(n-1) + f = 2$이므로 $f = n^2 - n + 2$를 얻는다. 즉 $R_n = n^2 - n + 2$이다. ■

참고 위의 예제에서 R_n의 값은 점화식을 이용하여도 구할 수 있다. R_n이 어떤 점화식을 만족하는지 직접 찾아보고 해결해 보자.

심화 자료 Kuratowski의 정리: 평면그래프의 판별

앞서 오일러공식에 기반한 정리 4.3.4의 방법론은 어떤 그래프 G가 평면그래프가 아님을 증명할 수는 있지만 G가 평면그래프임을 확인하지는 못한다. 하지만 폴란드의 수학자 Kazimierz Kuratowski는 1930년에 어떤 그래프가 평면그래프일 필요충분조건을 명확히 구하였다. 이 정리를 살펴보기 위해 먼저 subdivision이라는 개념을 알아보자.

정의 4.3.5 Subdivision

그래프 G에서 G의 변들 위에 점을 적당히 추가하여 G의 변을 여러 개로 쪼개어 만들어진 그래프를 G의 subdivision이라 한다.

다음은 subdivision의 예이다. 왼쪽은 이분그래프 $K_{2,3}$이며 오른쪽은 $K_{2,3}$의 subdivision이다.

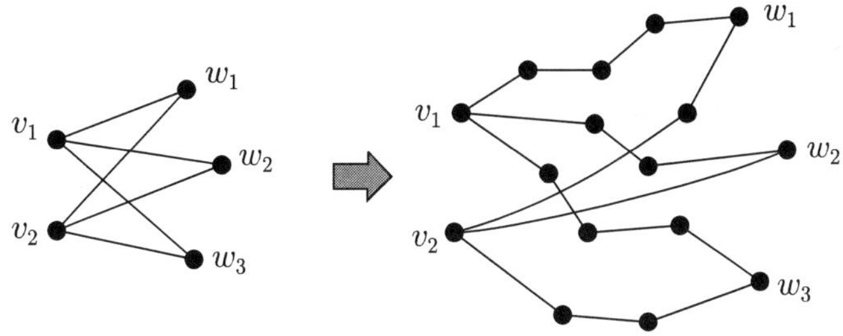

[그림 4.11] $K_{2,3}$과 $K_{2,3}$의 Subdivision

먼저 G에서 G의 subdivision을 만들면서 새로 생긴 점들은 모두 차수가 2임을 알 수 있다. 또한, G가 평면그래프가 아니면 G의 subdivision 역시 평면그래프가 아님은 자명하다. 따라서 K_5나 $K_{3,3}$의 subdivision은 평면그래프가 아니다. 실제로 이 두 그래프가 어떤 임의의 그래프가 평면그래프인지 여부를 판별하는 리트머스지이다.

정리 4.3.6 Kuratowski, 1930

어떤 그래프 G가 평면그래프일 필요충분조건은 G의 부분그래프로 K_5나 $K_{3,3}$의 subdivision이 존재하지 않는 것이다.

이 정리의 증명은 다소 복잡하므로 여기서는 생략하도록 한다.

(2) 채색수와 채색문제

그래프를 채색을 한다는 것은 그래프 G의 점들을 여러 가지 색으로 칠하는데, 인접한 두 점은 서로 다른 색으로 칠하는 것을 뜻한다. 그래프의 점들을 모두 다른 색으로 칠하는 것이 채색의 한 예이다. 하지만 그래프가 완전그래프가 아니라면 더 적은 수의 색만을 이용해서 채색을 할 수도 있을 것이다. 이때, 필요한 최소의 색을 구하는 문제가 바로 **채색문제**이다.

정의 4.3.6 채색수

그래프 G를 채색할 때, 필요한 색의 개수의 최솟값을 **채색수**(chromatic number)라고 하며 $\chi(G)$로 나타낸다.

먼저 채색수와 관련된 간단한 예제들을 살펴보자.

예제 4.3.5

길이가 n인 회로를 C_n이라 할 때, $\chi(C_n)$의 값은 n이 짝수이면 2, 홀수이면 3이다.

풀이 먼저 채색수가 1인 경우는 그래프에 변이 하나도 없는 경우뿐이므로 $\chi(C_n)$가 2 이상임은 자명하다. 회로 위의 인접한 두 점은 서로 다른 색으로 칠해야 하는데, n이 짝수이면 회로 위의 점을 두 가지 색만으로 번갈아 칠하면 되므로 $\chi(C_n)=2$이지만 n이 홀수이면 두 가지색만으로는 회로 위의 점들을 번갈아가며 칠할 수 없기 때문에 $\chi(C_n)=3$임을 쉽게 확인할 수 있다. ■

예제 4.3.6

9명의 학생 $p_i(1 \le i \le 9)$가 다음과 같이 6개의 스터디그룹을 만들었다.

$$A_1 = \{p_1, p_2, p_3\},\ A_2 = \{p_3, p_4, p_5\},\ A_3 = \{p_5, p_6, p_7\}$$
$$A_4 = \{p_7, p_8, p_9\},\ A_5 = \{p_8, p_9, p_1\},\ A_6 = \{p_1, p_3, p_7\}$$

각 스터디그룹은 서로 모여 1시간씩 학습을 하려고 하는데, 한 사람이 동시에 두 스터디그룹에 같은 시간대에 참여 할 수 없을 때, 모든 스터디그룹이 한 번씩 모이기 위해서는 최소 몇 시간이 필요한지 구하여라.

풀이 6개의 스터디그룹을 점으로 하고 두 스터디그룹에 같은 학생이 한 명 이상 속해있으면 변으로 연결한 그래프 G를 생각하자. 이때, 다음과 같은 그래프가 그려진다.

이 그래프[43]의 채색수가 4임은 쉽게 증명할 수 있다. 먼저 바깥쪽에 있는 길이 5인 회로를 칠하려면 예제 4.3.5에 의해 3가지 색이 필요한데 가운데 있는 점 A_6은 이 색들과 다른 4번째 색으로 색칠되어야 하기 때문이다. 실제로 4가지 색으로 $\{A_1, A_3\}$, $\{A_2, A_4\}$, $\{A_5\}$, $\{A_6\}$으로 색칠하면 되고, 같은색으로 색칠된 스터디그룹들이 동시에 학습을 진행하면 모두 4시간만에 모든 스터디그룹이 모일 수 있다.

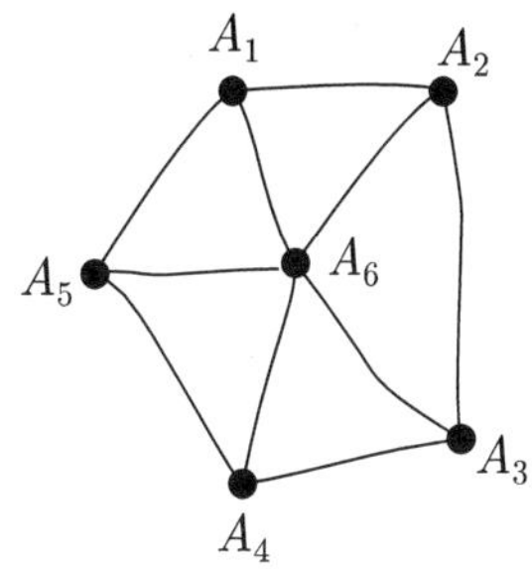

[그림 4.12]

■

실제로 위의 예들을 살펴보면 채색문제가 다분그래프와 깊은 관계가 있음을 알 수 있다. 만약에 G가 r차 다분그래프이면, 점들의 집합이 V_1, V_2, $\cdots$, V_r로 분할되었다고 할 때, 각 V_i의 점들끼리는 인접하지 않기 때문에 같은 색으로 칠해도 무방하다. 따라서 r가지 색이 있으면 충분하여 $\chi(G) \le r$이 된다. 반대로 $\chi(G) = s$이면 G의 점들을 같은 색으로 칠해진 점들의 집합 s개로 분할할 때, s차 다분그래프가 된다. $s \le r$일 때, s차 다분그래프는 r차 다분그래프이기도 하므로 다음이 증명되었다.

정리 4.3.7

그래프 G가 r차 다분그래프일 필요충분조건은 $\chi(G) \le r$인 것이다.

하지만 이와 같이 다분그래프와의 관계가 있다고 하더라도 정확한 $\chi(G)$의 값을 구하는 것은 다분그래프의 차수가 적은 경우가 아니면 큰 도움이 되지는 않는다. 채색수를 구하는 채색문제의 역사가 매우 길고 다양한 연구결과가 있음에도 불구하고, 일반적으로 주어진 그래프의 채색수를 정확히 구하는 문제는 매우 힘든 문제(NP-hard problem)로 알려져 있다. 컴퓨터를 이용하여도 점의 개수가 많아지면서

43) 이 그래프처럼 길이 n인 회로의 안에 한 점이 있어 회로의 모든 점과 인접한 그래프를 바퀴(wheel)이라고 하며 W_n이라 나타낸다. $\chi(W_n)$의 값은 n이 짝수면 3, n이 홀수면 4임은 쉽게 증명할 수 있다.

계산량이 급속히 증가하기 때문에 현실적으로 계산이 힘든 문제이다. 따라서 그래프의 특성이 주어졌을 때, 그 특성을 이용하여 채색수의 범위를 줄여나가는 방향으로 채색수를 탐구하는 것이 합리적이다. 이와 같은 방법론의 가장 기초적인 경우를 알아보자. 먼저 그래프 G에 대해 몇 가지 특성을 정의하자.

① G의 점들 중 차수가 가장 큰 점의 차수를 $\Delta(G)$로 나타내자.
② G의 완전그래프인 부분그래프 중 가장 큰 것이 가지는 점의 개수를 $\omega(G)$라 나타내자.
③ G의 독립집합 중 가장 큰 것의 점의 개수를 $\alpha(G)$로 나타내자. (정의 4.1.4 참조)

예를 들어 $\Delta(C_6)=2$, $\omega(C_6)=2$, $\alpha(C_6)=3$이 된다. 이때, G의 채색수 $\chi(G)$는 다음을 만족한다.

정리 4.3.8

n개의 점으로 이루어진 임의의 그래프 G에 대하여 다음이 성립한다.
(1) $\chi(G) \leq \Delta(G)+1$
(2) $\chi(G) \geq \omega(G)$
(3) $\chi(G) \geq \dfrac{n}{\alpha(G)}$

증명 각 부등식을 하나씩 증명해 보자.

(1) $\Delta(G)+1$개의 색이 있으면 채색이 가능함을 보이면 된다. G의 점을 $v_1,\ v_2,\ \cdots,\ v_n$으로 나타내고, v_1부터 순서대로 하나씩 색칠한다고 하자. 그러면 $v_1,\ \cdots,\ v_{i-1}$을 색칠하고 v_i을 색칠할 때, v_i와 인접한 점들 중 이미 칠해진 점들의 색을 피해서 칠하면 되는데 이미 칠해진 점은 많아야 $\Delta(G)$개이고 색은 모두 $\Delta(G)+1$개의 종류가 있으므로 이와 같은 색칠이 귀납적으로 가능함을 알 수 있다.

(2) $\omega(G)$개의 점이 서로 인접하므로 최소한 $\omega(G)$개의 서로 다른 색이 필

요하다.

(3) 실제로 그래프 G를 $\chi(G)$개의 색으로 채색을 했을 때, 각 색으로 칠해진 점의 집합을 $A_1, A_2, \cdots, A_{\chi(G)}$라 하자. 그러면 각 A_k는 독립집합이므로 $|A_k| \le \alpha(G)$이고

$$n = \sum_{k=1}^{\chi(G)} |A_k| \le \chi(G) \cdot \alpha(G)$$

가 되어 증명이 끝난다. ■

학습자료 **4색 문제**

4색 문제(four color problem)는 지도에서 서로 인접한 영역은 다른 색으로 구분할 때, 지도의 모양과 상관없이 4가지 색이 있으면 가능함을 증명하는 문제이다. 이 문제가 가장 처음 언급된 것은 1840년에 뫼비우스의 띠로 유명한 뫼비우스에 의해서이다. 하지만 실제로 4색 문제가 처음으로 정돈된 가설로 제시된 것은 1852년에 남아프리카 공화국의 수학자 Francis Guthrie에 의해서이다. 그 이후 1976년에 Kenneth Appel과 Wolfgang Haken이 컴퓨터를 이용하여 이 문제를 증명하기까지 4색 문제는 페르마의 마지막정리와 함께 수많은 잘못된 풀이들이 발표되는 것으로 악명이 높았다. 4색 문제에 대한 첫 번째 유효한 접근은 1890년에 Heawood에 의해 발견되었는데 이는 5가지 색이 있으면 지도를 색칠할 수 있다는 것이다. 이에 대해서는 뒤에 예제로서 제시하였으니 참조하길 바란다.

4색 문제는 지도의 각 영역을 점으로 생각하고 서로 인접한 영역을 변으로 연결하여 그래프를 그리면 이 그래프는 평면그래프가 된다. 따라서 4색 문제는 평면그래프 G에 대해 $\chi(G) \le 4$를 증명하는 문제와 같다. 1976년의 Appel과 Haken의 증명을 간단히 소개하면 이들은 먼저 평면그래프 G가 $\chi(G) \ge 5$라면 G는 반드시 1936가지의 특별한 그래프 중 하나를 일부분으로 포함해야 함을 복잡한 수학적 계산에 의해 논리적으로 증명하였다. 이후 실제로 이 1936가지 그래프들이 4가지 색으로 채색이 가

능함을 보임으로서 $\chi(G) \geq 5$가 성립하지 않음을 증명하였는데 여기에서 컴퓨터의 도움을 받음으로 인해 논쟁의 여지를 남겨두었다. 이제 많은 수학자들이 이와 같은 컴퓨터의 도움을 받은 증명을 받아들이고 있지만 실제 증명을 직접 확인할 수 없다는 측면에서 여러 가지 철학적인 의문점 또한 제시되고 있다. 따라서 많은 수학자들이 아직도 컴퓨터의 도움을 받지 않는 4색 문제의 풀이를 연구하고 있는데 이는 채색수의 본질에 대한 깊은 탐구로 가치가 있기도 하다.

예제 4.3.7

임의의 평면그래프 G에 대해 $\chi(G) \leq 5$임을 증명하여라.

풀이 점의 개수에 대한 수학적 귀납법으로 증명하자. 먼저 예제 4.3.1의 바로 윗부분에서 증명하였듯이 평면그래프에는 반드시 차수가 5 이하인 점이 존재한다. 이 점을 v라 하자. G에서 v 및 v에 연결된 변을 모두 제거하면 귀납법 가설에 의해 5가지 색으로 채색이 된다.

만약 v의 차수가 4 이하이면 v는 인접한 점들의 색들을 피해 채색을 할 수 있으므로 증명이 끝난다. 이제 v의 차수가 5인 경우를 살펴보자. v에 인접한 점을 아래와 같이 순서대로 x_1, x_2, x_3, x_4, x_5라 하자. 또한 각 x_i는 i번째 색으로 칠해졌다 하자. (x_i들 중 같은 색이 있으면 역시 v를 다섯 점의 색을 피해 색칠할 수 있다.)

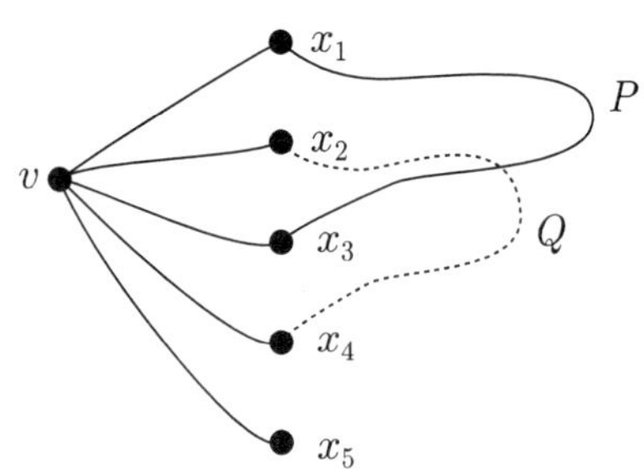

[그림 4.13]

이때, 1번째 색과 3번째 색으로 색칠된 점들을 제외하고 나머지 점들을 모두 지운 그래프를 H라 하자. 이때, x_1과 x_3이 H에서 다른 연결성분에 있다면 x_1이 포함된 연결성분의 점들의 색깔을 1번째는 3번째로, 3번째는 1번째로 바꿀 수 있어 x_1의 색을 3번째 색으로 할 수 있다. 이때, v는 1번째 색으로 칠하면 된다. 따라서 x_1과 x_3이 같은 연결성분에 있는, 즉 어떤 경로 P가 x_1과 x_3을 연결하며 P의 모든 점은 1번째 색 또는 3번째 색인 경우만 살펴보면 된다. 마찬가지로 x_2와 x_4에 대해서도 어떤 경로 Q가 x_2와 x_4를 연결하면서 Q의 모든 점은 2번째 색 또는 4번째 색인 경우만 살펴보면 된다. 그런데 G가 연결그래프이므로 두 경로 P와 Q는 반드시 한 점을 공유해야 하므로 이와 같은 경우는 존재하지 않음을 알 수 있다. ■

이제 점 대신 변을 색칠하는 **변채색문제**를 살펴보자. 채색문제와 유사하게 변들을 여러 가지 색으로 색칠하는데 한 점에서 만나는 두 변은 다른색으로 색칠하는 것을 **변채색**이라 한다. 이때 필요한 색의 개수의 최솟값을 구하는 것이 **변채색문제**이다.

정의 4.3.9 변채색수
그래프 G를 변채색할 때, 필요한 색의 개수의 최솟값을 **변채색수**(edge chromatic number)라고 하며 $\chi'(G)$로 나타낸다.

변채색문제 역시 어려운 문제이지만 채색문제에 비해서는 많은 것이 알려져 있다. 실제로 $\Delta(G) \le \chi'(G)$임은 $\Delta(G)$의 정의로부터 자명하다. 하지만 다음 예제처럼 이분그래프에서는 이 두 값이 같다.

예제 4.3.8

G가 이분그래프일 때, $\Delta(G) = \chi'(G)$임을 증명하여라.

증명 $\chi'(G) \le \Delta(G)$임을 보이기만 하면 충분하다. 먼저 G의 점들이 두 집합

X, Y로 이분되었다고 하자. 그러면 X와 Y에 점과 변들을 적당히 추가[44)]하여 $\Delta(G)$차 정칙 이분그래프를 만들 수 있음을 쉽게 확인할 수 있다. 그러면 따름정리 3.4.7에 의해 이 그래프는 $\Delta(G)$개의 완전매칭으로 분할되는데 각 완전매칭을 같은 색으로 칠하면 된다. 추가된 점과 변을 지우면 $\Delta(G)$개의 색으로 G를 변채색한 것을 얻을 수 있다. ■

참고 자료 **변채색수와 Vizing의 정리**

변채색수 $\chi'(G)$가 $\Delta(G)$ 이상임은 앞에 언급한대로 쉽게 확인할 수 있는데 실제로 $\Delta(G)+1$ 이하임은 우크라이나의 수학자 Vadim Vizing에 의해 1964년에 증명되었다.

정리 4.3.10 Vizing, 1964

임의의 그래프 G에 대해 $\chi'(G) \leq \Delta(G)+1$이 성립한다.

증명은 다소 복잡하므로 여기서는 생략하도록 한다.

따라서 $\chi'(G)$의 값은 $\Delta(G)$ 또는 $\Delta(G)+1$여야 한다. 그럼에도 불구하고 이 두 값 중 어느 값인지 확인하는 문제는 여전히 쉽지 않은 문제이다.

44) 여기서는 다중변을 허용한다. 따름정리 3.4.7은 다중변이 있어도 여전히 성립함은 쉽게 확인할 수 있다.

연습문제

1. 모든 면이 6각형 이상인 볼록다면체가 존재하는지 여부를 판별하여라.

2. (St. Petersburg, 1997) 어떤 볼록다면체의 모든 면이 삼각형이며 각 점과 연결된 변은 5개 이상이라고 한다. 또한, 정확히 5개의 변과 연결된 두 점은 변에 의해 직접 연결되어 있지 않다고 할 때, 이 볼록다면체의 한 면이 존재하여 이 면의 세 꼭짓점과 연결된 변의 개수가 각각 5개, 6개, 6개가 됨을 증명하여라.

3. 평면 위에 100개의 점 A_1, A_2, $\cdots$, A_{100}이 놓여있는데, 임의의 두 점 사이의 거리는 1 이상이라고 한다. 이때, 선분 A_iA_j들 중 길이가 1인 것의 개수는 294개 미만임을 증명하여라.

4. (KMO, 2002) 원주 위에 n개의 점이 주어져 있고, 이 점들을 잇는 $\frac{n(n-1)}{2}$개의 현이 그어져 있다. 어느 세 현도 원의 내부의 한 점에서 만나지 않을 때, 이 현들에 의하여 나누어진 원의 내부의 영역의 개수를 구하여라.

5. 평면그래프 G의 모든 점의 차수가 4라고 한다. 이때, G를 평면 위에 변들이 서로 겹치지 않게 배치하였다면, 다음 물음에 답하여라.

   (1) G의 각 변에 화살표를 적당히 주어, 각 점에 연결된 4개의 변을 시계 방향으로 보면 나가는 화살표와 들어오는 화살표가 번갈아가며 나타나게 할 수 있음을 증명하여라.

(2) G의 각 변을 빨간색과 파란색으로 색칠하여, 각 점에 연결된 4개의 변을 시계 방향으로 보면 빨간색과 파란색이 번갈아가며 나타나게 할 수 없음을 증명하여라.

6. 평면그래프 G의 점들을 적당히 평면 위에 재배치하면 변들이 실제로 기하학적 의미의 선분(직선의 일부)이 되도록 할 수 있음을 증명하여라.

7. 6개의 방송국이 있는데 전파간섭의 문제로 어떤 방송국은 같은 주파수의 전파를 사용하지 못한다고 한다. 6개의 방송국을 A, B, C, D, E, F라고 할 때, A는 B, F와 같은 주파수를 사용하지 못하고, B는 A, C, F와, C는 B, D와, D는 C, E와, E는 B, D, F와, F는 A, E와 같은 주파수의 전파를 사용하지 못한다고 한다. 이때 필요한 주파수의 수의 최솟값을 구하여라.

8. 삼각형의 내부에 점을 찍고 이들 점들 사이를 적당히 선분으로 연결하여 큰 삼각형을 여러 개의 작은 삼각형으로 분할하였다. 이때, 각 삼각형의 각 꼭짓점과 내부의 찍힌 점들을 3가지 색 중 하나로 칠하여 서로 변으로 연결된 두 점은 다른 색이 되도록 칠할 수 있을 필요충분조건은 삼각형의 세 꼭짓점을 포함한 모든 점이 짝수개의 선분과 연결된 것임을 증명하여라.

9. 평면그래프 G에 해밀턴회로가 존재한다고 한다. 이때, G의 각 면들을 4가지 색 중 하나로 칠하여 서로 변이 맞닿은 두 면은 다른 색으로 칠할 수 있음을 증명하여라.

10. 특수한 경우에 4색 문제가 성립함을 알아보려고 한다. 다음 물음에 답하여라.

(1) 평면그래프 G의 각 점의 차수는 5 이하라고 한다. 이때, G에 차수가 4 이하인 점이 하나 있다면 $\chi(G) \le 4$임을 증명하여라.

(2) 평면 그래프 G가 5차 정칙그래프이면 $\chi(G) \le 4$임을 증명하여라.

11. 완전그래프 K_n에 대해 $\chi'(K_n)$의 값은 n이 짝수이면 $n-1$, n이 홀수이면 n임을 증명하여라.

12. 완전그래프 K_{121}의 각 변이 10개의 색 중 하나로 적당히 칠해져 있다. 이때, 변이 어떻게 색칠되어 있어도 각 점을 역시 이 10개의 색 중 하나로 칠하여 임의의 두 점을 선택하였을 때, 그 두 점 및 그 두 점을 연결하는 변이 모두 같은 색으로 칠해진 경우는 없도록 하려고 한다. 이것이 항상 가능한지 여부를 판별하여라.

13. 연결그래프 G의 점의 개수를 n, 가장 긴 경로의 길이를 l이라 하면 $\chi(G) \le n-l+1$임을 증명하여라.

14. 정십이면체의 각 변들을 3개의 색으로 칠하여 각 꼭짓점에 연결된 세 변이 모두 다른색으로 칠해지도록 될 수 있음을 증명하여라.

4.4 유향그래프

앞서 살펴본 여러 그래프들은 점들 사이를 변으로 연결하였다. 그래프가 여러 개체들 사이의 관계를 변으로 연결하여 나타낸 것인데, 많은 경우에는 두 개체 사이의 관계가 대칭적이지 않고 이 관계를 화살표로 나타내어야 한다. 예를 들어 여러 사람이 바둑을 둔 결과를 나타낼 때는 둘이 경기를 한 사실 뿐만 아니라 둘 사이의 승패까지 나타내야 한다. 이때 두 사람 A와 B에 대해 A가 B를 이겼다면 $A \to B$와 같이 화살표로 나타내는 것이 자연스럽다. 이와 같이 두 점 사이를 변이 아닌 화살표들로 연결한 것을 유향그래프라고 한다. 이 단원에서는 유향그래프에 대한 이론에 대해 알아보자.

(1) 유향그래프의 기초

먼저 유향그래프에 대해 엄밀하게 정의를 해보자.

정의 4.4.1 유향그래프

단순그래프 G의 변들을 화살표로 바꾸어 만들 수 있는 그래프를 **유향그래프**(directed graph, digraph)라고 한다. 이때, 두 점 u, v가 $u \to v$와 같이 화살표로 연결되어 있을 때, u를 **시점**(tail), v를 **종점**(head)라 한다.

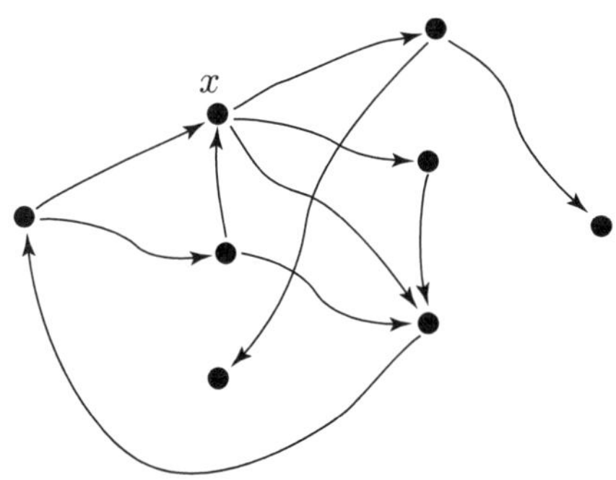

[그림 4.14] 유향그래프

유향그래프의 여러 특징과 성질들은 단순그래프의 그것과 유사하면서도 어떤 때는 큰 차이를 보이는데, 이 단원에서는 그러한 차이점들을 중심으로 학습해 보도록 한다. 먼저 유향그래프에서 각 점의 차수를 어떻게 정의해야 하는지 알아보자.

정의 4.4.2 유향그래프의 차수

유향그래프의 각 점 v에서 나가는 화살표의 개수와 v로 들어오는 화살표의 개수를 각각 **출차수**(outdegree), **입차수**(indegree)라고 하고 $d^+(v)$, $d^-(v)$로 나타낸다.

예를 들어 [그림 4.14]와 같은 그래프에서 $d^+(x)=3$이고, $d^-(x)=2$이다. 이때, 정리 3.1.3과 유사하게 다음이 성립한다.

정리 4.4.3

유향그래프 D의 점을 $v_1, v_2, \cdots, v_n$이라 하고 화살표의 개수를 e라 하자. 이때, 다음이 성립한다.

$$\sum_{i=1}^{n} d^+(v_i) = \sum_{i=1}^{n} d^-(v_i) = e$$

증명 $d^+(v_i)$는 v_i를 시점으로 하는 화살표의 개수이므로 $\sum_{i=1}^{n} d^+(v_i)$는 v_i들 중 하나를 시점으로 하는 화살표의 개수가 되어 자명하게 화살표의 개수가 된다. $\sum_{i=1}^{n} d^-(v_i)$도 마찬가지이다. ■

다음으로 유향그래프의 경로와 회로에 대해 알아보자. 경로와 회로는 자연스럽게 다음과 같이 정의할 수 있다.

정의 4.4.4 유향경로와 유향회로

서로 다른 점 $v_1, v_2, \cdots, v_k$에 대해 $v_i \to v_{i+1}$로 화살표가 연결되어 있으면 이를 **유향경로**(directed path)라 하고 $v_1 \to v_2 \to \cdots \to v_k$로 나타낸다. 만약 $v_k \to v_1$도 화살표도 연결되어 있으면 이를 **유향회로**(directed cycle)이라고 하고 $v_1 \to v_2 \to \cdots \to v_k \to v_1$로 나타낸다.

참고 이 단원에서는 의미가 헷갈릴 우려가 없으므로 유향경로와 유향회로를 단순히 경로와 회로라 하자.

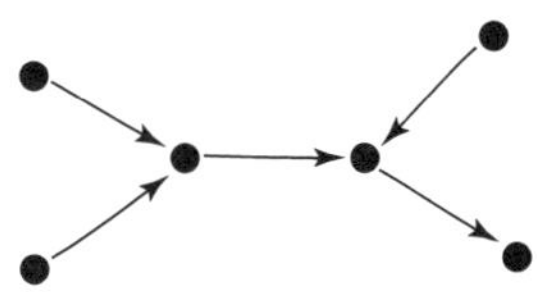

[그림 4.15] 약연결 그래프

다음으로 유향그래프의 연결성에 대해 생각해 보자. 단순그래프의 경우 임의의 두 점 u, v에 대해 이 두 점을 연결하는 경로가 존재하면 이 그래프를 연결그래프라 하였다. 유향그래프에서도 마찬가지로 정의하는 것이 자연스럽다. 하지만 이와 같이 정의하면 오른쪽과 같은 그래프는 연결그래프인 단순그래프의 각 변에 방향성을 주어 만든 유향그래프이지만 연결그래프가 아니게 된다. 이 두 가지를 구분하기 위해 다음과 같이 정의한다.

정의 4.4.5 강연결그래프와 약연결그래프

유향그래프 D의 임의의 두 점 u, v를 연결하는 경로가 있으면 D를 **강연결그래프**(strongly connected graph)라 한다. 또한 유향그래프 D의 화살표에 방향성을 없애 단순그래프로 만들었을 때 연결그래프가 된다면 이 그래프를 **약연결그래프**(weakly connected graph)라 한다.

자명하게 강연결그래프는 약연결그래프이다. 약연결성은 이 단원과 관련된 내용에서는 전혀 필요가 없으므로 이 단원에서 유향그래프가 연결되었다 함은 강연결을 의미하는 것으로 하고 연결그래프는 강연결그래프를 의미하는 것으로 한다. 이 때, 유향그래프의 연결성은 화살표의 방향까지 잘 고려해야 하기 때문에, 그래프가 복잡하게 그려져 있으면 이 그래프가 연결그래프인지 여부를 판단하는 것은 단순그래프의 경우처럼 직관적이지는 않다. 하지만 다음과 같이 연결성을 확인할 수 있는 좋은 필요충분조건이 알려져 있다.

정리 4.4.6

유향그래프 D가 연결그래프일 필요충분조건은 D의 점의 집합을 공집합이 아닌 두 집합 X와 Y로 임의로 분할하였을 때, 시점은 X에 속하고 종점은 Y에 속하는 화살표가 존재하는 것이다.

증명 먼저 D가 연결그래프이면 임의의 분할 X, Y에 대해 시점은 X에 속하고 종점은 Y에 속하는 화살표가 존재하는 것은 자명하다. 이제 D가 연결그래프가 아니면 어떤 분할 X, Y를 잡았을 때, 그러한 화살표가 없음을 증명하자.

D가 연결그래프가 아니므로 어떤 두 점 u, v에 대해 u에서 v로 가는 경로가 없다. 이제 u에서 시작하여 경로를 통해 갈 수 있는 점들의 집합을 X라 하고 갈 수 없는 점들의 집합을 Y라 하자. 물론 $u \in X$라 하자. 그러면 $v \in Y$이므로 X와 Y는 공집합이 아니면서 점들의 집합의 분할이 된다. 이제, $x \in X$와 $y \in Y$에 대해 화살표 $x \to y$가 있다면 u에서 경로를 통해 x로 간 뒤 다시 y로 갈 수 있으므로 집합 Y의 정의에 모순이 된다. 따라서 X와 Y가 원하는 분할이다. ■

다음으로 회로에 대해 알아보자. 먼저 생각할 수 없는 것은 회로가 없는 그래프이다. 단순그래프의 경우 회로가 없는 그래프는 forest, 회로가 없는 연결그래프는 수형도로 특정화 할 수 있고 그 성질들을 구할 수 있었다. 유향그래프의 경우에도 회로가 없는 그래프[45]는 쉽게 특정화 할 수 있는데 그 결과는 단순그래프와는 상당히 다르다. 예를 들어 n개의 점으로 이루어진 단순그래프에서 회로가 없는 그래프는 많아야 $n-1$개의 변을 가졌지만 n개의 점으로 이루어진 유향그래프의 임의의 두 점 사이에 모두 화살표가 있어도 회로가 없을 수 있다. n개의 점을 $v_1, v_2, \cdots, v_n$일 때, $i > j$이면 $v_i \to v_j$로 화살표를 주면 회로가 없기 때문이다. 먼저 다음 간단한 관찰에서 시작해 보자.

---

45) acyclic digraph라 한다.

정리 4.4.7

유향그래프 D의 모든 점의 출차수가 1 이상이거나 모든 점의 입차수가 1 이상이면 회로가 존재한다.

증명 임의로 선택된 한 점을 v_1이라 하자. 모든 점의 출차수가 1 이상이면, v_1는 v_2로 나가는 화살표 $v_1 \to v_2$가 있다. 그리고 v_2도 역시 v_3로 나가는 화살표 $v_2 \to v_3$가 있다. 이러한 식으로 계속 v_i를 정의하면 유향그래프 D의 점의 개수가 유한이므로, $v_i = v_j$, $i < j$인 경우가 있을 수 밖에 없다. 이와 같은 경우 중 j가 최소인 경우를 선택하면 $v_i \to v_{i+1} \to \cdots \to v_{j-1} \to v_i$가 회로가 된다. 모든 점의 입차수가 1 이상인 경우도 마찬가지이다. ■

이를 이용하면 다음과 같이 회로가 없는 유향그래프를 특정화할 수 있다.

정리 4.4.8

n개의 점으로 이루어진 유향그래프 D에 회로가 없다면 n개의 점에 적당히 숫자 $1, 2, \cdots, n$을 부여하여 임의의 화살표는 큰 수에서 작은 수를 향하게 할 수 있다.

증명 n에 대한 수학적 귀납법에 의해 쉽게 증명된다. 점의 개수가 n개일 때 수들을 쓸 수 있다고 가정하고 점이 $n+1$개일 때를 살펴보자. 정리 4.4.7에 의해 D에 회로가 없다면 어떤 점의 입차수는 0이 된다. 이 점을 v라 하고 $n+1$을 부여하자. 이제 D에서 v 및 v와 연결된 화살표를 모두 지우면 여전히 회로가 없는 유향그래프이므로 귀납법 가설에 의해 1부터 n까지의 수를 조건에 맞게 부여할 수 있다. 이때, D의 각 화살표는 큰 수에서 작은 수로 향하게 됨은 자명하다. ■

다음으로 오일러경로, 회로와 해밀턴경로, 회로에 대해 생각해 보자. 이들은 역시 단순그래프에서의 정의에서 위의 경로와 회로처럼 자연스럽게 방향성을 포함한 것으로 이해할 수 있다. 예를 들어 $v_1 \to v_2 \to \cdots \to v_n \to v_1$의 순서로 그래프의 모든 점을 다 지나면 이 회로를 해밀턴회로라고 할 수 있다. 해밀턴경로와 회로에 대해서는 다음 단원에서 자세히 알아보고 여기서는 오일러회로에 대해 알아보자. 오일러회로에서 방향성이 중요한 역할을 할 것은 따름정리 4.2.3에서 이미 예견되었다. 정리 4.2.1과 같은 방법으로 다음을 증명할 수 있다. 증명은 동일하므로 생략하겠다.

정리 4.4.9

유향그래프 D에 오일러회로가 존재할 필요충분조건은 D가 연결그래프이면서 각 점의 출차수와 입차수가 같은 것이다.

예제 4.4.1

(IMO Shortlist, 2002) $(1, 2, \cdots, n)$의 순열 $(x_1, x_2, \cdots, x_n)$에서 모든 $1 \le i \le n$에 대하여 x_{i+1}이 $2x_i$, $2x_i - 1$, $2x_i - n$, $2x_i - n - 1$ 중 하나가 되면 이 순열을 좋은 순열이라고 한다. 임의의 짝수 n에 대해 좋은 수열이 존재함을 보여라. (단, $x_{n+1} = x_1$로 생각한다.)

풀이 $n = 2m$이라 할 때, m개의 점 $v_1, v_2, \cdots, v_m$으로 이루어진 유향그래프를 생각하자. 이때 각 점 v_i에서는 $i \le \dfrac{m}{2}$이면 v_{2i-1}, v_{2i}로 2개의 화살표가 나간다고 하자. (단, $v_{k+m} = v_k$로 간주한다.) 또한 이 두 화살표 위에는 각각 $2i-1$과 $2i$를 쓰자. 이때, v_i에는 i와 $i+m$이 쓰인 두 화살표가 들어옴을 쉽게 확인할 수 있다. 따라서 각 점의 출차수와 입차수는 모두 2가 된다.[46] 또한, 주어진 문제는 이 그래프에 오일러회로가 있음을 보이는 것과 동치이므로 (오일러회로가 있으면, 회로의 화살표에 쓰인 수들을 순서대로 x_i라 하면 된다.) 이 그래프가 연결그래프임을 보이기만 하면 충분하다. 이 부분이 다소 까다로운데 다음 두 가지를 보여야 한다.

① v_1에서 출발하여 임의의 v_i까지 가는 경로가 있다.

② 임의의 v_i에서 출발하여 v_1까지 가는 경로가 있다.

---

46) v_1과 v_m에 고리(loop)가 있지만 문제가 되진 않는다.

먼저 ①은 i에 대한 수학적 귀납법으로 자명하다. ②를 보이기 위해서는 다음과 같은 정수론 문제를 해결해야 한다.

> [Claim] $a_0 = i$일 때, 각 자연수 n에 대해, $a_{n+1} = 2a_n$ 또는 $2a_{n-1} - 1$ 중 하나로 잘 정의하여 어떤 t에 대해 $a_t \equiv 1 \pmod{m}$이 되게 할 수 있다.

이를 증명하기 위해 점화식을 $a_{n+1} = 2a_n - s_n$으로 두고 ($s_n = 0$ 또는 1) 양변을 2^{n+1}로 나누어 $\frac{a_n}{2^n} = b_n$으로 하여 점화식을 풀면 $a_n = 2^n i - \sum_{k=0}^{n-1} 2^k s_{n-1-k}$가 된다. 이제 m을 2진법으로 표현시 t자리라 하자. 그러면 $2^t i - 1$을 m으로 나눈 나머지가 r일 때, r을 2진법 표현하면 $\overline{r_{t-1} r_{t-2} \cdots r_1 r_0}_{(2)}$라 하면 $s_k = r_{t-1-k}$로 정의해 줄 때, a_t가 m으로 나눈 나머지가 1이 됨을 알 수 있다. ■

다음으로 유향그래프에서 부분그래프 문제는 단순그래프에서와 비슷하게 해결되는 경우도 많다. 다음 예제를 통해 그 유사성을 살펴보자.

예제 4.4.2

유향그래프 D가 n개의 점으로 이루어져 있으면 삼각형(길이가 3인 회로)의 개수는 $\frac{n^3 - n}{24}$개 이하임을 증명하여라.

풀이 먼저 D의 임의의 두 점 사이에 화살표가 없다면 화살표를 임의로 추가하자. 이때, 삼각형의 개수는 변하지 않거나 증가하게 된다. 따라서 이와 같이 임의의 두 점 사이에 화살표가 있는 유향그래프[47]에 대해 삼각형의 개수가 $\frac{n^3 - n}{24}$개 이하임을 증명하면 충분하다.

점을 $v_1, v_2, \cdots, v_n$이라 하고 편의상 $d^+(v_i) = a_i$라 하자. 이때, 정리

47) 다음 단원에서 학습할 tournament이다.

4.4.3에 의해 $\sum_{i=1}^{n} a_i = \binom{n}{2}$가 된다. 임의의 세 점을 잡았을 때, 세 점 사이의 화살표 관계는 다음과 같이 두 가지 경우 중 하나이다.

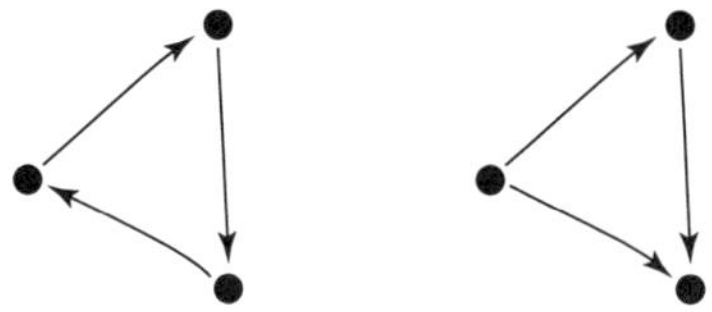

[그림 4.16]

이때, 왼쪽과 같은 삼각형의 개수를 A, 오른쪽과 같은 배열의 개수를 B라 하면 $A+B=\binom{n}{3}$이 된다. 또한 오른쪽과 같은 배열은 각 v_i에 대해 v_i에서 화살표를 따라 갈 수 있는 점들 중 두 점 v_j, v_k를 선택함으로서 얻을 수 있으므로 $B=\sum_{k=1}^{n}\binom{a_k}{2}$이다.

이제 $\sum_{i=1}^{n} a_i = \binom{n}{2}$와 코시-슈바르츠 부등식을 이용하면 B의 최솟값을 구할 수 있고 $A=\binom{n}{3}-B$에서 A의 최댓값을 구할 수 있는데 이를 계산하면 $\frac{n^3-n}{24}$을 얻는다. ■

마지막으로 유향그래프에서 채색문제를 생각해 보자. 유향그래프 D에서 채색 역시 화살표로 연결된 두 점이 다른 색으로 칠해지도록 색칠하는 것으로 정의한다. 이때 필요한 최소의 색의 수를 채색수라 하고 $\chi(D)$로 나타낸다. 유향그래프의 채색수에 대해서는 다음과 같은 유용한 결과가 알려져 있다.

정리 4.4.10

유향그래프 D에서 길이가 m 이상인 경로가 없다고 하자. 이때, $\chi(D) \le m$이다.

증명 먼저 D에 회로가 없는 경우를 생각하자. 이때, 각 점 v에 대해 v에서 출발하는 가장 긴 경로의 길이를 $l(v)$라 하자. 이때, $l(v)$의 값은 0부터 $m-1$까지 가능한데, 이로부터 $i=0, 1, 2, \cdots, m-1$에 대해 점의 집합 A_i는

$l(v)=i$인 점들의 집합이라 하자. 그러면 임의의 i에 대해 u, $v \in A_i$이면 u와 v 사이에 화살표가 없음은 자명하다. $u \to v$이면 이 뒤에 v에서 출발하는 길이 i인 경로를 더할 시 u에서 출발하는 길이 $i+1$인 경로가 생겨서 $u \in A_{i+1}$이 되기 때문이다. (여기에서 D에 회로가 없음이 사용되었다. v에서 출발하는 길이 i인 경로가 u를 지나면 경로를 더할 수 없기 때문이다.) 따라서 각 A_i들을 다른 색으로 칠하면 모두 m가지 색으로 채색이 가능하다.

다음으로 D에 회로가 있는 경우를 살펴보자. 이 경우는 D에서 화살표를 제거하여 D에 회로가 없게 하는데 이때 가능한 적은 수의 화살표를 지우도록 하자. 이때, 지워진 화살표를 $\{e_1, e_2, \cdots, e_k\}$라 하고 D에서 이들을 지운 그래프를 D'라 하자. 그러면 위의 방법과 같이 D'은 m개의 색으로 채색을 할 수 있다. 이제 D'에서 각 e_i의 시점과 종점이 같은 색이 아님을 증명하면 된다.

이는 지운 화살표의 개수의 최소성에 의해 e_i를 추가하면 D에는 반드시 회로가 생겨야 한다는 관찰로부터 증명할 수 있다. 즉, e_i를 $x \to y$라 할 때, 이는 D'에 y에서 출발하여 x로 오는 경로가 있음을 뜻하므로, $l(y) > l(x)$가 되고 x와 y는 다른 색이어야 한다. ■

정리 4.4.10과 비슷한 방법으로 그래프의 채색수와 관련된 결과를 얻을 수 있다. 유향그래프 D에서 가장 긴 경로의 길이를 $l(D)$라 하자. 이때, 다음이 성립한다.

정리 4.4.11

그래프 G가 주어져 있다. 이때, G의 변들을 모두 화살표로 바꾸어 만들 수 있는 유향그래프 D 중 $l(D)$의 값이 가장 작은 유향그래프를 D_0라 하자. 이때, $\chi(G)=l(D_0)+1$이다.

증명 증명은 정리 4.4.10과 유사하므로 연습문제로 남긴다. ■

(2) 토너먼트의 성질

유향그래프 중에서도 임의의 두 점 사이에 정확히 1개의 화살표가 있는 유향그래프를 **토너먼트**라고 한다. 이는 n개의 팀이 어느 대회에 출전하여 임의의 두 팀이 경기를 가지고 승패를 결정지었다면 이긴 팀 쪽에서 진 팀 쪽으로 화살표를 그려서 만든 그래프로 생각할 수 있기 때문에 토너먼트라는 이름이 붙었는데, 수학적으로 정의하면 다음과 같다.

정의 4.4.12 토너먼트

완전그래프 K_n의 각 변을 화살표로 바꾸어 만든 유향그래프를 **토너먼트**(tournament)라고 한다.

토너먼트는 일반 유향그래프에 비해 여러 가지 좋은 분석이 가능하다. 다음 예제와 같은 것이 그 예이다.

예제 4.4.3

토너먼트 T에는 어떤 점 v가 있어서 다른 모든 점은 v로부터 길이가 2 이하인 경로를 통해 연결됨을 증명하여라.

풀이 T에서 출차수가 가장 큰 점을 v라 하자. 이때, $v \to w$인 w들의 집합을 A라 하고 $v \leftarrow w$인 w들의 집합을 B라 하자. 먼저 A의 점들은 v로부터 길이 1인 경로로 연결된다.

이제 B의 어떤 점 w가 A의 어떤 점으로부터도 화살표를 받지 않는다고 하자. 그러면 A의 모든 점은 w로부터 나가는 화살표를 받아야 하고 v도 w로부터 화살표를 받아야 하므로 w의 출차수가 v보다 크게 되어 v의 최대성에 모순이다. 따라서 B의 임의의 점은 A의 어떤 점으로부터 화살표를 받아야 하므로 v로부터는 길이 2인 경로로 연결된다. ■

다음 성질을 알아보기에 앞서 간단하게 표기법을 하나 정의해 보자. 정리 4.4.6에 의해 어떤 유향그래프 D가 연결그래프가 아닐 필요충분조건은 점들의 집합을 적당히 두 집합 X, Y로 나누어 X의 점과 Y의 점 사이의 화살표는 모두 X의 점을 시점으로 하고 Y의 점을 종점이 되는 것이다. 이와 같은 상황을 편의상 $X \rightrightarrows Y$로 나타내자. 이때, 다음과 같은 결과가 토너먼트에서는 성립하는데 이는 단순그래프에서 해밀턴회로의 난해성을 생각하면 인상적인 결과이다.

정리 4.4.13

토너먼트 T가 연결그래프이면 T에는 해밀턴회로가 존재한다.

증명 두 단계로 증명을 하자. 각 단계에서 임의의 점 v에 대해 v를 포함하는 회로가 존재한다는 사실까지는 여기서는 필요하지 않지만 뒤의 정리 4.4.15를 증명하는데 필요하므로 여기서 함께 증명한다.

① **T가 연결그래프이면 임의의 점 v에 대해 v를 포함하는 길이가 3인 회로가 존재한다.**

임의의 점 v를 선택하자. 이때, $v \to w$인 w들의 집합을 S라 하고 $v \leftarrow w$인 w들의 집합을 U라 하자. 만약 S 또는 U가 공집합이면 $\{v\}^c \rightrightarrows \{v\}$이거나 $\{v\} \rightrightarrows \{v\}^c$가 되므로 모순이다. 따라서 S와 U는 모두 공집합이 아니다.

만약 $U \rightrightarrows S$이면 $U \cup \{x\} \rightrightarrows S$가 되므로 모순이고 따라서 어떤 $s \in S$와 $t \in U$가 존재하여 $s \to t$가 된다. 이때, $v \to s \to t \to v$는 길이가 3인 회로이다.

② **T가 연결그래프이고 점 v를 지나는 길이가 $a(< n)$인 회로가 존재하면 점 v를 지나는 길이가 $(a+1)$인 회로도 존재한다.**

$v = v_1$이라 하고 $v_1 \to v_2 \to \cdots \to v_a \to v_1$이 길이 a인 회로라 하자. 이때, 회로 밖의 한 점 w가 $v_i \to w$이고 $v_{i+1} \leftarrow w$이면 길이 a인 회로에서 $v_i \to v_{i+1}$을 $v_i \to w \to v_{i+1}$으로 바꾸어 길이가 $(a+1)$인 회로를 만들 수 있다.

이제 이와 같은 점 w가 없다고 가정하자. 만약 $v_1 \to w$이면 $v_2 \to w$이고 이를 반복하면 임의의 k에 대해 $v_k \to w$이다. 마찬가지로 $v_1 \leftarrow w$이면 $v_a \leftarrow w$이고 이를 반복하면 임의의 k에 대해

$v_k \leftarrow w$이다. 이제 모든 k에 대해 $v_k \rightarrow w$인 w들의 집합을 S라 하고 $v_k \leftarrow w$인 w들의 집합을 U라 하자. 또한 $\{v_1, v_2, \cdots, v_a\}= C$라 하자.

만약 S가 공집합이라면 $U \rightrightarrows C$이므로 모순이고 U가 공집합이라면 $C \rightrightarrows S$이므로 모순이다. 따라서 S와 T는 공집합이 아니다. 이제, $U \rightrightarrows S$이면 $U \cup C \rightrightarrows S$가 되므로 모순이고 따라서 어떤 $s \in S$와 $t \in U$가 존재하여 $s \rightarrow t$가 된다. 그러면 길이가 a인 회로에서 $v_1 \rightarrow v_2 \rightarrow v_3$을 $v_1 \rightarrow s \rightarrow t \rightarrow v_3$으로 바꿔줌으로서 길이가 $a+1$인 회로를 얻을 수 있다. 이 회로는 v를 포함한다.

따라서 ①과 ②에 의해 길이 n인 회로가 존재한다. 즉, 해밀턴회로가 존재한다. ■

이 정리의 중요한 함의는 토너먼트도 단순그래프에서 정리 3.3.2와 같은 이분법적인 분류가 가능하다는 점이다. 토너먼트 T를 다음과 같이 [유형 1]과 [유형 2]로 분류하자.

[유형 1] T에 해밀턴회로가 존재한다.
[유형 2] T가 연결그래프가 아니다.

이때, 어떤 토너먼트 T가 [유형 1]이면서 [유형 2]일 수는 없음은 자명하다. [유형 1]은 연결그래프이기 때문이다. 앞선 정리의 내용은 [유형 2]가 아니면 [유형 1]임을 증명한 것이므로 임의의 토너먼트는 [유형 1] 또는 [유형 2]로 분류가 되는 것이다. 실제로 [유형 1]인 토너먼트는 해밀턴회로를 가지기 때문에 좋은 성질을 많이 가지며, [유형 2]인 토너먼트는 점의 집합을 X, Y로 분할하여 $X \rightrightarrows Y$가 되게 할 수 있기 때문에 토너먼트의 어떤 성질을 증명할 때, 더 작은 토너먼트 X와 Y로 나누어 점의 개수에 대한 수학적 귀납법을 이용할 수 있다. 구체적인 예를 살펴보자.

따름정리 4.4.14

임의의 토너먼트 T는 해밀턴경로를 갖는다.

증명 점의 개수에 대한 수학적 귀납법을 사용하자. 먼저 T가 해밀턴회로를 가지면 자명히 성립하므로 T가 해밀턴회로를 가지지 않는다 하자. 즉 T가 연결그래프가 아닌 것인데 점의 집합을 X, Y로 분할하여 $X \rightrightarrows Y$가 되었다 하자. 이때, 귀납법 가설에 의해 X의 점들을 모두 지나는 경로 $x_1 \to x_2 \to \cdots \to x_p$와 Y의 모든 점들을 지나는 경로 $y_1 \to y_2 \to \cdots \to y_q$가 존재하는데, $x_p \to y_1$을 이용하여 두 경로를 합치면 T에서 해밀턴경로가 된다. ■

다음 예제는 정리 4.4.13이 직접 활용되는 예이다.

예제 4.4.4

$6n+1$개의 도시로 이루어진 국가가 있다. 임의의 두 도시 사이에는 정확히 한 방향의 일방통행로가 건설되어 있는데, 임의의 도시를 택하여도, 그 도시에서 나가는 일방통행로가 총 $3n$개이며, 그 도시로 들어오는 일방통행로가 총 $3n$개라 한다.

(1) 임의의 두 도시를 택하여도, 한 도시에서 다른 도시로 이동할 수 있음을 보여라.

(2) 이 국가에 유성이 충돌하여 침략하여 $2n$개의 도시와 그 도시에 연결된 길들이 파괴되었다. 이때, 여전히 임의의 두 도시를 택하여도, 한 도시에서 다른 도시로 이동할 수 있음을 보여라.

풀이 도시들을 점으로 하고 일방통행로를 따라 화살표를 그리면 토너먼트가 된다. 또한 각 점의 입차수와 출차수는 $3n$으로 같다. 이제 이 토너먼트에 대해 증명해 보자.

(1) 만약 그래프에 해밀턴회로가 존재하면 자명하게 가능하다. 그렇지 않으면 정리 4.4.13에 의해 점들을 $X \rightrightarrows Y$가 되도록 두 집합을 X, Y로 분할할 수 있는데 비둘기집의 원리에 의해 $|X|$ 또는 $|Y|$는 $3n+1$ 이상이다. 만약 $|X| \geq 3n+1$이면 Y의 각 점은 입차수가 $3n+1$ 이상이어서 가정에 모순이다. $|Y| \geq 3n+1$인 경우도 마찬가지로 모순이다.

(2) $2n$개의 점 및 그 점들에 연결된 화살표들을 모두 지우자. 남은 $4n+1$개의 점으로 이루어진 토너먼트에서는 각 점의 입차수와 출차수가 $3n$ 이하여야 한다. 위의 (1)과 마찬가지로 점들을 $X \rightrightarrows Y$가 되도록 두 집합을 X, Y로 분할할 수 있다 하자.

만약 $|X| > |Y|$라 하면, Y의 점들로만 이루어진 토너먼트를 생각하자. 이때, $|Y|$개의 점의 입차수의 합이 $\frac{|Y|(|Y|-1)}{2}$이므로 비둘기집의 원리에 의해 입차수가 $\frac{|Y|-1}{2}$ 이상인 점이 있다. 이 점은 다시 $4n+1$개의 점으로 이루어진 토너먼트에서는 입차수가 $|X|+\frac{|Y|-1}{2}$ 이상이 되는데, $|X|+|Y|=4n+1$이고, $|X| \geq 2n+1$이므로 이 값이 $3n+1$ 이상이 되어 모순이다.

마찬가지로 $|Y| > |X|$인 경우도 쉽게 모순임을 밝힐 수 있다. ■

앞서 정리 4.4.13의 증명을 다시 살펴보면 연결그래프인 점이 n개인 토너먼트에는 임의의 $3 \leq k \leq n$인 k에 대해 길이 k인 회로가 존재함을 알 수 있다. 실제로 다음과 같이 길이가 k인 회로는 최소 $n-k+1$개임을 수학적 귀납법을 이용하여 증명할 수 있다.

정리 4.4.15

n개의 점으로 이루어진 연결그래프인 토너먼트 T가 주어져 있다. T에 길이가 k인 회로의 개수는 $n-k+1$개 이상이다. (단, $3 \leq k \leq n$)

증명 k를 고정하고 n에 대한 수학적 귀납법을 활용하자.

① 초기조건인 $n=k$인 경우는 정리 4.4.13에 의해 성립한다.

② n개의 점으로 이루어진 연결그래프인 토너먼트에서는 길이가 k인 회로가 $n-k+1$개 이상 존재한다고 가정하고, $n+1$개의 점으로 이루어진 연결그래프인 토너먼트 T를 살펴보자.

이때, 임의의 점 v를 잡으면 정리 4.4.13 증명의 ①과 ②에 의해 v를 포함하는 길이 n인 회로가 있음을 알 수 있다. 이 회로에 포함되지 않는 1개의 점을 w라 하자. 그리고 그래프에서 w 및 w에 연결된 선분을 모두 지우면 n개의 점이 남는데 이 그래프를 T_1이라 하자. 그러면 T_1은 해밀턴회로가 있는 n개의 점으로 이루어진 토너먼트이므로 귀납법 가설에 의해 따라서 T_1에는 적어도 $n-k+1$개의 길이 k인 회로가 있다.

다시 정리 4.4.13 증명의 ①과 ②에 의해 w를 포함하는 길이가 k인 회로가 있으므로 T에는 $(n-k+1)+1=n-k+2$개의 회로가 존재한다. ■

연습문제

1. 테니스 대회에 n명의 선수가 참가했다. 임의의 두 선수는 서로 한 번씩 시합을 했으며 모든 선수는 적어도 1승을 거두었다고 한다. 이때 A가 B를 이기고, B가 C를 이기고, C가 A를 이긴 세 선수 A, B, C가 존재함을 보여라.

2. n명의 스파이가 모여 있는 마을이 있다. 각각의 스파이들은 임무를 맡아 몇 명을 감시한다. 임의의 두 명의 스파이를 골라도 그들이 동시에 조사하고 있는 다른 스파이가 존재한다고 한다. 이때, 적어도 $\sqrt{n}$ 명에 의해 조사당하는 스파이가 있음을 보여라.

3. 다음 물음에 답하여라.

   (1) 어떤 유향그래프 D에서 어떤 k개의 화살표를 지우면 그래프에 회로가 모두 없어진다고 한다. 이때 D에서 어떤 k개 이하의 화살표를 바꿔서 회로를 모두 없앨 수 있음을 증명하여라.

   (2) 어떤 연결그래프인 유향그래프 D에서 k개의 화살표를 지우면 더 이상 연결그래프가 되지 않는다고 한다. 이때, D에서 어떤 k개 이하의 화살표의 방향을 바꿔서 더 이상 연결그래프가 되지 않도록 할 수 있음을 증명하여라.

4. 정리 4.4.15에서 길이가 k인 회로가 정확히 $n-k+1$개인 그래프가 존재하는지 여부를 판별하여라.

5. 평면 위에 k^n+1개의 점이 주어져 있는데 임의의 세 점은 한 직선 위에 있지 않다고 한다. 이때, 이 중 $k+1$개의 점 P_1, P_2, $\cdots$, P_{k+1}을 선택하여 $i=1$, 2, $\cdots$, $k-1$에 대해 $\frac{n-1}{n}\pi \le \angle P_iP_{i+1}P_{i+2} < \pi$가 되게 할 수 있음을 보여라.

6. (Romania, 2006) 어떤 볼록다면체의 각 변을 모두 화살표로 바꾸었다고 한다. 다면체의 각 꼭짓점에는 나가는 화살표와 들어오는 화살표가 한 개 이상씩 있다고 할 때, 다면체의 어떤 면을 둘러싼 화살표들이 유향회로를 이룸을 증명하여라.

7. n개의 점으로 이루어진 토너먼트 T의 해밀턴경로의 개수는 $\frac{n!}{2^{n/2}}$ 이하임을 증명하여라.

8. 두 자연수 $k<n$이 $\binom{n}{k}\left(1-\frac{1}{2^k}\right)^{n-k}<1$을 만족한다고 한다. 이때, n개의 점으로 이루어진 어떤 토너먼트 T가 존재하여 T에서 임의의 k개의 점 v_1, v_2, $\cdots$, v_k를 선택하면 이 k개의 점이 아닌 점 w가 존재하여 각 v_i에 대해 $v_i \to w$로 화살표가 있게 함을 증명하여라.

9. n명이 탁구대회에 참가하였다. 이때, 임의의 두 명은 정확히 한 번씩 대결하여 승패가 결정되었다. 탁구대회에 참구한 k명 $(A_1, A_2, \cdots, A_k)$가 '$k-$좋은 쌍'이라 함은 모든 $1\le i\le k-1$에 대해 A_i가 모든 $j>i$에 대해 A_j를 이겼음을 뜻한다. $k-$좋은 쌍의 개수를 $f(k)$라 할 때, 다음 물음에 답하여라.

(1) $k\le[\log_2 n]+1$이면 $k-$좋은 쌍이 반드시 존재함을 증명하여라.

(2) $1 \le k \le \log_2 n$이면 $f(k) \ge \prod_{j=0}^{k-1}\left(\frac{n+1}{2^j}-1\right)$임을 증명하여라.

(3) 참가한 n명을 $B_1,\ B_2,\ \cdots,\ B_n$이라 했을 때, $i=1,\ 2,\ \cdots,\ n-1$에 대해 B_i가 B_{i+1}을 이겼고 B_n은 B_1을 이겼다고 한다. 이때, 임의의 $k \le n$에 대해 $f(k) \le \binom{n}{k}-\binom{n-2}{k-2}$임을 증명하여라.

10. 유향그래프 D에서 점들의 부분집합 X에 대해 X의 점들 사이에 화살표가 하나도 없으면 이를 독립집합이라고 한다. 또한, 어떤 독립집합 X에 대해, X^c에 속하는 임의의 점 y는 어떤 $x \in X$에 대해 $x \to y$와 같이 연결되어 있다면 X를 이 유향그래프의 커널(kernel)이라고 한다. 이때, 다음 물음에 답하여라.

(1) 유향그래프 D에 회로가 없다면 커널이 유일하게 존재함을 증명하여라.

(2) 유향그래프 D에 회로가 없고, 이 그래프 위에서 A와 B는 게임을 한다. 먼저 A가 한 점을 점령하고 그 다음에는 B가 A가 점령한 점에서 화살표를 따라 갈 수 있는 점 중 하나를 점령한다. 이를 번갈아가며 반복하여 더 이상 점령할 수 있는 도시가 없으면 진다고 할 때, A에게 필승전략이 있는 점들의 집합은 D의 커널임을 증명하여라.

(3) 유향그래프 D에 길이가 짝수인 회로가 없다면 커널이 존재함을 증명하여라.

11. (Iran, 2005) 어떤 토너먼트의 각 화살표를 빨간색 또는 파란색으로 색칠하였다. 이때, 어떤 점 v가 존재하여 다른 모든 점 w에 대해 v에서 한 가지 색의 화살표만으로 이루어진 경로를 따라 w까지 갈 수 있음을 증명하여라.

12. 임의의 토너먼트에서 해밀턴경로의 개수는 홀수임을 증명하여라.

13. 정리 4.4.11을 증명하여라.

N. Alon and J. Spencer, The probabilistic method, John Wiley and Sons, 1992

T. Andrescu and Zuming Feng. A Path to Combinatorics for Undergraduates: Counting Strategies, Birkhauser, 2004

T. Andrescu and Zuming Feng. 102 Combinatorial Problems, Birkhauser, 2004

N. Biggs, Discrete Mathematics, Oxford, 2002

B. Bollobas, Extremal Graph Theory, 1978

R. Brualdi, Introductory Combinatorics, Prentice Hall, 1999

R. Grimaldi, Discrete and Combinatorial Mathematics, Pearson Prentice Hall, 2003

R. Johnsonbaugh, Discrete Mathematics, Pearson Prentice Hall, 2005

S. Jukna, Extremal Combinatorics, Springer 2nd Ed., 2011

L. Lovasz, Combinatorial Problems and Exercises, AMS Chelsea Publishing, 1979

K. H. Rosen, Elementary Number Theory, Pearson, 2011

K. H. Rosen, Discrete Mathematics and Its Applications, Random House USA, 1988

D. B. West, Introduction to Graph Theory, Pearson 2nd Ed., 2000

김응태, 박승안, 정수론, 경문사, 2006

윤영진, 새로운 조합수학, 교우사, 2003

국제수학올림피아드(IMO) Shortlist, 1999-2014

찾아보기

ㅎ

대한수학회 한국수학올림피아드 교재 시리즈 1

조합론

지은이 송용진 · 김석진 · 오병권 · 서인석
펴낸이 조경희
펴낸곳 경문사
펴낸날 2015년 3월 10일 1판 1쇄
2024년 3월 1일 1판 5쇄
등 록 1979년 11월 9일 제313-1979-23호
주 소 04057, 서울특별시 마포구 와우산로 174
전 화 (02)332-2004 팩스 (02)336-5193
이메일 kyungmoon@kyungmoon.com

값 23,000원

ISBN 978-89-6105-874-2